üten
bgehölze

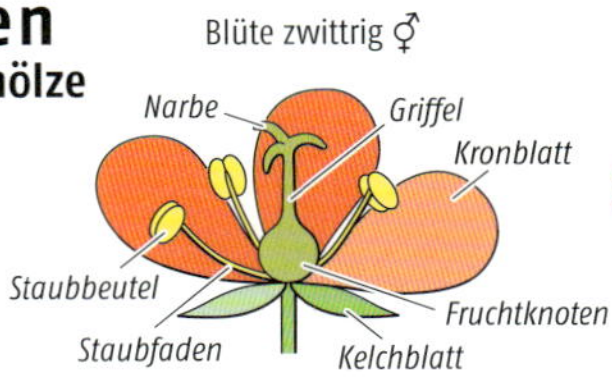

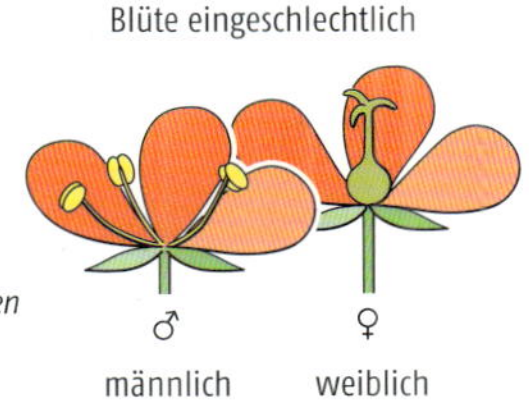

ten-Formen

nicht verwachsen

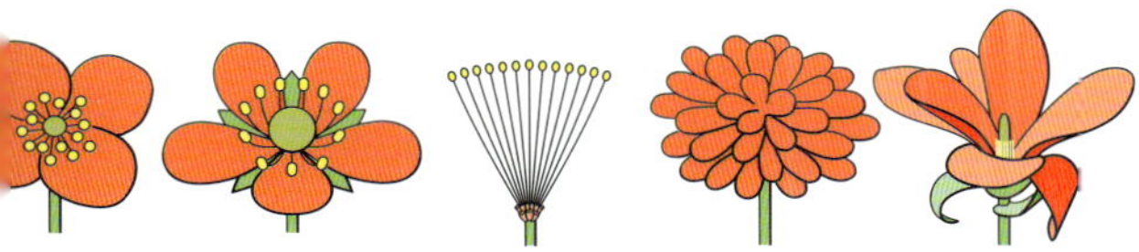

sgebreitet 4-zählig | ausgebreitet 5-zählig | Pinselblüte | gefüllt | vielzählig aufrecht

verwachsen — zweiseitig symmetrisch

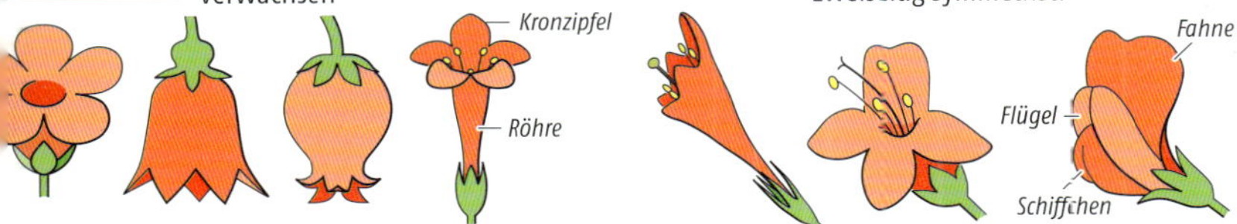

-zählig, adförmig | glockig, offene Glocke | krugartige Glocke | Trichter | Schieftrichter | Lippenblüte | Schmetterlingsblüte

Krone fehlend oder verkümmert

Einzelblüten — Blütenstände

lle verwachsen | Hüllblätter frei | ohne Hülle

tenstände

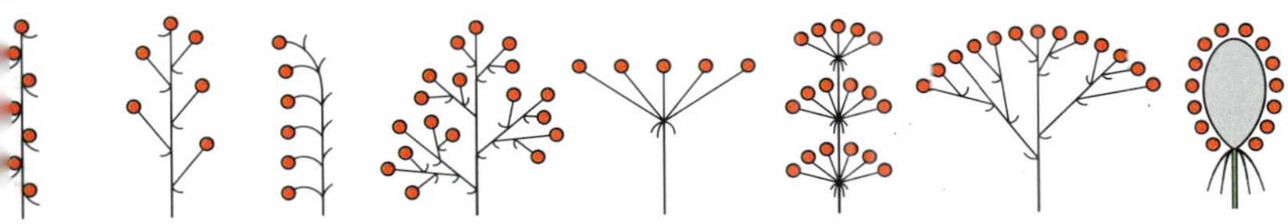

hre | Traube | Traube, einseitswendig | Rispe | Dolde | Quirle | Doldenrispe | Köpfchen

üten
delgehölze

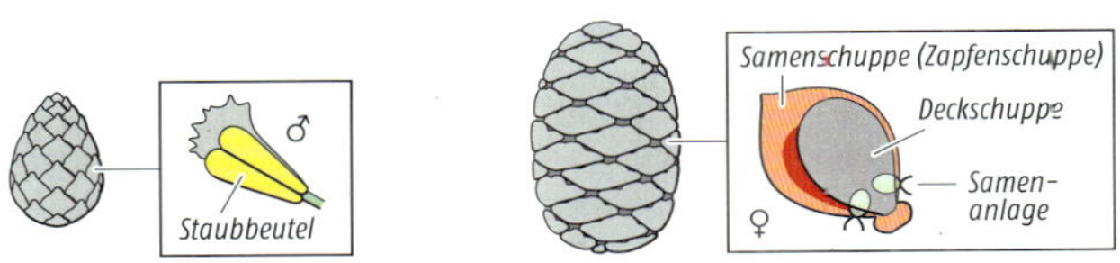

♂ Blüte | Staubblatt | ♀ Blütenzapfen | Einzelblüte

Margot und Roland Spohn

Kosmos-Baumführer Europa

680 Bäume
2600 Zeichnungen

KOSMOS

Die Temperatur bestimmt die Verbreitung

Bei vielen Gehölzen begrenzen die Wintertemperaturen das Überleben. Ihr natürliches Vorkommen oder ihre Kultur ist deshalb an ausreichende Temperaturen in der kalten Jahreszeit gebunden.

Der Westen Europas ist durch die Nähe zum Atlantik begünstigt. Hier sorgt der Ozean mit einem ausgleichenden Einfluss dafür, dass extreme Temperaturen ausbleiben. Der warme Golfstrom beschert zudem den nordwestlichen Gebieten bis über Irland hinauf ein recht mildes Klima.

Nach Osten nimmt die Wirkung des Meeres ab. Es herrscht verstärkt kontinentales Klima, das durch große Temperaturunterschiede zwischen Tag und Nacht sowie Sommer und Winter geprägt wird. Im Mittel lassen sich in Europa in etwa die auf der Karte angegebenen Tiefsttemperaturen messen.

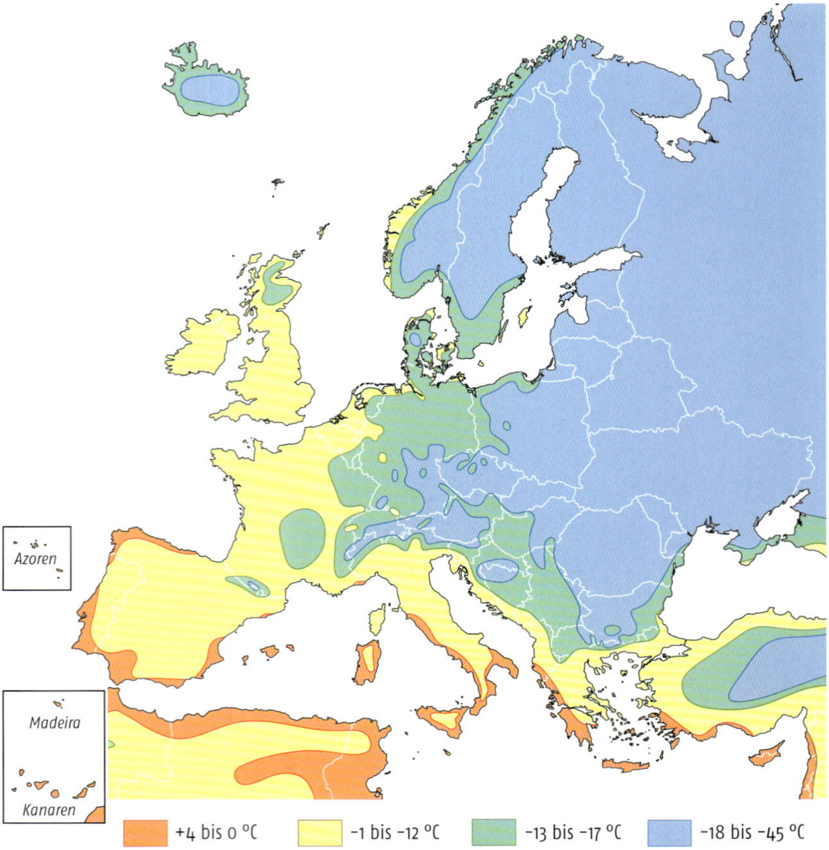

Inhalt

Einleitung

Bestimmungsteil

Buchklappen

Benennung und Verwandtschaft

Der Volksmund kennt oft viele Namen für einen Baum. Je bekannter und häufiger er ist, desto mehr – meist auch lokal unterschiedliche – Namen gibt es. Darüber hinaus existieren oftmals noch eigene Bezeichnungen für sein Holz, die gelegentlich auch für den ganzen Baum angewandt werden. „Rüster" bezeichnet sowohl das Holz der Ulme als auch den Baum selbst. Diese Vielfalt führte bereits früher immer wieder zu Verwirrungen und Verwechslungen. Erst nachdem der Naturforscher Carl von Linné (1707–1778) eine einheitliche wissenschaftliche Namensgebung einführte, war es möglich, Arten eindeutig zu bezeichnen. Nach den von ihm festgelegten Regeln setzt sich jeder Name (z.B. *Ulmus glabra)* aus dem Namen der Gattung *(Ulmus)* und der Artbezeichnung *(glabra)* zusammen. Doch leider sind auch wissenschaftliche Namen nicht immer von Bestand: Seit Linné haben sich die Namen bei vielen Arten mehrmals geändert.

Süß-Kirsche im Winter

Einen Meilenstein stellen heute die molekulargenetischen Methoden dar. Seit vielen Jahren untersuchen Wissenschaftler das Erbgut der Bäume und gewinnen erstaunliche neue Erkenntnisse über die verwandtschaftlichen Verhältnisse. Ihre Ergebnisse ordnen manche Arten anderen oder neuen Gattungen zu. Doch die Änderungen gehen noch weiter: Das gesamte System der Pflanzenfamilien erfährt an einigen Stellen Veränderungen. Die Forscher stellen die Pflanzen in neue Familien, teilen alte Familien auf und vereinen andere miteinander. So gehört nach diesen Erkenntnissen der Holunder nicht mehr zu den Geißblattgewächsen, sondern zusammen mit dem unscheinbaren Moschuskraut zu den Holundergewächsen. Die Familie der Geißblattgewächse schrumpfte entsprechend.

Im Buch sind diese Entwicklungen nur teilweise berücksichtigt, um Sie möglichst wenig zu verwirren: Die wissenschaftlichen Namen entsprechen weitgehend denen aus dem Handwörterbuch der Pflanzennamen von Zander (Ulmer Verlag, 18. Auflage, 2008). Damit Sie „Ihren Baum" im Bestimmungsteil finden, haben wir sowohl die deutschen als auch die wissenschaftlichen Namen durch die neueren Bezeichnungen oder zusätzlich noch durch andere, ebenfalls gebräuchliche Namen ergänzt. Die Baum-Familien sind auf den Bestimmungsseiten extra ausgewiesen und ebenfalls nach Zander benannt. Die dabeistehenden Texte zu Arten oder Gattungen weisen darüber hinaus aber oftmals auf neuere Familienstrukturen hin. Auf diese Weise können Sie sich langsam mit den Entwicklungen der botanischen Systematik anfreunden.

Auswahl für den Bestimmungsteil

Die Auswahl der 683 in diesem Buch vorgestellten Bäume basiert auf der Grundlage des heutigen Artenbestands in ganz Europa. Die heimischen und wild vorkommenden baumförmigen Gehölze sind dabei weitgehend vollständig enthalten. Europa bietet jedoch geeignete Lebensbedingungen für viel mehr Baumarten. Einige davon, wie etwa der Tulpenbaum, waren vor den Eiszeiten bereits hier heimisch, starben aber in der Kälte aus. Barrieren, die von Gebirgen wie den Alpen oder Karpaten oder von den Meeren gebildet werden, hinderten viele Arten daran, nach den Eiszeiten „zurückzuwandern" oder dieses Gebiet neu zu erobern. So verdanken wir die heutige Vielfalt der in Europa wachsenden Bäume dem menschlichen Einfluss.

Schon die Griechen führten Arten aus Asien ein, die Römer brachten Bäume wie die Echte Mispel über die Alpen. Pflanzensammler, die in den letzten Jahrhunderten rund um den Globus reisten, importierten viele weitere fremdländische Gehölze aus allen Kontinenten. Viele davon fanden ihren Platz nur in botanischen Gärten und Sammlungen, andere auch in Hausgärten und im Forst. Einige, wie die Späte Traubenkirsche oder die Gewöhnliche Robinie, konnten verwildern und sich in der freien Natur einbürgern. Manche verhalten sich so invasiv, dass heimische Arten verdrängt werden.

Ein Kriterium, eine fremdländische Art in das Buch aufzunehmen, ist vor allem die Häufigkeit in Europa. Doch finden Sie auch seltener gepflanzte, außereuropäische Bäume, sofern diese entsprechend attraktiv oder auffällig sind.

Die typischen Lebensräume

Gärten, Parkanlagen, Ortschaften

Unter der Obhut des Menschen gedeihen zahlreiche Baum-Arten, mit denen er seine Umgebung gestaltet. Sie sorgen für Erholung und ein ausgleichendes Klima. Gärtner schneiden konkurrierende Arten zurück, gießen, düngen oder schützen den Baum je nach Bedarf. So können auch Bäume, für die die Lebensbedingungen nicht optimal sind, prächtig wachsen. Manche Arten kommen sogar gut mit Abgasen zurecht. Für besondere Bedürfnisse züchten Baumschulen neue Sorten. An solchen Standorten kann somit die Vielfalt der Bäume jene in der freien Natur weit überschreiten.

Formschnitt bei einer Echten Zypresse

Kulturland mit Nutzbäumen
Viele Bäume spielen in unserer Ernährung eine wichtige Rolle. Um ihre Früchte als Obst, für Öl oder andere Zwecke zu gewinnen, pflanzen sie die Bauern in lockerer Anordnung auf geeignetes Gelände. Neben intensiv genutzten Plantagen prägen traditionell bewirtschaftete Olivenhaine weite Landstriche Südeuropas. In Mitteleuropa umgeben Streuobstwiesen viele Ortschaften.

Forst
In diesen vom Menschen regelmäßig bewirtschafteten Wäldern wachsen häufig Bäume, die in dem Gebiet nicht heimisch sind, sondern künstlich angepflanzt wurden. Bei fast allen heute in Mitteleuropa wachsenden Wäldern handelt es sich um Forste. Im Extremfall sind diese mit gleichaltrigen Bäumen einer einzigen Art als sogenannte Monokulturen angelegt und dann sofort als „künstlich" zu erkennen. Naturnaher wirken Forste aus verschiedenen Baum-Arten unterschiedlichen Alters. Bestehen sie ausschließlich aus Bäumen, die in diesem Gebiet heimisch sind, ähneln solche Forste natürlichen Wäldern.

Naturnaher Rot-Buchenforst

Wald
Im Gegensatz zum Forst handelt es sich bei einem Wald um eine natürliche Lebensgemeinschaft, die durch bestimmte Bäume geprägt wird. Sie zeichnet sich zudem durch ein spezielles Klima, einen typischen Unterwuchs und eine charakteristische Tierwelt aus. Durch unterschiedlich starken Eingriff des Menschen existieren fließende Übergänge zum Forst. Umgangssprachlich werden viele Forste als Wald bezeichnet.

Mischwald
Dieser Waldtyp besteht aus verschiedenen Baum-Arten, unabhängig davon, ob es sich um Laub- oder Nadelbäume handelt. Um als Mischwald zu gelten, muss jede Baum-Art so häufig vorhanden sein, dass sie für den Wald ökologisch bedeutsam ist. In der Regel sollte sie mindestens zu fünf Prozent vertreten sein. Mischwälder zeichnen sich meist durch einen in verschiedenen Schichten durchwurzelten Boden und einen gestuften Aufbau des Kronendaches aus – gute Bedingungen für eine artenreiche Bodenvegetation.

Nadelwald
Natürliche reine Nadelwälder besiedeln verschiedene Regionen Europas. Im Norden erstrecken sie sich in einer Zone, die durch kurze Sommer und lange kalte Winter geprägt ist. In den Alpen und in den östlichen Mittelgebirgen bilden sie die oberste Waldstufe. Im Mittelmeerraum spielen an sommerliche Trockenheit angepasste Nadelwälder mit verschiedenen Kiefern eine wichtige Rolle. In Mitteleuropa wachsen natürliche Kiefernwälder nur auf nährstoffarmen Sandböden. Viele Nadelbäume sind gut an extremes Klima

angepasst. So haben ihre Nadeln eine kleine Oberfläche und schützen sich durch eine dicke Wachsschicht vor Verdunstung. Dies ist besonders an Standorten wichtig, an denen längere Zeit kein Wasser zur Verfügung steht, wie auf gefrorenen oder durch Hitze ausgedörrten Böden.

Sommergrüne Laubwälder

Südlich der Nadelwaldzone schließt sich eine Laubwaldzone mit sommergrünen Bäumen an. Diese Zone reicht bis an die Hartlaubzone des Mittelmeerraums, im Osten bis an die Steppengebiete Asiens. Somit bilden in Mitteleuropa die Laubwälder die natürliche Vegetation. Sie sind an mäßig warme Sommer, verhältnismäßig milde Winter und gleichmäßig über das Jahr vorhandene Niederschläge gebunden. Je nach Boden, Klima und Standort gehört der Rot-Buchenwald oder Eichen-Birkenwald zu diesen Wäldern.

Immergrüne Laubwälder, Macchien

Ohne den Einfluss des Menschen wären die meisten Gebiete des Mittelmeerraums von dichten Wäldern aus immergrünen Bäumen mit hartem, ledrigem Laub bedeckt. Fast überall sind diese von Eichen dominierten Wälder jedoch der jahrhundertelangen Nutzung zum Opfer gefallen. An ihrer Stelle entstanden häufig Macchien: hohe Gebüsche mit immergrünen kleinen Bäumen wie Baum-Heide und Erdbeerbäumen.

Lorbeerwald

Seinen Namen verdankt dieser immergrüne Laubwald den Lorbeergewächsen, die in ihm häufig zu finden sind. Er wächst in Europa heute ausschließlich auf Madeira, den Kanaren und Azoren. Im Erdzeitalter des Tertiärs vor 65 Millionen Jahren war er in Europa viel weiter verbreitet. Dank des subtropisch-feuchten Klimas durch den Nordost-Passatwind konnte er als Relikt auf den Inseln überleben, während er auf dem europäischen Kontinent verschwand. In neuerer Zeit fielen viele Lorbeerwälder Rodungen zum Opfer. Heute stehen sie unter Schutz.

Lorbeerwald auf Madeira

Bestimmungsschlüssel

Auf den folgenden Seiten finden Sie drei verschiedene Schlüssel, die Ihnen helfen, einen unbekannten Baum zu bestimmen. Ziel dieser Schlüssel ist es, die in Frage kommenden Arten einzugrenzen, so dass Sie nicht alle Tafelseiten des Bestimmungsteils durchblättern müssen. Im Idealfall bleibt nach dem Gang durch die Schlüssel eine einzelne Art oder Gattung übrig. In vielen Fällen zeigen jedoch mehrere Arten oder Gattungen das betreffende Merkmal. Mit den angegebenen Seitenzahlen kommen Sie rasch zu den zugehörigen Baumporträts. Dort können Sie die Ihnen vorliegenden Merkmale vergleichen, um zu wissen, welchen der in Frage kommenden Bäume Sie gefunden haben.

Einen ersten wichtigen Anhaltspunkt, um einen Baum zu bestimmen, gibt die Einteilung in Laubbäume, Nadelbäume und Schopfbäume. Diese sind im Buch entsprechend dem Farbcode (siehe vordere Umschlagklappe) angeordnet. Zahlreiche Bäume lassen sich bereits an charakteristischen Einzelmerkmalen bestimmen. Oft ist eine solche typische Besonderheit sogar erst der Anlass, sich näher mit einem Baum zu befassen. Um hierbei schnell die richtige Art zu bestimmen, können Sie über zwei spezielle Bestimmungsschlüssel einsteigen.

Schlüssel 1: Auffällige Stamm- oder Zweigmerkmale (S. 11)

Schlüssel 2: Auffällige Früchte oder Fruchtstände (S. 12)

Darüber hinaus finden Sie einen dritten Schlüssel, der sich mit den Blättern beschäftigt. Er ist der Einfachheit halber in zwei Teilschlüssel unterteilt.

Schlüssel 3: Blattmerkmale (S. 15)

- **Teilschlüssel 3.1: Blätter nadel- oder schuppenförmig (S. 15)**

- **Teilschlüssel 3.2: Blätter flächig (S. 17)**

Sehr viele Baum-Arten haben ungeteilte Blätter, deren weitere Eingrenzung besondere Fachkenntnisse voraussetzt. Deshalb ist es für diese Gruppe nur begrenzt möglich, eine übersichtliche Endauswahl an passenden Bäumen zu geben. In Fällen, in denen zu viele Arten übrig bleiben, empfiehlt es sich, nach anderen charakteristischen Merkmalen des Baumes Ausschau zu halten. Sie können dann zum Beispiel über die Schlüssel 1 oder 2 einsteigen.

Zum Umgang mit den Schlüsseln:
Jeder Schlüssel enthält mehrere durchnummerierte Entscheidungsfragen. Beginnen Sie bitte mit der ersten Frage und wählen Sie unter den angeführten Kriterien dasjenige aus, das am ehesten auf Ihr Material (Blatt, Frucht usw.) zutrifft. Folgen Sie dem Nummernverweis am Ende der Zeile. Die Angabe führt Sie zu einer weiteren Frage, die wiederum auf eine neue Nummer verweist. So entsteht ein Pfad aus Hinweisen, der Ihre Suche immer weiter eingrenzt, bis Sie zuletzt direkt auf eine oder mehrere Arten oder Gattungen mit dazugehöriger Seitenangabe stoßen.

Die Symbole innerhalb der Schlüssel erleichtern Ihnen den Gang durch die Bestimmungsmerkmale. Beim Teilschlüssel mit den flächigen Blättern weist die hellgrüne Farbe der Symbole auf sommergrüne Blätter hin. Die dunkelgrüne Farbe steht für immergrüne Blätter.

Schlüssel 1: Auffällige Stamm- oder Zweigmerkmale

1a Baum mit Dornen oder Stacheln am Stamm oder an den Zweigen 2

1b Rinde abblätternd / oder abrollend / oder sehr weich / oder Zweige mit auffällig abstehenden Leisten (Korkleisten)............................. 3

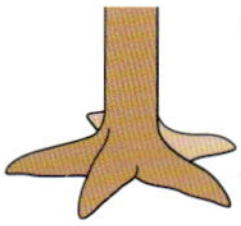

1c Baum mit Brett- oder Luftwurzeln oder stark verbreiterter Stammbasis
Amerikanischer Tulpenbaum 22, Zweihäusige Kermesbeere 32
Flatter-Ulme 72, einige Feigen 76, Flamboyant 120
Pyramiden-Pappel 180, Flaschenbäume 196, Drachenbaum 226
Ponyschwanz-Klumpstamm 228, Urweltmammutbaum 256

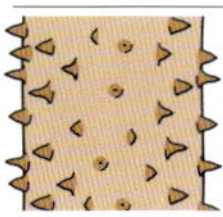

2a Dornen oder Stacheln auch oder ausschließlich am Stamm
Amerikanische Gleditschie 118, Baumaralie 172
Brasilianischer Florettseidenbaum 196

2b Dornen oder Stacheln an Zweigen
Gewöhnliche Schlehe 86, Holz-Apfel 92, einige Birnen 96
Weißdorne 100–104, Korallenbäume 116
Echter Kreuzdorn 166, Sanddorn 168

2c Dornen an der Basis der Blätter, aus Nebenblättern entstanden oder in den Blattachseln gebildet
Osagedorn 74, Robinien 112, Amerikanische Gleditschie 118
Jerusalemdorn 122, viele Akazien 124–128, einige Zitrusfrüchte 140–142
Gewöhnlicher Christdorn 166, Jujube 166

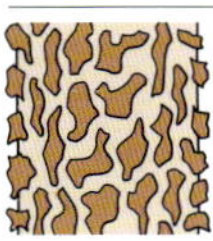

3a Stammrinde stark abblätternd, abrollend oder grob abschuppend
Parrotie 34, Platanen 36, zahlreiche Birken 38–40
Schuppenrinden-Hickorynuss 66, Zelkoven 72, viele Eukalyptus 132–136
Chinesische Kräuselmyrte 138, Luma-Myrte 138, Zimt-Ahorn 158
Mandel-Weide 190, Erdbeerbäume 206, Queensland-Kaurifichte 240
Chinesische Kopfeibe 240, Eiben 242, Bunges Kiefer 264

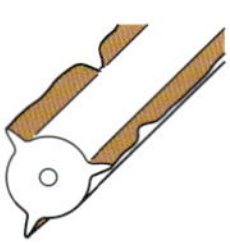

3b Zweige mit Korkleisten
Amerikanischer Amberbaum 34, Feld-Ulme 70
Feld-Ahorn 152, Echter Mocanbaum 176, Simons Pappel 182

3c Stammrinde ziemlich weich oder korkig
Kork-Eiche 60, Amur-Korkbaum 144, Mammutbaum 256

Schlüssel 2: Auffällige Früchte oder Fruchtstände

1a Einzelfrucht mehr als 5-mal so lang wie breit
Katsurabaum 34, Schmetterlingsblütengewächse 112–116, Johannisbrotgewächse 116–122, Mimosengewächse 122–128, Rote Frangipani 218 Oleander 218, viele Trompetenbaumgewächse 222–224

1b Fruchtstand mindestens 10 cm groß, Einzelfrucht kleiner als 3 cm 2

1c Fruchtstand oder Einzelfrucht anders.. 4

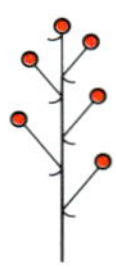

2a Fruchtstände mindestens 10 cm lange Trauben oder schmale Rispen, reife Früchte mehr oder weniger trocken
Hainbuchen 46, Flügelnüsse 66, Essigbaum 148
viele Pappeln 178–182, einige Weiden 184–192

2b Fruchtstände mindestens 10 cm lange Trauben oder schmale Rispen, reife Früchte fleischig
Zweihäusige Kermesbeere 32, Meertraubenbaum 32, Trauben-Kirschen 80

2c Fruchtstände mindestens 10 cm breite Rispen oder doldenartig 3

3a reife Früchte mehr oder weniger trocken
einige Eukalyptus 132–134, Drüsiger Götterbaum 144
Samthaarige Stinkesche 144, Sauerbaum 208, Eschen 212–214

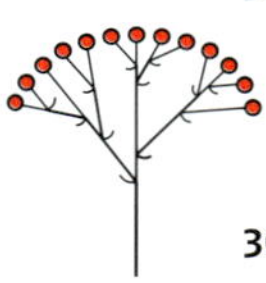

3b reife Früchte fleischig, weiß, gelblich, orange oder rot gefärbt
Baum-Zwergmispel 88, Ebereschen 106, Mehlbeeren 108–110
Pfefferbäume 148, Sumach 148, Indischer Zederachbaum 164
Orangenkirsche 176, Schneebälle 210

3c reife Früchte fleischig, schwärzlich oder bläulich gefärbt
Amur-Korkbaum 144, Aralien 172, Pagoden-Hartriegel 204, Schwarzer Holunder 210, Schneebälle 210, Virginischer Schneeflockenstrauch 214
Glänzender Liguster 218, Japanischer Losbaum 222

4a reife Frucht / dichter Fruchtstand / Samen rundlich bis länglich, mindestens äußere Schichten fleischig.. 5

4b reife Frucht / dichter Fruchtstand rundlich bis länglich, mehr oder weniger trocken oder ledrig 7

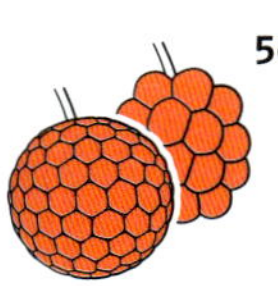

5a Frucht oder Fruchtstand mindestens 3 cm groß, auf der Oberfläche gefeldert oder gerippt / oder aus Früchtchen zusammengesetzt / oder Fruchtstand mit sehr dicht gepackten kleinen Früchten
Rahmapfel 26, Papiermaulbeerbaum 74, Osagedorn 74, einige Feigen 76
Gefingerte Zitrone 140, Nuttalls Blumen-Hartriegel 204

5b Frucht oder Fruchtstand weniger als 3 cm groß, auf der Oberfläche gefeldert oder gerippt / oder aus Früchtchen zusammengesetzt / oder Fruchtstand mit sehr dicht gepackten kleinen Früchten / oder Scheinfrüchte
Beißrinde 26, Gagelbäume 32, Zweihäusige Kermesbeere 32
Maulbeerbäume 74, einige Feigen 76, Einblütige Kirschmyrte 138
Queensland-Strahlenaralie 172, Echter Mocan-Baum 176
Wald-Tupelobaum 202, Blumen-Hartriegel 204, Erdbeerbäume 206
Wacholder 250–252

5c Frucht auf der Oberfläche mehr oder weniger glatt 6

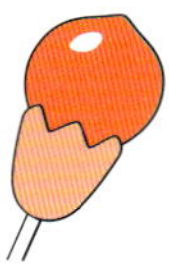

6a Frucht / Same sitzt in einem deutlichen Becher / oder Fruchtstiel auffällig verdickt / oder Kelch besonders auffällig
Kampferbäume 26, Stinklorbeer 28, Sassafras 30
Japanischer Rosinenbaum 164, Japanischer Losbaum 222, Eiben 242

6b Frucht / Same anders, mindestens 3 cm groß, an der Spitze ohne Kelchrest
Avocado 30, Pfirsich 84, Nektarine 84, Aprikose 84, Pflaumen 86
Zitrusfrüchte 140–142, Echte Mango 146, Papaya 176
Kakipflaume 198, Taubenbaum 202, Ölbaum 216, Ginkgo 236

6c Frucht anders, mindestens 3 cm groß, an der Spitze mit Kelchrest
Apfelfrüchtige Rosengewächse 88–98, Granatapfel 128
Guave 136, Rosenapfel 136, Araca 136, Feijoa 138

6d Frucht / Same anders und kleiner
sehr viele, nicht weiter aufgeschlüsselt

7a Zapfen oder an Zapfen erinnernde Fruchtstände
Amerikanischer Tulpenbaum 22, Magnolien 22–24, Erlen 42–44
Gewöhnliche Hopfenbuche 44, Zapfennuss 68
Keulenbäume 68, sehr viele Nadelbäume 244–286

7b Fruchtkätzchen Birken 38–40, Pappeln 178–182, Weiden 184–192

7c Früchte geflügelt.. 8

7d Früchte ungeflügelt 10

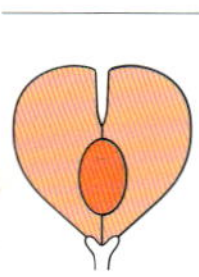

8a Flügel rundum, mehr oder weniger scheibenförmig
Guttaperchabaum 32, Ulmen 70–72
Dreiblättriger Lederstrauch 144, Gewöhnlicher Christdorn 166

8b Flügel einseitig oder zwei Flügel oder Flügel abgesetzt oder Frucht mit Flügelleisten 9

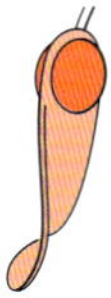

9a Frucht zerteilt sich bei der Reife (Spaltfrucht) Ahorne 150–160

9b Frucht fällt als Gesamtes ab
Birken 38–40, Hainbuchen 46, Flügelnüsse 66, Tipubaum 116, Drüsiger Götterbaum 144, Carolina-Schneeglöckchenbaum 200, Eschen 212–214

9c Flugorgan wird nicht von der Frucht selbst gebildet, sondern ist ein abgesetztes Blatt Linden 192–194

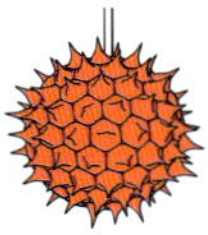

10a Frucht / Fruchtstand mindestens 3 cm groß, mehr oder weniger kugeliger Fruchtstand, aus Teilfrüchtchen zusammengesetzt
Amberbäume 34, Platanen 36

10b Frucht / Fruchtstand kleiner als 3 cm, Frucht bleibt reif geschlossen und ist nicht von einer Hülle umgeben Zelkoven 72

10c Äußere Fruchtschichten bilden eine trockene oder ledrige Wand, die reif aufreißt oder sich aufspaltet und wenige große Kerne freigibt oder Frucht / Früchte sind ganz oder teilweise von einer Hülle umgeben 11

10d Frucht / Fruchtstand anders gestaltet 12

11a Frucht mindestens 3 cm groß, sitzt in einem Fruchtbecher
einige Eichen 52–62

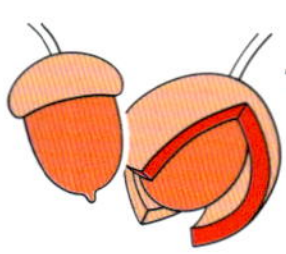

11b Frucht / Fruchtstand mind. 3 cm groß, Hülle umgibt die Frucht / Früchte anfangs vollständig oder Wand umgibt den Kern anfangs vollständig
Edel-Kastanie 48, einige Walnussgewächse 66, Mandel 84
Rosskastaniengewächse 162, Gelber Schellenbaum 218

11c Frucht / Fruchtstand kleiner als 3 cm
Gewöhnliche Hopfenbuche 44, Hasel 46, Scheinbuchen 48, Rauli 48
Buchen 50, viele Eichen 52–62, Echte Pistazie 146

12a Frucht mindestens 3 cm groß, spaltet sich reif auf oder öffnet sich mit Poren oder Schlitzen und gibt viele Samen frei
Borstige Bauernbohne 120, Nadelblättriges Nadelkissen 130, einige Eukalyptus 132, Rispiger Blasenbaum 164, Flaschenbäume 196, Florettseidenbaum 196, Chinesischer Blauglockenbaum 220, Jacarandabaum 222

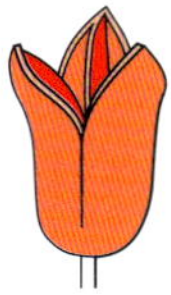

12b Früchte kleiner als 3 cm, spaltet sich reif auf oder öffnet sich mit Poren/ Schlitzen und gibt viele Samen frei, unreife Frucht wirkt in der Aufsicht deutlich mehrlappig, mehrteilig oder sternförmig und ist breiter als hoch
Radbaum 36, Samthaarige Stinkesche 144, Spindelstrauchgewächse 170

12c Frucht / Fruchtstand kleiner als 3 cm, unreife Frucht wirkt in der Aufsicht nicht mehrlappig und ist mehr oder weniger länger als breit
sehr viele, nicht weiter aufgeschlüsselt

Schlüssel 3: Blattmerkmale

Teilschlüssel 3.1: Blätter nadel- oder schuppenförmig

1a Blätter nadelförmig, mehr oder weniger vom Zweig abstehend 2

1b Blätter schuppenförmig, mehr oder weniger am Zweig anliegend 7

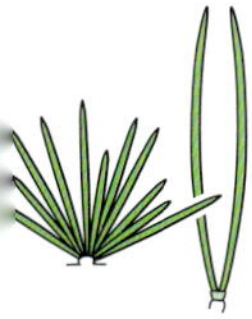

2a Nadeln in Quirlen
Quirl-Akazie 128, Baumheide 208, einige Wacholder 250–252
Japanische Schirmtanne 254

2b Büschel mit über 10 Nadeln
Zedern 270, Lärchen 272–274, Goldlärche 274

2c Bündel mit 2, 3 oder 5 Nadeln Kiefern 258–268

2d Nadeln alle einzeln 3

3a Nadeln um 6 cm lang, allseitig abstehend, Frucht eine holzige Kapsel
Nadelblättriges Nadelkissen 130

3b Nadeln sommergrün, an fiederblattartigen Kurztrieben, fallen mit diesen im Herbst ab
Sumpfzypresse 256, Urweltmammutbaum 256

3c Nadeln immergrün, kürzer oder anders angeordnet, Frucht / Same anders 4

4a Nadeln ungestielt, am Zweig herablaufend oder nicht deutlich vom mindestens bis in das zweite Jahr grünen Zweig abgegliedert
Zimmertanne 238, Wollemie 240, Chinesische Spießtanne 254
Jap. Sicheltanne 254, Küstenmammutbaum 256, Mammutbaum 256

4b Nadeln gestielt, Zweig mindestens bis in das zweite Jahr grün
Kopfeiben 240, Eiben 242, Nusseiben 242

4c Nadeln deutlich vom Zweig abgegliedert, Zweig im zweiten Jahr bräunlich, rötlich oder gelblich 5

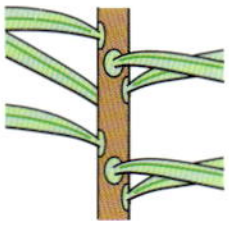

5a Nadeln sitzen mit verbreiterter Basis am Zweig, Nach dem Abfallen bleiben rundliche Blattnarben am fast glatten Zweig
Tannen 280–284

5b Zweig nach dem Abfallen der Nadeln rau 6

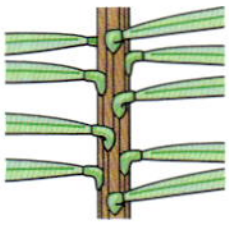

6a Nadeln stehen auf einem Stielchen, das die Farbe des Zweiges trägt
Fichten 274–278

6b Stielchen der Nadeln grün Hemlocktannen 286, Douglasien 286

7a Schuppenblätter in Quirlen Keulenbäume 68

7b Schuppenblätter gegenständig, junge Zweige abgeflacht
Sandarakbaum 242, Scheinzypressen 246, Kalifornische Flusszeder 248, Hibalebensbaum 248, Lebensbäume 248

7c Schuppenblätter gegenständig, junge Zweige rundlich oder im Querschnitt fast quadratisch
Zypressen 244, Leylandzypresse 246, einige Wacholder 250–252

7d Schuppenblätter spiralig oder wechselständig
Tamarisken 174, Zimmertanne 138, Neuguinea-Araukarie 138
Mammutbaum 256, Küstenmammutbaum 256

Hinweis zur Farbe der Blätter ab S. 17
- Hellgrün ≙ sommergrüne Blätter
- Dunkelgrün ≙ immergrüne Blätter

Teilschlüssel 3.2: Blätter flächig

1a Blatt einfach, ungeteilt **2**

1b Blatt zusammengesetzt **21**

2a Blatt handförmig gelappt **3**

2b Blatt anders gelappt, wechselständig **4**

2c Blatt ohne Lappen **5**

3a Blatt wechselständig, bis über 20 cm groß
Platanen 36, Baumaralie 172, Papaya 176, Flammender Flaschenbaum 196

3b Blatt wechselständig, kleiner
Sassafras 30, Amberbäume 34, Weißer Maulbeerbaum 74
Papiermaulbeerbaum 74, Echte Feige 76, einige Äpfel 94
Silber-Pappel 178, Echter Roseneibisch 196, Flaschenbäume 196

3c Blatt gegenständig
viele Ahorne 150–160, Gewöhnlicher Schneeball 210
Gefüllter Schneeball 210, Kleinblütiger Trompetenbaum 224

4a Blatt bis über 20 cm groß
Amerikanischer Tulpenbaum 22, Ungarische Eiche 56
Großfrüchtige Eiche 56, Rot-Eiche 58

4b Blatt fächerförmig oder zweilappig
Bunte Bauhinie 120, Ginkgo 236

4c Blatt anders
Farnblättrige Buche 50, viele Eichen 52–58, Berg-Ulme 70
Gefülltblühendes Mandelbäumchen 84, Weißdorne 100–104
einige Mehlbeeren 108–110, Elsbeere 110, Grau-Pappel 178

5a Blatt ganzrandig **6**

5b Blatt mit gekerbtem, gezähntem oder gesägtem Rand **15**

6a Blatt immergrün, mehr oder weniger ledrig bis hart **7**

6b Blatt sommergrün, mehr oder weniger weich **12**

7a Blatt schmal, lanzettlich, länglich oder länglich eiförmig 8

7b Blatt mehr oder weniger elliptisch, eiförmig oder oval 9

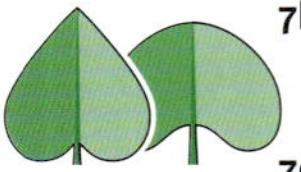

7c Blatt rundlich, nieren- oder herzförmig
Meertraubenbaum 32, einige Eukalyptus (Jugendblätter) 132–136

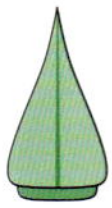

7d Blatt 3-eckig, fest Chilenische Araukarie 238

8a Blatt wechselständig
Beißrinde 26, Berglorbeer 30, viele Akazien 126–128,
Zylinderputzer 130, Chilenischer Flammenbusch 130
viele Eukalyptus 132–136, Mandarinen 142, Echte Mango 146
Echter Mocanbaum 176, Alpenrosen 208,Gelber
Schellenbaum 218, Weidenblättriger Hammerstrauch 220
einige Araukariengewächse 238–240

8b Blatt gegenständig oder in 3er-Quirlen
Rosenapfel 136, Ölbaum 216, Oleander 218

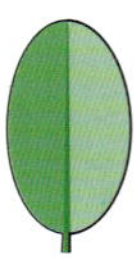

9a Blatt wechselständig.. 10

9b Blatt gegenständig, unter 5 cm lang
Luma-Myrte 138, Braut-Myrte 138, Buchsbäume 168
Queensland-Kaurifichte 240

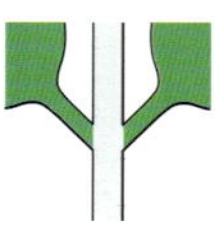

9c Blatt gegenständig, länger als 5 cm
Guave 136, Araca 136, Einblütige Kirschmyrte 138, Feijoa 138
Immergrüner Schneeball 210, Hohe Picconie 216
Breitblättrige Steinlinde 216, Glänzender Liguster 218

10a Blatt riecht zerrieben auffällig aromatisch
Kampferbäume 26, Lorbeerbäume 28, einige Eukalyptus 132–136
Zitrusfrüchte 140–142, Freudige Drüsenpflanze 220

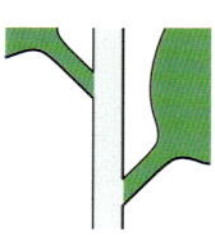

10b Endemische Art auf Madeira, den Kanaren oder Azoren
Stinklorbeer 28, Barbusano 28, Indische Persea 30, Pleiomeris 198
Heberdenie 198, Marmulan 198, Kanaren-Stechpalme 200

10c Blatt zerrieben ohne auffälligen Geruch und von anderem Standort...11

11a Blatt unter 5 cm lang
Immergrüner Kreuzdorn 166, Chinesischer Klebsame 172
Schmalblättriger Klebsame 172, Buchsblättriger Azarabaum 176

11b Blatt 5–20 cm lang
einige Feigen 76, Lorbeer-Kirschen 82, Chilenischer Flammenbusch 130, Karo-Klebsame 172, Japanische Kamelie 176
Gewöhnliche Stechpalme 200, Dichte Griseline 202
Afrikanisches Schöngift 220, Orangefarbener Hammerstrauch 220

11c Blatt bis über 20 cm lang
Immergrüne Magnolie 22, Rahmapfel 26, Avocado 30, Alpenrosen 94

12a Blatt schmal, lanzettlich, länglich oder länglich eiförmig, wechselständig
Ätna-Ginster 112, Ölweiden 168, Sanddorn 168, Orangen-Klebsame 170
Charab-Pappel 182, zahlreiche Weiden 184–192, Rote Frangipani 218

12b Blatt schmal, länglich oder länglich eiförmig, gegenständig
Granatapfel 128

12c Blatt nieren- oder herzförmig 13

12d Blatt mehr oder weniger elliptisch, eiförmig oder oval 14

13a Blätter wechselständig Judasbäume 218

13b Blätter gegenständig, bis über 20 cm groß
Chinesischer Blauglockenbaum 220, Trompetenbäume 224

13c Blatt gegenständig, kleiner
Gewöhnlicher Flieder 214, Japanischer Losbaum 222

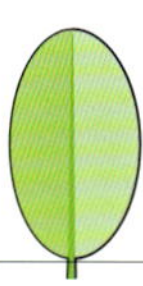

14a Blatt wechselständig sehr viele, hier nicht weiter aufgeschlüsselt

14b Blatt gegenständig
Chinesische Kräuselmyrte 138, Hartriegelgewächse 202–204
Virginischer Schneeflockenstrauch 214, Ungarischer Flieder 214

15a Blatt immergrün, mehr oder weniger ledrig bis hart 16

15b Blatt sommergrün, mehr oder weniger weich 17

16a Blatt bis zu 6 cm groß
Römischer Gagelbaum 32, Auchers Eiche 62, Kermes-Eiche 62, Kretischer Ahorn 152, Echter Mocanbaum 176, Rautenblättrige Stechpalme 200

16b Blatt größer, schmal, lanzettlich, länglich oder länglich eiförmig
Japanische Wollmispel 88, Kanarischer Erdbeerbaum 206
Schmalblättrige Steinlinde 216

16c Blatt größer, mehr oder weniger elliptisch, eiförmig oder oval
Gagelbaum 32, Radbaum 36, einige Eichen 60–62
Lorbeer-Kirschen 82, Zitrusfrüchte 140–142, einige Kreuzdorne 166
Japanischer Spindelstrauch 170, Kanaren-Maytenus 170, Japanische Kamelie 176, einige Stechpalmen 200, einige Erdbeerbäume 206
Madeira-Zimterle 208, Breitblättrige Steinlinde 216

17a Blatt wechselständig 18

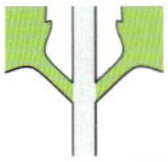

17b Blatt gegenständig
Katsurabaum 34, einige Ahorne 158, Purpur-Weide 192
Wolliger Schneeball 210

18a Blatt nur bis zu 4 cm lang Scheinbuche 48, Kreta-Zelkove 72

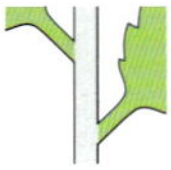

18b Blatt schmal, lanzettlich, länglich oder länglich eiförmig
Edel-Kastanie 48, Pfirsich 84, Mandel 84, Echte Mispel 88
Baum-Zwergmispel 88, einige Birnen 96–98, Weiden 184–192

18c Blatt rundlich, nierenförmig oder herzförmig 19

18d Blatt mehr oder weniger elliptisch, eiförmig oder oval 20

19a Blatt bis mindestens 20 cm lang
Orangenkirsche 176, Großblatt-Pappel 180, Amerikanische Linde 194

19b Blatt kleiner
Katsurabaum 34, Lindenblättrige Birke 40, Herzblättrige Erle 44
Schwarzer Maulbeerbaum 74, Aprikosen 84, einige Pappeln 178–182
Linden 192–194, Taubenbaum 202

20a Blatt bis mind. 20 cm lang Guttaperchabaum 32, Pontische Eiche 56

20b Blatt mit Drüsen am Blattstiel, an der Spreitenbasis oder in den Nervenwinkeln
einige Rosengewächse 80–86, Orangenkirsche 176

20c Blatt ohne entsprechende Drüsen
sehr viele, nicht weiter aufgeschlüsselt

21a Blatt einfach gefiedert **22**

21b Blatt doppelt gefiedert **24**

21c Blatt 3-zählig
Goldregen 114, Korallenbäume 116
Dreiblättriger Lederstrauch 144, einige Ahorne 156–158

21d Blatt gefingert
Rosskastaniengewächse 162, Queensland-Strahlenaralie 172
Brasilianischer Florettseidenbaum 196

22a Blatt unpaarig gefiedert **23**

22b Blatt paarig gefiedert, gegenständig Tipubaum 116

22c Blatt paarig gefiedert, wechselständig, immergrün
Johannisbrotbaum 118, Borstige Bauernbohne 120, Mastixbaum 146

22d Blatt paarig gefiedert, wechselständig, sommergrün
Kleinblättriger Schnurbaum 114, Amerikanische Gleditschie 118
Chinesischer Surenbaum 164

23a Blätter gegenständig, immergrün
Afrikanischer Tulpenbaum 222, Gelber Tulpenbaum 222
Leberwurstbaum 222, Gelber Trompetenstrauch 224

23b Blätter gegenständig, sommergrün
Amur-Korkbaum 144, Samthaarige Stinkesche 144
Eschen-Ahorn 156, Schwarzer Holunder 210, Eschen 212–214

23c Blätter wechselständig, immergrün Pfefferbäume 148

23d Blätter wechselständig, sommergrün
Walnussgewächse 64–66, Ebereschen 106, wenige Mehlbeeren 108
Speierling 108, Robinien 112, Japanischer Pagodenbaum 114
Amerikanische Gleditschie 118, Jerusalemdorn 122
Australische Silbereiche 130, Drüsiger Götterbaum 144
Pistazien 146, Essigbäume 148, Rispiger Blasenbaum 164

24a Blätter gegenständig
Amerikanischer Geweihbaum 116, Jacarandabaum 222

24b Blätter wechselständig, immergrün viele Akazien 124–126

24c Blätter wechselständig, sommergrün
einige Johannisbrotgewächse 118–120, einige Mimosengewächse 122–124
Indischer Zederachbaum 164, Chinesische Aralie 172

---

1 Amerikanischer Tulpenbaum · *Liriodendron tulipifera* · 20–40 m

Frucht

In seiner Heimat Nordamerika zählt der raschwüchsige Baum zu den wichtigsten Forstgehölzen. Sein stabiles, als „Gelbpappel" bezeichnetes Holz eignet sich für Möbel und den Innenausbau. Indianer höhlten die Stämme für Einbäume aus. In Mitteleuropa wächst der giftige Baum wegen der schönen Blüten und prächtigen Herbstfärbung häufig in Parks und Gärten. Große Exemplare besitzen meist einen stark verbreiterten Stammfuß. Die zapfenartige Sammelfrucht besteht aus bis zu 3,5 cm langen, geflügelten Nüsschen. Diese reifen im Spätherbst, fliegen aber oft erst im Winter mit dem Wind davon.

GATTUNG MAGNOLIEN, *Magnolia*

Heute wachsen in Amerika und Asien etwa 125 Arten der schon aus der Kreidezeit bekannten Gattung. In Europa starben Magnolien während der Eiszeiten aus. Auf das hohe Alter der Gattung weisen die großen Blüten mit spiraligen Blütenblättern, Staubblättern und vielen freien Fruchtblättern hin. Die Frucht ist eine Sammelbalgfrucht.

2 Gurken-Magnolie · *Magnolia acuminata* · 15–20 m

unreife Frucht

Wild wächst diese Magnolie im östlichen Nordamerika. In Nord- und Mitteleuropa pflanzen Gärtner sie gelegentlich als Ziergehölz. Ihre 5–10 cm breiten Blüten erscheinen im Juni oder Juli. Sie fallen zwischen den 10–25 cm langen Blättern kaum auf. Die 5–8 cm große Frucht erinnert unreif etwas an eine Gurke. Die Rinde, die im Gegensatz zu den anderen im Sommer blühenden Arten nicht grau gefärbt ist, galt früher in den USA als offizielles Mittel gegen Malaria und Rheuma. Diese Wirkungen sind jedoch nicht belegt.

3 Immergrüne Magnolie · Großblütige Magnolie · *Magnolia grandiflora* · 5–30 m

Frucht

Diese Magnolie aus dem Süden Nordamerikas wächst im Mittelmeerraum, in Frankreich und Großbritannien häufig in Gärten und Parks. In Deutschland überlebt sie nur in den mildesten Gegenden, da sie nur wenig frostresistent ist. Die 10–20 cm langen, ledrigen Blätter erinnern an die eines Gummibaums *(Ficus elastica)*. Die duftenden Blüten erscheinen von Juli bis November. Die 7–10 cm lange Frucht besteht wie bei allen Magnolien aus balgähnlichen Früchtchen, die reif aufspringen und die Samen freigeben.

4 Purpur-Magnolie · *Magnolia liliiflora* · 5 m

Blatt

Die in Mittelchina beheimatete Magnolie wächst als großer Strauch oder kleiner Baum. Sie ist eine der Eltern-Arten der Tulpen-Magnolie (S. 24). Die um 7 cm breiten Blüten öffnen sich von Mai bis Juni. Ihre 6 Kronblätter sind außen purpurn gefärbt und innen weiß. Die 3 höchstens halb so langen Kelchblätter fallen früh ab. Die 8–18 cm langen Blätter sind plötzlich kurz zugespitzt. Etwas später im Juni blüht die Siebolds Magnolie *(Magnolia sieboldii)* **(4a)** aus Japan und Korea. Sie lässt sich an den abwärts gerichteten Blüten und Früchten gut erkennen. Ihre 7–10 cm breiten Blüten duften angenehm.

1 Amerikanischer Tulpenbaum

Blatt mit meist 4 Lappen

Blüte mit 3 Kelch- und 6 Kronblättern, diese 4–6 cm lang

2 Gurken-Magnolie

Blüte grünlich gelb, glockig

reife Frucht leuchtend rosa bis rot

Rinde orange-braun gefurcht

Blatt plötzlich zugespitzt

3 Immergrüne Magnolie

Blüte bis zu 25 cm groß

Blattunterseite bleibend hell-braun filzig

4 Purpur-Magnolie

Blüte trichterförmig

4a Siebolds Magnolie

Blatt elliptisch, mit heller Unterseite

Blüte nickend oder hängend

Frucht an meist geknicktem Stiel

1 Kobushi-Magnolie · *Magnolia kobus* · 8–10 m

Blüte

Nach dem Pflanzen dauert es meist einige Jahre, bis diese aus Japan stammende Magnolie regelmäßig blüht. Dann erfreut sie aber auch Gartenbesitzer in Mitteleuropa von April bis Mai mit einer Blütenpracht vor dem Blattaustrieb. Die duftenden Blüten werden um 10 cm breit. Die Blätter sind 6–17 cm lang. Die Samen hängen oft an einem dünnen Faden aus den reifen, aufgeplatzten Früchtchen heraus. Sie sind wie bei allen Magnolien von einem ölhaltigen, auffällig gefärbten Samenmantel umschlossen. Dieser lockt Vögel an, die für die Verbreitung der Samen sorgen.

2 Stern-Magnolie · *Magnolia stellata* · 3 m

rosa Blüte

Diese Magnolie bleibt im Gegensatz zu den anderen Magnolien klein und blüht schon als junges Exemplar. Sie eignet sich auch für geschützte Standorte in kleinen Gärten. Deshalb gehört sie mit der Tulpen-Magnolie (unten) zu den in Mitteleuropa am häufigsten gepflanzten Magnolien. Ihren Namen trägt die aus Japan stammende Art nach der sternartigen Form ihrer um 8 cm großen, duftenden, weißen oder rosa Blüten. Diese öffnen sich von März bis April vor dem Laubaustrieb. Während eine pelzige Knospenschuppe die Blütenknospen noch vor Frost schützt, treten wie bei den beiden folgenden Arten relativ häufig Frostschäden an geöffneten Blüten auf.

3 Lilien-Magnolie · Yulan-Magnolie · *Magnolia denudata* · 15 m

Rinde

Der Baum aus Mittelchina ist eine der Eltern-Arten der Tulpen-Magnolie (unten). Die 12–15 cm breiten Blüten öffnen sich von März bis April. Ihre bis über 2 cm breiten Blütenblätter neigen sich anfangs zusammen. Später bilden sie eine weiße Schale. Die 3 äußeren Blütenblätter können etwas gerötet sein, diese Färbung tritt jedoch nie an allen Blütenblättern auf. Die Blüten locken wie bei allen Magnolien Käfer als Bestäuber an. Käfer gehörten in der Evolution zu den ersten Insekten, die Blüten besuchten. Sie fressen von dem eiweißreichen Pollen, zerstören aber auch Blütenblätter und verschmutzen die Blüten mit ihrem Kot. An offenen Blüten lassen sich auch Bienen beobachten. Sie kommen jedoch meist zu spät, um die Blüten zu bestäuben.

4 Tulpen-Magnolie · *Magnolia* x *soulangeana* · 3–10 m

Winterknospe

Die erste Tulpen-Magnolie entstand um 1820 auf einem Anwesen bei Paris als zufällige Kreuzung der Purpur-Magnolie und der Lilien-Magnolie. Obwohl beide Arten aus Mittelchina stammen, treten dort keine natürlichen Kreuzungen auf. Die Tulpen-Magnolie entwickelt sich in nicht zu kalten Gegenden Europas zu einem prächtigen Garten- und Parkbaum. In Mitteleuropa gehört sie neben der Stern-Magnolie zu den am häufigsten gepflanzten Arten. Sie blüht von April bis Mai vor dem Laubaustrieb, oft entfalten sich aber auch im Juni noch einzelne Blüten zwischen den Blättern. Die etwas dickfleischigen Blütenblätter sind je nach Sorte außen mehr oder weniger rosa bis purpurn überlaufen, innen weiß. Die Blätter erreichen eine Länge von 10–18 cm.

1 Kobushi-Magnolie

2 Stern-Magnolie

3 Lilien-Magnolie

4 Tulpen-Magnolie

1 Rahmapfel · Cherimoya · *Annona cherimola* · 10 m

Blatt

Der Baum aus den Andentälern Perus und Ecuadors gedeiht in frostfreien Gebieten auch in Europa. Obstproduzenten bauen ihn vor allem in Spanien und auf Madeira an. Die bis zu 20 cm langen Früchte bestehen aus vielen miteinander verwachsenen Beeren. Sie reifen auch nach der Ernte noch nach. Das reife Fruchtfleisch duftet, zerschmilzt zu einem weichen Brei und schmeckt angenehm süß-aromatisch. Die zahlreichen, 1–2 cm langen, glänzenden Samen enthalten giftige Alkaloide. Sie liefern in der Heimat des Baumes ein wirksames Mittel gegen Kopfläuse und Parasiten. Die immergrünen Blätter werden bis zu 20 cm lang, die Blüten um 3 cm.

2 Beißrinde · Winterrinde · *Drimys winteri* · 8 m

Rinde

Der Name des in Chile und Südargentinien heimischen Baumes ehrt Kapitän John Winter, der im 16. Jahrhundert mit Francis Drake reiste. Er gab die Rinde bei der Umsegelung von Kap Hoorn den Seeleuten gegen Skorbut. Dieser „Magellanische Zimt" schmeckt scharf und aromatisch und riecht nach Zimt, Nelken und Pfeffer. In Südamerika dient er als Gewürz, aromatisiert Liköre und hilft bei Magenverstimmungen. Gärtner in Westeuropa und den Mittelmeerländern kultivieren das immergrüne Gehölz in Gärten und Parks, in Mitteleuropa als Kübelpflanze. Botaniker interessieren sich für seine altertümlichen Merkmale. Das Holz entspricht im Bau noch dem von Nadelgehölzen. Die Blüten sind in der Anzahl ihrer Organe nicht festgelegt.

3 Kampferbaum · Kampfer-Zimtbaum · *Cinnamomum camphora* · 5–30 m

Blüte

Alle Teile des in China, Japan, Taiwan und Korea heimischen Baumes duften intensiv nach Kampfer. Dieses ätherische Öl lässt sich in lohnenden Mengen aus Holzschnitzeln gewinnen. Arzneilich wirkt es gegen Husten, Erkältungen und Rheuma. Außerdem dient es als Mottenmittel. Das Holz selbst ist widerstandsfähig gegen Pilze und Insekten und eignet sich für Boote und Möbel. In Südeuropa wächst der Baum an Straßen und in Parks. Seine immergrünen Blätter besitzen meist 3 charakteristisch gebogene Nervenpaare. Die um 3 mm großen Blüten erscheinen von April bis Mai. Die einsamigen Beeren reifen von Oktober bis November. Das Samenöl eignet sich als Schmieröl und für Seife.

4 Drüsiger Kampferbaum · *Cinnamomum glanduliferum* · 5–20 m

Blatt-unterseite

Der Baum, aus dem sich ebenfalls Kampfer gewinnen lässt, stammt aus Indien und Nepal. Er erträgt wie die vorige Art leichte Fröste und gedeiht als Zierbaum im Tessin und anderen südlichen Gegenden. Dabei verwildert er zunehmend und kann zusammen mit anderen Neubürgern die heimische Flora verdrängen. In Europa führt das noch nicht zu größeren Problemen. Im Süden der USA dagegen bildet er bereits Massenbestände. Die 6–15 cm langen Blätter haben eine variabel geformte Spreite. Charakteristisch sind die Zahl der Nerven sowie die Drüsen in den Nervenwinkeln, die die Blattoberseite emporwölben und auf der Unterseite haarige Vertiefungen bilden.

1 Rahmapfel

2 Beißrinde

3 Kampferbaum

4 Drüsiger Kampferbaum

1 Lorbeerbaum · Gewürz-Lorbeer · *Laurus nobilis* · 2–20 m

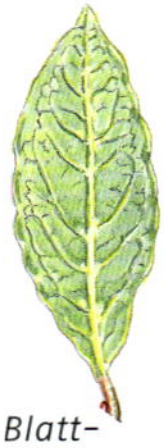
Blatt-unterseite

Der zweihäusige Baum oder Strauch wächst im Mittelmeerraum in immergrünen Gebüschen und feuchten Wäldern. In Mitteleuropa lässt er sich als wenig frostharte, immergrüne Kübelpflanze kultivieren. Die bis zu 10 cm langen Blätter sind kahl und duften zerrieben stark aromatisch. Sie dienen als Küchengewürz und wirken appetitanregend. Das ätherische Öl der Blätter und Früchte kann jedoch heftige Allergien auslösen. Lorbeerkränze schmückten bereits die Häupter griechischer Studenten und römischer Feldherren. Später ehrte man Studenten mit dem „Baccalaureus", einem beerentragenden Lorbeerkranz. Hiervon leitet sich der akademische Grad „Bachelor" ab.

2 Kanarischer Lorbeerbaum · Kanaren-Lorbeer · *Laurus novocanariensis* · 15–20 m

Früchte

Dieser Baum dominiert in den Lorbeerwäldern der Kanaren und Madeiras. Seine Blätter duften schwächer als der Lorbeerbaum (oben). Sie sind 5–17 cm lang und jung unterseits etwas filzig. Typisch sind die kleinen Drüsen in den Achseln fast aller Seitennerven. Auf Madeira dienten die Zweige als Spieße zum Grillen des inseltypischen Fleischspießes. An luftfeuchten Standorten tragen die Stämme und dicken Äste häufig bis zu 20 cm lange Auswüchse. Es handelt sich dabei um Gallbildungen durch einen parasitischen Pilz *(Laurobasidium lauri)*. Bis vor Kurzem ordneten Botaniker das Gehölz der Art *Laurus azorica* zu. Seit 2002 jedoch gilt der endemische Azoren-Lorbeer als eigene Art, die sich in erster Linie durch das Verbreitungsgebiet unterscheidet.

3 Stinklorbeer · Stinkender Lorbeer · *Ocotea foetens* · 30 m

Blatt-oberseite

Der oft knorrige Baum wächst endemisch in den Lorbeerwäldern der Kanaren, auf Madeira und den Azoren. Sein frisches Holz riecht unangenehm. Beim Trocknen verliert sich dies, so dass Tischler früher das dunkle, harte und wertvolle Holz gerne für Möbel verwendeten. Heute stehen die Lorbeerwälder unter Schutz. Die 6–18 cm langen, immergrünen Blätter lassen sich an den großen, auffälligen Drüsen in den Achseln der untersten Seitennerven sehr gut erkennen. Die fleischige, um 2,5 cm lange Frucht sitzt ähnlich wie eine Eichel in einem Fruchtbecher, der aus der Blütenachse entstanden ist. Dies unterscheidet ihn vom Lorbeerbaum (oben).

4 Barbusano · *Apollonias barbujana* · 25 m

Frucht

Der in den Lorbeerwäldern der Kanaren und Madeiras endemische immergrüne Baum besitzt ein hartes, braunrotes Holz. Möbelbauer auf den Inseln verarbeiteten dieses „Kanarische Ebenholz" früher zu hochwertigen Möbeln. Die glänzenden, 5–15 cm langen Blätter besitzen im Gegensatz zu vielen anderen Arten der Lorbeerwälder keine Drüsen in den Nervenwinkeln. Sie tragen jedoch ziemlich häufig Gallen der Gallmilbe *Eriophyes barbujanae*. An diesen Beulen lassen sie sich einfach von den anderen Gehölzen der Inseln unterscheiden. Die weniger als 1 cm großen Zwitterblüten besitzen 6 gelblich weiße Blütenblätter. Die an eine Olive erinnernde Frucht wird 1–2 cm lang.

1 Lorbeerbaum

Blatt am Rand knorpelig verdickt und gewellt

Blüte hellgelb

Frucht 1–1,5 cm lang, ohne Becher

2 Kanarischer Lorbeerbaum

Stammauswüchse durch Pilzinfektion

Blatt-unterseite mit Drüsen

Blütenstand mit kleinen Blüten

3 Stinklorbeer

Blattunterseite mit 2–3 Drüsen

Blüten grünlich gelb, 6-zählig

Früchte im Fruchtbecher

4 Barbusano

Blatt mit Ausbuchtungen durch Gallen

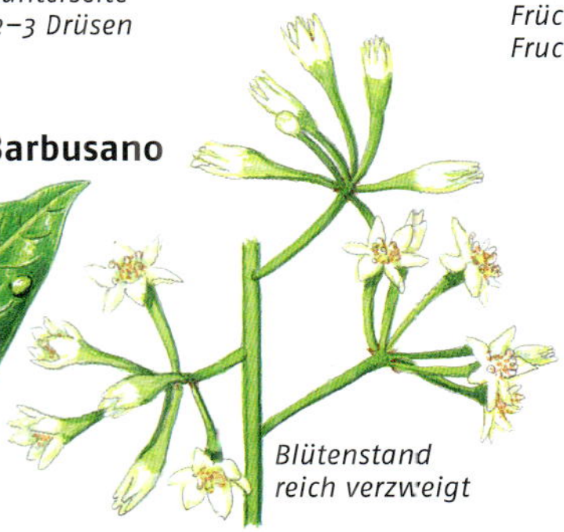

Blütenstand reich verzweigt

1 Avocado · *Persea americana* · 5–20 m

Frucht

Schon bevor die Spanier nach Zentralamerika kamen, schätzten die Azteken die nahrhaften Beerenfrüchte des „ahuakatl". Wie Gräberfunde belegen, fand ein erster Anbau schon vor 8000 Jahren statt. Heute kultivieren Obstbauern den immergrünen Baum auch in Afrika, Asien und Europa. Die meisten europäischen Bäume stehen in Spanien und Portugal, doch auch die Griechen bauen Avocados für den Markt an. Der Baum zeigt eine Merkwürdigkeit: Auf rund 5000 der wenige Millimeter großen, in üppigen Rispen stehenden Blüten kommt nur eine 10–15 cm lange Frucht. Diese bildet unter der glatten bis runzeligen Schale ein butterweiches Fruchtfleisch, das bis zu 30 % Fett mit hauptsächlich ungesättigten Fettsäuren enthält.

2 Indische Persea · *Persea indica* · 30 m

Blatt vor dem Fall

Obwohl es der Name nicht vermuten lässt, wächst dieser Baum endemisch in den Lorbeerwäldern der Kanaren und Madeiras. Auf den Azoren ist er eingebürgert. Mit bis zu 20 cm Länge gehören seine Blätter und die von *Pleiomeris* (S. 198) zu den größten der Lorbeerwälder. Auch im Gegenlicht lassen sich auf ihnen keine Drüsen erkennen. Obwohl das Gehölz immergrün ist, sitzen meist einige typisch orangerot gefärbte Blätter am Baum oder liegen unter diesem. Die Früchte sind mit etwa 2 cm Länge zwar viel kleiner als Avocadofrüchte, ihr reifes Fruchtfleisch riecht jedoch sehr ähnlich. Tischler und Drechsler schätzen das rotbraune Holz als „Kanarisches Mahagoni".

3 Sassafras · Fenchelholzbaum · *Sassafras albidum* · 10–18 m

Blatt

Der meist zweihäusige Baum aus dem Osten der USA wächst in Mitteleuropa in Parks und Gärten. Er kann unterirdische Ausläufer bilden, die nach einigen Metern neue Stämme austreiben. Die bis zu 16 cm langen Blätter färben sich im Herbst gelb, orange und rot. Sie duften wie alle Teile des Baumes nach Fenchel. Indianer verwendeten die Wurzeln als Tabakersatz und zum Aromatisieren von Getränken. In Europa galten die Wurzeln und deren ätherisches Öl als harntreibendes Mittel. Das Öl schädigt jedoch die Nieren und kann zum Kollaps führen. Sein Hauptbestandteil Safrol kann Krebs auslösen. Die Drogenszene kennt es als ein mögliches Ausgangsmaterial von Ecstasy.

4 Berglorbeer · Kalifornischer Berglorbeer · *Umbellularia californica* · 10 m

Blüte

Der meist mehrstämmige Baum gedeiht in sonnigen Parks und Gärten. Wie die vorige Art und entgegen den meisten anderen Lorbeergewächsen ist er auch in Mitteleuropa in warmen Lagen winterhart. Die immergrünen, im Gegensatz zum Lorbeerbaum (S. 28) flachen Blätter riechen zerrieben oder bei starker Besonnung nach Kampfer und Pfeffer und können Niesreiz auslösen. Indianer verwendeten sie früher gegen Kopfschmerzen und Flöhe. In seiner Heimat dienen sie noch heute, ähnlich wie Lorbeerblätter, unter dem Namen „Bay leaves" als Küchengewürz. Amerikanische Tischler und Drechsler schätzen das harte, schwere, „Oregon Myrtle" genannte Holz für Kleinmöbel.

1 Avocado

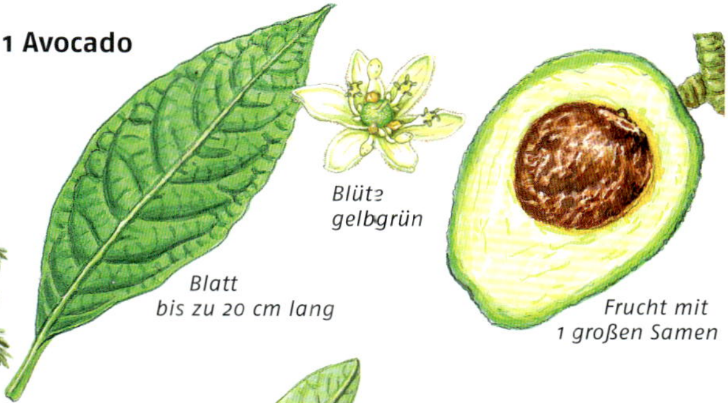

2 Indische Persea

3 Sassafras

4 Berglorbeer

Kermesbeerengewächse *(Phytolaccaceae)*: 1 · Eucommiengewächse *(Eucommiaceae)*:
Gagelstrauchgewächse *(Myricaceae)*: 3 · Knöterichgewächse *(Polygonaceae)*: 4

1 Zweihäusige Kermesbeere · Bella Sombra · *Phytolacca dioica* · 15 m

♂ *Blüte*

An dem schnellwüchsigen, südamerikanischen Baum fällt die verbreiterte Stammbasis auf, durch die er wie auf einem Hügel zu stehen scheint. Das Gewebe von Stamm und Zweigen ist ziemlich weich und enthält bis zu 80 % Wasser. In den offenen Pampas Südamerikas schätzen Gauchos das Gewächs als Schattenspender. Das Vieh frisst es kaum, da es giftige Saponine enthält. Auch in südeuropäischen Parks bietet der Baum schattige Sitzplätze und beliebte Fotomotive. Meist behält er das ganze Jahr sein Laub. Die etwa 1,5 cm breiten Blüten erscheinen von März bis April in hängenden Trauben. Die Beeren sind meist gelblich, gelegentlich auch schwarz und typisch gerippt.

2 Guttaperchabaum · *Eucommia ulmoides* · 20 m

zerrissenes Blatt

Die Familie der Eucommiengewächse umfasst nur dieses chinesische, zweihäusige Gehölz, das in Europa gelegentlich in Parks wächst. Es ist weltweit die einzige winterharte Baumart, die eine gummiartige Substanz liefert. Beim Zerreißen der Blätter bildet diese gummitypische zähe, weiße Fäden. Im Gegensatz zum echten Guttapercha des auf den Malayischen Inseln wachsenden Echten Guttaperchabaumes *(Palaquium gutta)* spielt sein eingetrockneter Milchsaft wirtschaftlich kaum eine Rolle, da er von minderwertiger Qualität ist. Die chinesische Medizin nutzt die Rinde als Stärkungsmittel und gegen Arthritis. Die Früchte erinnern etwas an die von Ulmen (S. 70).

3 Gagelbaum · Makaronesischer Gagelbaum · Wachsmyrte · *Myrica faya* · 4–20 m

Blütenstand

Der immergrüne Baum wächst endemisch auf Madeira, den Kanaren und Azoren und ist in Portugal eingebürgert. Seinen Namen trägt er nach der Azoren-Insel Faial. Auf den Azoren pflanzten ihn Bauern früher in Windschutzhecken. Heute wächst dort meist der Orangen-Klebsame (S. 170). Ähnlich wie Erlen (S. 42) bildet das Gehölz eine Wurzelsymbiose mit Bakterien der Gattung *Frankia*. Die Blätter sind fein drüsig punktiert und duften beim Zerreiben. Die Früchte sind essbar. Der Römische Gagelbaum *(Myrica rivas-martinezii)* (3a) wächst endemisch auf El Hierro, La Gomera und La Palma und ist vom Aussterben bedroht. Seine viel kleineren Blätter stehen fast schopfig an den Ast-Enden.

4 Meertraubenbaum · Seetraube · *Coccoloba uvifera* · 10 m

Blatt

Das salz- und windtolerante immergrüne Pioniergehölz stammt von den Küsten des tropischen Amerikas. Im Gischtbereich bildet es dichte Gebüsche, an windgeschützten Stellen kurz- und krummstämmige Bäume. Auf den Kanaren und an einigen Küsten Südeuropas dient es als Windschutz. Die ledrigen Blätter können bis zu 15 cm lang werden. Die um 2 cm langen Nüsse bleiben in der fleischigen Blütenröhre eingeschlossen. Diese färbt sich reif rötlich und schmeckt angenehm. Sie eignet sich für Gelee und weinartige Getränke. Der erhärtete Saft der Rinde liefert als „Jamaika-Kino" einen roten Farbstoff. Früher spielte er als gerbstoffreiche Substanz in der Heilkunde eine Rolle.

1 Zweihäusige Kermesbeere

Fruchtstand mit um 7 mm breiten Beeren

Blatt 6–15 cm lang

2 Guttaperchabaum

Zweig innen gekammert

Blatt bis zu 20 cm lang

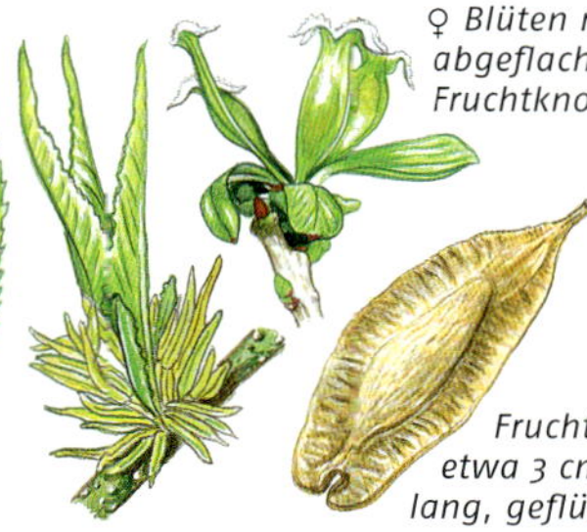

♀ Blüten mit abgeflachtem Fruchtknoten

♂ Blüten mit bis zu 12 Staubblättern

Frucht etwa 3 cm lang, geflügelt

3 Gagelbaum

Blatt meist unregelmäßig gekerbt-gesägt

Früchte bis zu 8 mm groß, runzelig

3a Römischer Gagelbaum

Blatt meist nur bis zu 2 cm lang

Blüten in aufrechten Trauben

Fruchtstände hängend

4 Meertraubenbaum

1 Katsurabaum · Kuchenbaum · *Cercidiphyllum japonicum* · 5–20 m

♂ *Blüte*

Der oft mehrstämmige Baum bildet in Japan die wichtigsten Laubbäume der Forstwirtschaft. Japaner stellen aus dem wertvollen, schön gemaserten Holz Möbel, Innenverkleidungen und Bretter für das Go-Spiel her. In europäischen Parks und Gärten wirkt der Baum etwas exotisch. Seine Zweige sind ähnlich wie bei Lärchen (S. 272) in Lang- und Kurztriebe gegliedert. Jeder Kurztrieb trägt jedoch nur ein Blatt. Das abgefallene Herbstlaub duftet angenehm nach Lebkuchen. Die Früchte bleiben über den Winter am Baum. Vertreter der Gattung *Cercidiphyllum* traten erdgeschichtlich bereits in der Oberkreide auf. Im Tertiär wuchsen sie auch in Europa.

2 Parrotie · Eisenholzbaum · *Parrotia persica* · 5–10 m

Kapselfrüchte

Im nördlichen Iran und dem Kaukasus bildet die Parrotie Wälder, die etwas an Rotbuchenwälder erinnern. Gärtner pflanzen das frostharte Gehölz gerne in Parks und Gärten. Besonders beeindruckend präsentiert sich der Baum oder große Strauch im Herbst, wenn die Blätter in Gelb-, Rot- und Violetttönen leuchten. Die Rinde erinnert an die der Bastard-Platane (S. 36). Die windbestäubten, blütenblattlosen Blüten öffnen sich bereits im zeitigen Frühjahr. Die Kapselfrüchte platzen bei der Reife explosionsartig auf. Das sehr harte Holz ist so schwer, dass es im Wasser untergeht.

3 Amerikanischer Amberbaum · *Liquidambar styraciflua* · 10–25 m

Blatt

Die bis zu 20 cm breiten Blätter erinnern an die eines Ahorns (S. 150), stehen aber wechselständig. Mit seinem harmonischen Wuchs und der gelben und roten Herbstfärbung schätzen Gärtner das Gehölz in Mitteleuropa für Parks, Alleen und große Gärten. In Osteuropa friert es oft zurück und wächst buschig. Floristen nutzen die aus schnabelförmigen Kapseln zusammengesetzten Fruchtstände als Trockenschmuck. Aus angeritzten Stämmen tritt wohlriechender Harzbalsam aus. Die Azteken würzten mit diesem „Amerikanischen Styrax" ihren Tabak. Später lieferte der „American Sweetgum" Rohstoff für Kaugummis und noch heute aromatisiert er Körperseifen. In Nordamerika schätzen Tischler das rotbraune Kernholz als „Nuss-Satinholz" für Furniere.

4 Orientalischer Amberbaum · *Liquidambar orientalis* · 8 m

Fruchtstand

Der kleinasiatische Baum wächst in Mitteleuropa nur selten in Botanischen Sammlungen, in Frankreich steht er öfters in Gärten und Parks. Die Fruchtstände bleiben mit 2–2,5 cm etwas kleiner als bei der vorigen Art. Die doppelt gelappten, 5–8 cm breiten Blätter ähneln denen des Feld-Ahorns (S. 152). Heilkundige verwendeten früher den Harzbalsam der Rinde als schleimlösende Arznei und gegen Hauterkrankungen. Besonders bekannt ist dieser „Falsche Styrax" als religiöses Räuchermittel. Noch heute verbrennen ihn Griechisch-Orthodoxe zu duftendem Rauch. Er riecht sehr ähnlich wie der Echte Styrax des Gewöhnlichen Storaxbaumes (S. 200). Da Amberbäume ertragreicher als Storaxbäume sind, stammt das meiste Styrax-Harz von ihnen.

1 Katsurabaum

Blatt rundlich bis herzförmig

Blätter und Früchte an wechselständigen Kurztrieben

♀ Blüten mit 3–5 Narben

Balgfrüchte bis zu 2,5 cm lang

2 Parrotie

Rinde mit ablösenden Platten

Blatt mit gewelltem Rand

Blüten mit auffälligen Staubblättern

3 Amerikanischer Amberbaum

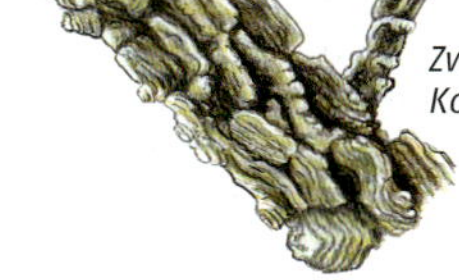

Zweig mit Korkleisten

Blüten in grünlichen Köpfchen

Fruchtstand 3–3,5 cm dick

4 Orientalischer Amberbaum

Rinde orange-graubraun gefeldert

Blatt mit 3–5 Doppellappen

1 Bastard-Platane · Gewöhnliche Platane · *Platanus* x *hispanica, P.* x *hybrida* · 10–35 m

Nüsschen

Diese Platane gilt als schon vor 1700 in Europa entstandene Kreuzung der beiden folgenden Arten. Sie wächst rasch, erträgt Luftverschmutzung und Trockenheit und lässt sich beliebig stutzen. Deshalb gehört sie zu den beliebtesten Stadtbäumen. Über Plätze in südeuropäischen Städten werfen oft durch viele Rückschnitte stark krüppelige Bäume ihren Schatten. Das wenig dauerhafte, stark gemaserte Holz eignet sich für Möbel, Fässer und Innenausbau. Die Blätter ähneln denen eines Ahorns (S. 150), stehen aber wechselständig. Der Baum besitzt eine typische Rinde und unverwechselbare, bis zu 4 cm dicke Fruchtstände. Wenn diese im Frühjahr zerfallen, verbläst der Wind die behaarten Nüsschen. Sie sind vorne stumpf rundlich und tragen nur noch einen Griffelrest.

2 Morgenländische Platane · *Platanus orientalis* · 30 m

Nüsschen

Wild wächst der Baum im östlichen Mittelmeerraum und in Kleinasien an Ufern und in Auenwäldern. Schon im Alten Persien, in Griechenland und Rom beschatteten seine Kronen Plätze und Straßen. Noch heute stehen in vielen Orten Südwesteuropas riesige Exemplare. Obwohl die Art frosthart ist, pflanzen Gärtner sie in Mitteleuropa nur selten. Ihre Rinde löst sich wie bei voriger Art in größeren Platten ab. Die 15–30 cm langen Blätter sind durch die bis über die Hälfte eingeschnittenen Lappen charakterisiert. Der mittlere Lappen ist stets länger als breit. Die Nüsschen in den bis zu 2,5 cm dicken Fruchtständen sind vorne spitz 3-eckig und tragen einen bleibenden Griffel.

3 Nordamerikanische Platane · *Platanus occidentalis* · 40 m

Nebenblätter

Der Baum stammt aus Feuchtgebieten und von Flussufern im Südosten der USA. Die Amerikaner schätzen ihn als Stadtbaum. In Europa wächst die Art meist nur in Sammlungen. Die 10–22 cm breiten Blätter unterscheiden sich von denen der vorigen Platanen durch die meist nur 3 Lappen, von denen der Mittellappen breiter als lang ist. Außerdem bleiben ihre großen, gezähnten Nebenblätter, die den Zweig kragenartig umschließen, oft bis zum Herbst erhalten. Die in den bis zu 3 cm dicken Fruchtständen sitzenden Nüsschen tragen nur einen sehr kurzen Griffel.

4 Radbaum · *Trochodendron aralioides* · 8–20 m

unreife Sammelfrucht

Der einzige Vertreter der Radbaumgewächse stammt aus Japan und Taiwan. In wintermilden Regionen und an geschützten Standorten kultivieren Liebhaber das immergrüne, jedoch etwas frostempfindliche Gehölz auch in Europa. Besonders auffällig sind die 1–2 cm breiten Blüten, in denen bis zu 70 Staubblätter wie Radspeichen um eine breite, grüne Nektarscheibe stehen, sowie die ebenfalls an Räder erinnernden, aus seitlich verwachsenen Balgfrüchtchen bestehenden Sammelfrüchte. An den glänzenden, ledrigen Blättern erreicht der Stiel mit bis zu 10 cm Länge oft fast die Länge der Spreite. Meist stehen die Blätter gebüschelt an den Zweig-Enden.

1 Bastard-Platane

Rinde löst sich in größeren Platten

Baum oft stark beschnitten

Blatt bis zu 25 cm breit, 3–5 lappig

Blütenstände hängend

♂ ♀

Fruchtkugeln meist zu 2

2 Morgenländische Platane

Blatt mit tiefen Lappen

Fruchtkugeln zu 3–6

3 Nordamerikanische Platane

Blatt mit 3 breiten Lappen

Nüsschen mit stumpfer Spitze

Fruchtkugeln gewöhnlich einzeln

Rinde in kleinen Platten ablösend

4 Radbaum

Blatt ledrig, mit langem Stiel

Blüte mit vielen Staubblättern

Sammelfrucht mit offenen Balgfrüchtchen

GATTUNG BIRKEN, *Betula*

Alle Birken stammen von der Nordhalbkugel. Die einhäusigen Bäume blühen zur Zeit des Laubaustriebs. Ihre männlichen Kätzchen entwickeln sich an vorjährigen Zweigen, die weiblichen an diesjährigen. Die Fruchtkätzchen zerfallen bei der Reife und geben zweiflügelige Nüsschen frei, die der Wind über weite Strecken verblasen kann.

1 Hänge-Birke · Sand-Birke · Warzen-Birke · *Betula pendula* · 8–25 m

♀
♂ Blütenkätzchen

Die Bewaldung Europas nach der Eiszeit begann mit Birken. Heute wächst die Hänge-Birke fast in ganz Europa. Auf Waldschlägen leitet sie die Sukzession ein, unterliegt aber bald der Konkurrenz anderer Baumarten. Nur auf Heiden und Ödflächen behauptet sie sich dauerhaft. Der Baum wirkt mit seiner lichten Krone und den hängenden Zweigen auch in Gärten sehr attraktiv. Hausfrauen schimpfen jedoch über die vielen Früchte, Allergiker über die Pollen. Das wenig dauerhafte Holz ist leicht und zäh. Es eignet sich für Möbel, Sportgeräte und Propeller. In offenen Kaminen brennt es ohne Funkenflug.

2 Moor-Birke · *Betula pubescens* · 5–20 m

♀
♂
Blütenkätzchen

Diese Birke bevorzugt feuchtere Standorte. Im Mittelmeerraum wird es ihr zu trocken. Sie zeigt jedoch eine hohe Frostresistenz, so dass sie in Nordeuropa reine Bestände bildet und bis Mittelsibirien vorkommt. Im Gegensatz zur Hänge-Birke (oben) tragen die Triebe, der Blattstiel und die Blattunterseite weiche Haare. Heilkundige empfehlen die Blätter für Nierentees. Der vor dem Laubaustrieb aus angeritzten Stämmen fließende Saft eignet sich für Frühjahrskuren und Haarwässer. Aus ihm lässt sich der Süßstoff Xylitol gewinnen.

3 Weiße Himalaya-Birke · *Betula utilis* var. *jacquemontii* · 15–20 m

Frucht

Der Baum mit den trichterförmig ansteigenden Ästen bildet die weißeste Rinde aller Birken. Nur an Stellen, an denen sie sich erneuert, wirkt sie rahmweiß bis rosa. Die weiße Farbe entsteht durch Kristalle aus farblosem Betulin, die ebenso wie die Luft in den Zellen das Sonnenlicht reflektieren. In Kultur befinden sich viele Hybriden mit der Hänge-Birke (oben), die graue und schwarze Rinden-Bereiche zeigen. Andere Varietäten der Himalaya-Birke besitzen rotbraune oder rosafarbene Rinden und Blätter mit mehr Nervenpaaren.

4 Papier-Birke · *Betula papyrifera* · 5–25 m

Achselbärte

Diese nordamerikanische Birke wächst meist mehrstämmig. In Alaska kommt sie in einer strauchigen Form bis fast an die Baumgrenze vor. Über mehrere Jahrhunderte hinweg ritzten die amerikanischen Ureinwohner wichtige Ereignisse und spirituelle Symbole in Rollen aus Birkenrinde. Viele Indianervölker stellten aus der Rinde leichte, gut belastbare Kanus her. Sie eignet sich auch für wasserdichte Hüttendächer. Mit einer Länge von 4–10 cm bildet die Papier-Birke die größten Blätter der weißrindigen Birken. Diese stehen relativ weit voneinander entfernt und tragen Achselbärte auf der Unterseite.

1 Hänge-Birke

Rinde weiß mit schwarzen Rissen

Blatt rhombisch bis rundlich-dreieckig

Fruchtkätzchen hängend, zylindrisch, 2–3 cm lang

2 Moor-Birke

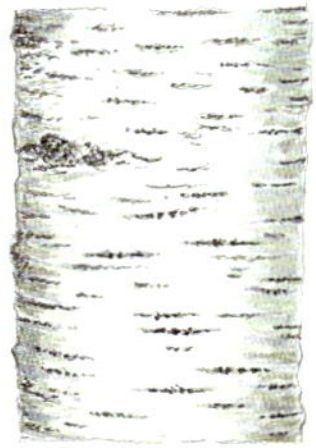

Rinde weiß mit Querringen

Blatt breit eiförmig bis rundlich

Fruchtkätzchen zuletzt hängend, zylindrisch, 2–2,5 cm lang

3 Weiße Himalaya-Birke

Rinde weiß bis rahmweiß, glänzend

Blatt spitz eiförmig, mit 7–9 Nervenpaaren

Fruchtkätzchen hängend, walzlich, um 4 cm lang

4 Papier-Birke

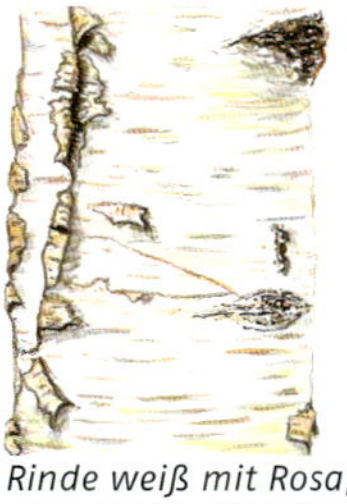

Rinde weiß mit Rosa, papierartig abblätternd

Blatt eiförmig, lang zugespitzt, derb

Fruchtkätzchen hängend, zylindrisch-eiförmig, dick, 4–5 cm lang

1 Ermans Birke · Gold-Birke · *Betula ermanii* · 20 m

Herbstblatt

Diese langsam wachsende, aus Japan und Korea stammende Birke steht in Europa häufig in Gärten und Parks. Ihr Stamm gabelt sich früh, so dass eine breite, lockere Krone entsteht. Die namensgebende, leuchtende Herbstfärbung setzt früh ein. Die Fruchtkätzchen sind 2–3 cm lang und bleiben im Gegensatz zu den meisten anderen Birken auch im Winter am Baum. Die lang zugespitzten, 5–8 cm langen Blätter tragen auf beiden Seiten Drüsen.

2 Chinesische Birke · Kupfer-Birke · *Betula albosinensis* · 10–20 m

junge Rinde

In China wächst diese Birke als Pionier in Höhen zwischen 2000 und 2900 m. Das für große Parks und Gärten interessante Gehölz fällt durch seine intensiv gefärbte Rinde auf. Jung ist diese mahagonifarben, später weißlich rosa bis rotorange, meist bereift. Die Blätter sind meist schmäler als bei der Ermans Birke und besitzen jederseits 9–14 Seitennerven. Gärtner vermehren die Art meist durch Veredlung auf die Hänge-Birke (S. 38). In China spielt der Baum eine wichtige Rolle als Lieferant für Sperr-, Möbel- und Papierholz.

3 Gewöhnliche Zucker-Birke · *Betula lenta* · 25 m

Fruchtkätzchen

Die Heimat des schmalen Baumes liegt im Osten Kanadas und der USA. Im Gegensatz zu den anderen Birken rollt sich die Rinde nicht ab. Die Blätter werden 6–12 cm lang und färben sich im Herbst goldgelb. Die Fruchtkätzchen stehen aufrecht. Die Rinde duftet beim Anritzen aromatisch und schmeckt süßlich. Ihr farbloses ätherisches Öl lässt sich durch Destillation gewinnen. Es enthält Methylsalicylat, eine Substanz, die der in Schmerzmitteln verwendeten Acetylsalicylsäure ähnelt. Die Alternativmedizin verwendet es als Badezusatz gegen Rheuma. Außerdem aromatisiert es Kosmetika und Lebensmittel.

4 Schwarz-Birke · *Betula nigra* · 15–20 m

Blatt

Wild wächst diese Birke an Gewässern der östlichen USA. Angepflanzt schützt sie nasse Böden vor Erosion. In Europa spielt sie nur als oft mehrstämmiger Zierbaum für große Gärten und Parks eine Rolle. Die Rinde ist anfangs rot bis gelbbraun und glatt. Bald rollt sie sich ab, färbt sich dunkler und wird zuletzt hart und schwarz. Die Form der 4–9 cm langen Blätter reicht von rauten- bis eiförmig. Auch die walzenförmigen Fruchtkätzchen stehen aufrecht.

5 Lindenblättrige Birke · *Betula maximowicziana* · 20–30 m

Blattrand

Die raschwüchsige japanische Art entwickelt sich auch in europäischen Parks zu einem attraktiven Baum mit ausladender Krone und gelber Herbstfärbung. Die Rinde ist anfangs braun, später wird sie heller, bleibt aber glatt. Die an eine Linde (S. 192) erinnernden Blätter sind mit bis zu 15 cm Länge die größten aller Birken. Charakeristisch sind auch die aus dem Blattrand austretenden Blattnerven und die Anordnung der Fruchtkätzchen. Das helle Holz ist in Japan begehrt für Möbel, Spindeln, Kisten und Bodenbeläge.

1 Ermans Birke

Fruchtkätzchen aufrecht

Blatt breit eiförmig mit 7–11 Seitennerven

Rinde gelblich weiß bis rötlich, früh abrollend

2 Chinesische Birke

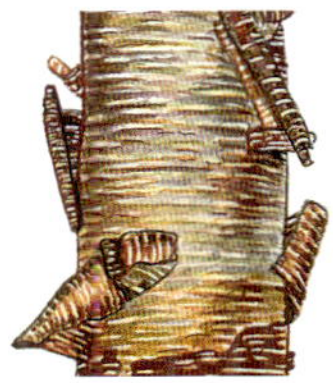

Rinde löst sich in großen Streifen ab

Blatt lang zugespitzt

4 Schwarz-Birke

Blattunterseite grau- bis blaugrün

♀ Blütenkätzchen aufrecht

Rinde dicht und kraus umgerollt

3 Gewöhnliche Zucker-Birke

Rinde schwärzlich, rissig

Blatt meist mit herzförmiger Basis

5 Lindenblättrige Birke

Rinde später grau-weißlich, dünn abrollend

Blatt bis zu 15 cm lang

Fruchtkätzchen in Büscheln zu 3–4

GATTUNG ERLEN, *Alnus*

Erlen bilden eine Symbiose mit Bakterien der Gattung Frankia. Diese leben in verholzenden, stecknadelkopf- bis apfelgroßen Wurzelanschwellungen und binden Stickstoff aus der Luft. Pro Hektar und Jahr können sie bis zu 200 kg des Nährelements fixieren. Die Blütenstände sind bereits im Winter sichtbar. Die Nüsschen bilden sich in verholzten, zapfenartigen Fruchtständen, die lange am Baum bleiben.

1 Schwarz-Erle · *Alnus glutinosa* · 10–25 m

Wurzelknöllchen

In den tieferen Lagen fast ganz Europas wächst der Baum mit den oft krummen Stämmen in Auen, Bruchwäldern und entlang von Flüssen. Auf nassen oder zeitweise überschwemmten Standorten ist er allen anderen heimischen Baumarten überlegen. Ein ausgeklügeltes Luftaustauschsystem sorgt dafür, dass die Wurzeln nicht abfaulen. Liegen Rinde oder Blätter in eisenhaltigem Wasser, so färben sie sich schwarz. Sattler und Schuhmacher färbten damit ihr Leder. Die jungen Blätter und jungen, kahlen Zweige fühlen sich etwas klebrig an (lateinisch *glutinosus* = klebrig). Im Winter picken Vögel wie der Erlen-Zeisig die Nüsschen aus den 1,5–1,8 cm langen Fruchtzapfen.

2 Grün-Erle · *Alnus viridis* · 1–3 m

♀ Blütenkätzchen

Das niedrige Gehölz wächst in den Gebirgen Mittel- und Südeuropas. An Nordhängen oberhalb der Waldgrenze besiedelt es Schutthalden und Rutschungen. Als Schutzgehölz kann es Erosionen und Lawinen verhindern. Schnee drückt die elastischen Zweige nach unten, während der Schneeschmelze federn sie wieder zurück. Die 5–8 cm langen Blätter sind beiderseits grün.

3 Grau-Erle · *Alnus incana* ssp. *incana* · 8–20 m

Rinde

Der frostharte Baum wächst in Nord-, Mittel- und Osteuropa häufig auf Kies- und Schotterbänken von Bergflüssen. Er bildet kräftige Wurzeln mit Wurzelbrut und treibt aus Stümpfen buschig aus. So stabilisiert er Hänge und Böschungen und eignet sich zur Begrünung von Müllhalden. Der Name bezieht sich auf die Farbe der Rinde. Die 5–10 cm langen Blätter sind unterseits bleibend graugrün behaart. Die eher strauchige Runzelblättrige Erle *(Alnus incana* ssp. *rugosa)* **(3a)** stammt aus Kanada und den nördlichen USA. In Mitteleuropa ist sie an wenigen Stellen eingebürgert. Ihre Zweige sind höchstens schwach rotbraun behaart, die Blätter meist nur auf den Nerven bräunlich behaart.

4 Oregon-Erle · Rot-Erle · *Alnus rubra* · 30 m

Blatt

In seiner Heimat von Kalifornien bis Alaska liefert der Baum Holz für Möbel. Fischer räuchern auch gerne Fisch damit. Indianer benutzten den roten Farbstoff der inneren Rinde, um Fischernetze zu färben und Körbe zu verzieren. In Westeuropa laufen forstliche Anbauversuche. Im Gegensatz zu anderen Erlen ist der Blattrand nach unten eingerollt. Junge Zweige sind anfangs dunkelrot und etwas klebrig. Die großen Fruchtzapfen stehen zu 4–8 beieinander.

1 Schwarz-Erle
Blatt vorne mit Einkerbung
♀
Fruchtzapfen deutlich gestielt
Blüten-kätzchen öffnen vor Laub-austrieb
♂
Holz frisch rotbraun
2 Grün-Erle
♂ Blütenkätzchen öffnen mit Blatt-aus-trieb
Blatt zu-gespitzt
Fruchtzapfen hängen zu 3–5
3 Grau-Erle
Blatt mit doppelt gesägtem Rand
Frucht-zapfen seitlich sitzend
Zweig grau, anfangs kurz behaart
3a Runzelblättrige Erle
♀ Kätzchen zur Blütezeit aufrecht
Blatt elliptisch bis breit eiförmig
♂ Blüten-kätzchen rot
Fruchtzapfen bis zu 3 cm lang
Blattunterseite mit rötlichen Nerven
4 Oregon-Erle

1 Herzblättrige Erle · *Alnus cordata* · 10–20 m

Frucht-zapfen

Der raschwüchsige Pionierbaum kommt wild nur auf Korsika und in Süditalien vor. In Spanien und auf den Azoren ist er eingebürgert. Er erträgt sowohl Trockenheit wie auch Stadtklima. Außerdem zeichnet er sich durch einen regelmäßigen Wuchs aus. Deshalb beschattet er mittlerweile viele Plätze und Einkaufsstraßen in mittel- und westeuropäischen Städten. Die Blätter sind im Gegensatz zu den anderen Erlen ledrig und glänzend und erinnern eher an Birnenblätter (S. 96). Ihre Unterseite ist heller und kann gelbliche Haarbüschel in den Nervenwinkeln tragen. Die Fruchtzapfen sind bis zu 3 cm lang. Im östlichen Mittelmeergebiet wird diese Art von der Morgenländischen Erle *(Alnus orientalis)* **(1a)** abgelöst. Dieser bis zu 15 m hohe Baum besiedelt auf Zypern, in der Südtürkei und in Nordwestsyrien feuchte Standorte entlang von Bach- und Flussläufen. Er wächst langsamer als die meisten anderen Erlen. Die Knospen und die Blütenkätzchen sind anfangs klebrig, die jungen Zweige rotbraun. In Mitteleuropa ist der Baum nicht ausreichend winterhart.

2 Spaeths Erle · *Alnus* x *spaethii* · 15–20 m

Blatt-nerven

Diese Erle entstand im Jahr 1908 in der seit dem 18. Jahrhundert existierenden Berliner Baumschule Spaeth aus einer Kreuzung der Japanischen mit der Kaukasischen Erle. Gärtner pflanzen sie gerne als Park- und Straßenbaum, da sie sich im Stadtklima gut entwickelt. Auch salzige Meeresluft verträgt sie. Das auffallend große Blatt ist im Austrieb braunpurpurn bis dunkelviolett, weshalb der Baum auch Purpur-Erle heißt. Besonders die Blattadern bleiben lange rötlich. Die Blütenkätzchen öffnen sich im März. Von den Elternarten hat die selten kultivierte Japanische Erle *(Alnus japonica)* **(2a)** sehr ähnliche, jedoch kürzere Blätter. Die in Europa ebenfalls nur selten gepflanzte Kaukasische Erle *(Alnus subcordata)* **(2b)** fällt durch ihre besonders frühe Blütezeit ab Dezember auf. Ihr verdankt die Spaeths Erle ihre Raschwüchsigkeit.

3 Gewöhnliche Hopfenbuche · *Ostrya carpinifolia* · 10–20 m

Frucht-hüllen

Das im Erscheinungsbild und in den Blättern an eine Hainbuche (S. 46) erinnernde Gehölz gedeiht wild in sommergrünen Mischwäldern im südlichen Europa von Südfrankreich bis Kleinasien. Es wächst als ein- oder mehrstämmiger Baum oder als großer Strauch. In Mitteleuropa schätzen Gärtner diese Hopfenbuche als Zierbaum in wärmeren Parks und Gärten. Ihr typisches Merkmal sind die hellbeigen, bis in den Winter an den Bäumen haftenden Fruchtstände, in denen jede Nussfrucht von einer pergamentartigen, aufgeblasenen Hülle umgeben ist. Diese dient als Flugorgan, das allerdings nur bei starkem Wind gut funktioniert. Die Form des Flugorgans kann etwas an Muschelschalen erinnern. Dies sowie die Härte des Holzes sind für den wissenschaftlichen Namen verantwortlich (griechisch *ostreon* = Auster). Im Gegensatz zur Hainbuche und ähnlich wie bei Hasel, Birke und Erle sind die männlichen Blütenkätzchen schon ab dem Herbst sichtbar. Gut entwickelte Blätter besitzen 11–15 parallele Nervenpaare, meist sind jedoch auch Blätter mit weniger Nerven vorhanden.

1 Herzblättrige Erle

Blätter mit herzförmiger Basis

1a Morgenländische Erle

Blatt oval, 4–12 cm lang

2 Spaeths Erle

♂ Blütenkätzchen bis zu 10 cm lang

Blatt bis zu 18 cm lang, etwas ledrig

2a Japanische Erle

Blatt bis zu 13 cm lang

2b Kaukasische Erle

Blatt 8–15 cm lang

3 Gewöhnliche Hopfenbuche

Blatt mit 11–15 Nervenpaaren

♂ Blütenkätzchen bis zu 12 cm lang

♂ Blütenkätzchen im Winter sichtbar

Fruchtkätzchen ähnelt Hopfenzapfen

Blatt mit langer Spitze

1 Gewöhnliche Hainbuche · Weißbuche · *Carpinus betulus* · 5–25 m

Rinde

Das Verbreitungsgebiet des langsamwüchsigen Baumes reicht von Frankreich bis in die Ukraine. Nördlich kommt er bis nach Dänemark, südlich bis Italien vor. Das Gehölz wächst an Waldrändern, in Auenwäldern und Eichen-Hainbuchenwäldern. Es erträgt starke Rückschnitte und eignet sich deshalb sehr gut für Hecken. Der Name Weißbuche bezieht sich auf das im Vergleich zur Rot-Buche (S. 50) helle Holz. Es ist das schwerste aller mitteleuropäischen Bäume. Buchdrucker verwendeten es früher wie das der Rot-Buche für Druckstöcke. Die Rinde der oft verdrehten Stämme zeigt meist ein typisches Muster aus netzartigen Linien und Furchen. Die Früchte mit dem von der Fruchthülle gebildeten Flügel fliegen meist erst im Winter davon. Die 4–10 cm langen Blätter sind nur anfangs unterseits auf den Nerven behaart. Sie färben sich im Herbst erst goldgelb, dann bräunlich gelb. Etwa gleich große Blätter, allerdings mit bleibenden Achselbärten auf der Unterseite, besitzt die Amerikanische Hainbuche *(Carpinus caroliniana)* **(1a)**. Sie wächst gelegentlich als bis zu 10 m hohes Ziergehölz mit gelber bis scharlachroter Herbstfärbung in Gärten und Parks.

2 Orientalische Hainbuche · *Carpinus orientalis* · 15 m

Frucht mit Hülle

Die Heimat dieser Hainbuche ist der östliche Mittelmeerraum und Kleinasien. Für den Forst besitzt der oft krummstämmige Baum keine wirtschaftliche Bedeutung. Sein Holz eignet sich nur als Brennmaterial und für Holzkohle. Ökologisch jedoch spielt er eine wichtige Rolle: Auf steinigen, kalkreichen Standorten und auf verlassenen Äckern kann sich der Pionier rasch ausbreiten, Erosionen verhindern und den Boden verbessern. Der Baum entwickelt dabei ein kräftiges, tiefes Wurzelsystem, das für eine gute Sturmfestigkeit sorgt. Blätter und Triebe eignen sich als Futter für Schafe und Ziegen. Von den vorigen Arten unterscheidet sich der Baum durch die kleineren Blätter und die eiförmige Fruchthülle.

3 Baum-Hasel · *Corylus colurna* · 10–20 m

Frucht in Hülle

Gärtner pflanzen den Baum aus Südosteuropa und Kleinasien häufig in mitteleuropäischen Parks und an Straßen. Er erträgt Luftverschmutzung und schirmt mit seinem dichten Laub Lärm ab. Seine 5–15 cm großen Blätter haben einen deutlich längeren Stiel als die der strauchförmigen Hasel-Arten. Die Nüsse sitzen in einer tief zerschlitzten Hülle mit klebrigen Drüsen. Sie bleiben im Winter oft als auffallende, ballartige Knäuel am Baum. Die Kerne der sehr harten, ölreichen Nüsse eignen sich für Süßwaren und liefern Öl für Ölfarben und Kosmetika. Als Nusslieferanten bekannter sind die strauchigen Hasel-Arten. Die Gewöhnliche Hasel *(Corylus avellana)* **(3a)** wächst an Waldrändern und in Laubwäldern. Da sie sehr zeitig im Frühjahr blüht, sammeln Bienen gerne ihren Pollen als erste Nahrung. Die weiblichen Blüten werden jedoch windbestäubt. Von der aus Südosteuropa und Kleinasien stammenden Großen oder Lamberts Hasel *(Corylus maxima)* **(3b)** kommen die meisten Haselnüsse des Handels. Besonders Türken bauen das Gehölz hierfür an. Als Zierstrauch in Gärten wächst eine rotlaubige Form von ihr, die Blut-Hasel (*Corylus maxima* 'Purpurea') **(3c)**.

1 Gewöhnliche Hainbuche

Blatt mit eingesenkten Nerven

Fruchthülle 3-lappig

Fruchtstände mit etwa 8 Früchten

Blüten öffnen sich mit Laubaustrieb

♀ ♂

1a Amerikanische Hainbuche

Herbstfärbung goldgelb bis scharlachrot

Fruchthülle mit kleineren Seitenlappen

2 Orientalische Hainbuche

Blatt nur 2,5–5 cm lang

junge Zweige behaart

3 Baum-Hasel

Blatt mit 1,5–4 cm langem Stiel

Blüten öffnen sich vor Laubaustrieb

♀ ♂

3a Gewöhnliche Hasel

Blatt auf beiden Seiten weich behaart

♂ Blütenkätzchen bis zu 10 cm lang

Fruchthülle becherförmig

3b Große Hasel

Blatt mit herzförmiger Basis

Fruchthülle röhrenförmig, behaart

3c Blut-Hasel

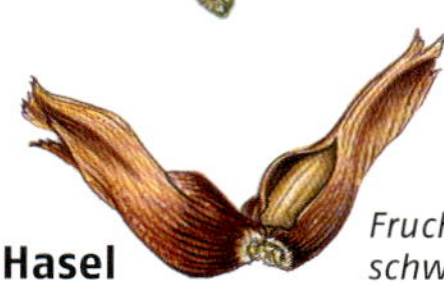

Fruchthülle schwarzrot

1 Edel-Kastanie · Ess-Kastanie · Marone · ***Castanea sativa*** · 10–30 m

Frucht

Schon die Völker des Altertums nahmen den Baum in Kultur und breiteten ihn über den ganzen Mittelmeerraum aus. Heute wächst er von den Kanarischen Inseln bis zur Türkei. Die Römer brachten ihn über die Alpen auch nach Norden. In Deutschland gedeiht er in Weinbaugebieten. Im Süden gehörten die Nussfrüchte (Maronen) bis ins 19. Jahrhundert, bei der ärmeren Bevölkerung teils bis heute, zu den Grundnahrungsmitteln. Sie enthalten viel Stärke und lassen sich zu Mehl vermahlen. Beim Rösten zu „Heißen Maroni" verzuckert die Stärke, so dass eine süßliche Delikatesse entsteht. Neben rein männlichen Blütenkätzchen gibt es solche, die an der Basis 1–4 weibliche Blütenstände tragen. Fertile Früchte entwickeln sich nur, wenn Pollen eines anderen Baumes auf die Narben gelangt. Jeder der 6–8 cm breiten Fruchtbecher enthält 1–3 Nussfrüchte.

GATTUNG SÜDBUCHEN, *Nothofagus*

Alle Südbuchen stammen von der Südhalbkugel. Wie bei den Buchen der Gattung Fagus (S. 50) sind die Nussfrüchte von einem Fruchtbecher umgeben. Biologen sehen dies jedoch nicht als Nachweis einer Verwandtschaft, sondern als eine separate Entwicklung.

2 Rauli · ***Nothofagus alpina*** · ***Nothofagus procera*** · 25 m

Frucht

Die Heimat des starkwüchsigen Baumes liegt wie die der folgenden Arten in Chile. Für Westeuropa ist er ausreichend winterhart. Dort pflegen ihn Förster in vielversprechendem Versuchsanbau. Sein feines Holz lässt sich leicht bearbeiten und gut polieren. Chilenen fertigen Möbel, Weinfässer, Türen und Fußböden daraus. Die 4–10 cm langen Blätter fallen durch ihre vielen parallelen Seitennerven auf. Sie färben sich im Herbst goldgelb bis karminrot. Die unreif klebrigen Fruchtbecher sind mit einer Länge von 1–1,7 cm größer als die der beiden folgenden Arten. Sie enthalten 3 Nüsse.

3 Scheinbuche · Südbuche · ***Nothofagus antarctica*** · 5–15 m

♀ Blüte

An der Waldgrenze in den Anden und in Patagonien wächst das Gehölz als krummer Zwergstrauch. In günstigeren Lagen bildet es einen bis zu 30 m hohen Baum. Die Stämme eignen sich nur als Brennholz. In Europa zeigt diese Scheinbuche eine gute Winterhärte. Ihr Wert für kleine Gärten liegt in der zierlichen Belaubung und im auffälligen, oft krummen und gedrehten Wuchs. Die 5–7 mm langen Fruchtbecher besitzen ganzrandige Schuppen.

4 Pellin-Scheinbuche · Robelbuche · ***Nothofagus obliqua*** · 30 m

♂ Blüte

Förster in Westeuropa interessieren sich auch für diese Scheinbuche und testen sie im Versuchsanbau. Das harte Holz eignet sich für Möbel und den Schiffsbau. Die 4–8 cm langen Blätter und die Zweige stehen auffällig in zwei Zeilen und erinnern an Fischgräten. Der Fruchtbecher wird 7–9 mm lang. Als spanische Forscher den Baum entdeckten, verglichen sie ihn mit den Eichen ihrer Heimat und nannten ihn „roble", wie die Eiche auf Spanisch heißt.

1 Edel-Kastanie

Blüten-
kätzchen
bis zu
15 cm
lang

Fruchtbecher stachelig

Blatt
länglich-
lanzettlich,
gezähnt

2 Rauli

Fruchtbecher
mit gezähnten
Schuppen

Blatt mit
15–18 vertieften
Nervenpaaren

3 Scheinbuche

Zweig mit
Zickzack-Wuchs

♂ Blüte mit
gelben Staub-
blättern

Blatt nur bis
zu 3 cm lang

Fruchtbecher
mit 3 Früchten

4 Pellin-Scheinbuche

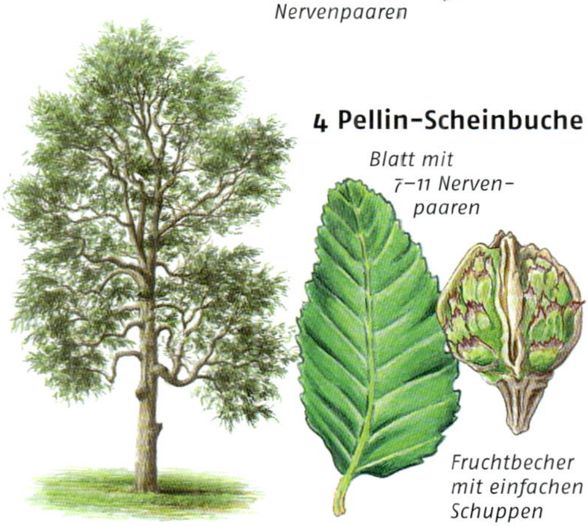

Blatt mit
7–11 Nerven-
paaren

Fruchtbecher
mit einfachen
Schuppen

GATTUNG BUCHEN, *Fagus*

Alle Buchen wachsen auf der Nordhalbkugel. Die männlichen Blüten hängen in Büscheln, die weiblichen sitzen in einem Becher. Dieser verholzt zu einem Fruchtbecher, der sich mit vier Klappen öffnet und zwei dreikantige Nüsse (Bucheckern) freigibt.

1 Rot-Buche · *Fagus sylvatica* · 25–40 m

Blattrand

Der Baum wächst in weiten Teilen Europas mit Ausnahme des hohen Nordens und Osteuropas. Im Süden gedeiht er nur in den Gebirgen. Ohne den Menschen wäre Mitteleuropa heute weitgehend von natürlichen Rot-Buchenwäldern bedeckt. Doch auch im Forst dominiert der Baum dank seines festen, rötlichen Holzes, das für Furniere, Möbel, Parkett, Küchengeräte und als Brennholz dient. Aus den Bucheckern lässt sich Speiseöl pressen. Die Früchte selbst sind durch Saponine und Oxalsäure für den Menschen schwach giftig. Für viele Vögel und Säugetiere stellen sie jedoch eine wichtige Winternahrung dar. Die Blätter werden 5–10 cm, die Fruchtbecher bis zu 3 cm lang. In Parks wachsen zahlreiche Zuchtformen der Rot-Buche. Zu den häufigsten zählt die Hänge-Buche (*Fagus sylvatica* 'Pendula') **(1a)** mit fontänenartigem Wuchs. Bei der Farnblättrigen oder Schlitzblatt-Buche (*Fagus sylvatica* 'Asplenifolia') **(1b)** liegt die Besonderheit in der Form der Blätter. Die Blut-Buche (*Fagus sylvatica* 'Purpurea') **(1c)** enthält in den Blättern rote Anthocyan-Farbstoffe, die das Blattgrün überlagern.

2 Orient-Buche · *Fagus orientalis* · 40 m

Rinde

Direkte Vorfahren dieser Buche besiedelten Europa schon im Tertiär. Heute wächst sie von Kleinasien bis Bulgarien und gehört im Kaukasus zu den typischen Waldbäumen. In Parks entwickelt sie sich zu einem mächtigen Baum mit goldgelber Herbstfärbung. Ihre Krone ist weniger dicht beastet als die der Rot-Buche. Die 8–17 cm langen Blätter haben meist 10 Nervenpaare. Die Balkan-Buche *(Fagus* x *taurica, Fagus* x *moesiaca)* **(2a)** ist eine Naturhybride der Rot-Buche mit der Orient-Buche. Sie wächst vor allem dort, wo sich deren Verbreitungsgebiete überschneiden, also im zentralen und westlichen Balkan. Ihre etwas derben, 5–10 cm langen Blätter haben 5–12, meist 9 Nervenpaare. Die Fruchtbecher ähneln denen der Rot-Buche.

3 Englers Buche · *Fagus engleriana* · 15–20 m

Winterknospen

Der in Europa selten gepflanzte, oft mehrstämmige Baum wächst endemisch in den Gebirgen Südchinas. Dort begrenzen im Norden die Trockenheit, im Süden die hohen Temperaturen sein Gebiet. Er unterscheidet sich durch die unterseits blaugrünen, schmäleren Blätter ohne bewimperten Rand von den europäischen Buchen. Seinen Namen trägt der Baum nach dem 1930 verstorbenen, bedeutenden deutschen Botaniker Adolf Engler. Er beschäftigte sich mit der Pflanzengeographie und gab ein vielbändiges Standardwerk über alle Pflanzenfamilien der Welt heraus.

1 Rot-Buche
♀
Blütenstände erscheinen mit Laubaustrieb
♂
Rinde hell-grau, glatt
Blatt mit 5–9 Nerven-paaren
Fruchtbecher mit schlanken Anhängseln
Blatt fiederspaltig
1a Hänge-Buche
1b Farn-blättrige Buche
Blatt bleibend purpurrot
1c Blut-Buche
Blatt mit 7–12 Nerven-paaren
Fruchtbecher mit paddelförmigen Anhängseln
2 Orient-Buche
2a Balkan-Buche
Blatt oft grob gezähnt
Blätter unterseits blaugrün
Fruchtbecher mit spatelför-migen Anhängseln
3 Englers Buche

GATTUNG EICHEN, *Quercus*

Bei den etwa 600 Arten, die alle auf der Nordhalbkugel wachsen, gibt es sommer- und immergrüne Bäume. Die männlichen Blüten hängen in Kätzchen, die weiblichen stehen zu 1–5 in aufrechten Blütenständen. Die typische, als Eichel bezeichnete Frucht ist eine Nuss, die in einem Fruchtbecher sitzt.

1 Stiel-Eiche · Sommer-Eiche · *Quercus robur* · 20–35 m

Spreiten-basis

In der Wärmezeit nach der letzten Eiszeit, von etwa 5000 bis 2000 vor Christus, gehörten Stiel- und Trauben-Eichen zu den dominierenden Bäumen in Mittel- und Westeuropa. Heute hat in diesen Gebieten die Rot-Buche die Vormacht. Beide Eichen blieben jedoch dort sowie in Teilen Süd- und Südosteuropas häufig und teilweise waldbildend. Im Osten kommt die Stiel-Eiche bis an den Ural vor. Sie wächst sowohl auf eher trockenen als auch auf nassen Böden. Pfähle aus ihrem dauerhaften Holz bilden das Fundament vieler historischer Bauwerke. So stehen Venedig und Amsterdam zu einem großen Teil auf Eichen. Der eindrucksvolle Baum symbolisiert bei vielen Völkern Macht, Frieden und Wachstum. Die Griechen weihten ihn Zeus, die Römer Jupiter und die Germanen dem Donnergott Donar. Im Christentum stehen Marieneichen bei Wallfahrtsstätten. Ein Eichenblatt ziert auch die Rückseite der in Deutschland geprägten Centmünzen. Für Parks schätzen Gärtner Auslesen mit schmalem Wuchs und steilen Ästen. Zu den wichtigsten Sorten zählt die Säulen- oder Pyramiden-Eiche (*Quercus robur* 'Fastigiata') **(1a)**.

2 Trauben-Eiche · Winter-Eiche · *Quercus petraea* · 20–30 m

Blatt-lappen

Das Verbreitungsgebiet reicht weniger weit nach Osten und Süden als das der Stiel-Eiche. Der Baum wächst in Wäldern auf trockenen bis frischen Böden. Da er oft steinigen Untergrund besiedelt, erhielt er den Artnamen *petraea*, der sich von „Felsen" ableitet. Im Mittelalter trieben Hirten ihre Schweine zur Waldweide in die damals oft sehr lichten „Hutewälder". Dabei lieferten die mit stärkereichen Eicheln gemästeten Schweine besseres Fleisch als solche, die ölreiche Bucheckern gefressen hatten. Im Mittelalter hieß es deshalb „Auf Eichen wachsen die besten Schinken". Bei der Trauben-Eiche reicht der Stamm meist bis in den Wipfel. Das Laub entfaltet sich meist einige Tage später als bei der Stiel-Eiche. Bei den 6–17 cm langen Blättern reichen die Buchten zwischen den Lappen bis zu einem Drittel der halben Blattspreite und sind meist spitz. Die Früchte werden 2–3 cm lang. Zwei weitere europäische Eichen stehen der Trauben-Eiche sehr nahe. Die Siebenbürgische oder Dschoroch-Eiche *(Quercus polycarpa)* **(2a)** wächst vom Balkan bis ins ungarische Alpenvorland. Sie zeichnet sich durch eine hohe Trockenheitstoleranz und Frosthärte aus. Ihre kahlen, 6–17 cm langen Blätter sind nur seicht gebuchtet und etwas ledrig. Die Gelbliche Eiche *(Quercus dalechampii)* **(2b)** besitzt ein ähnliches Verbreitungsgebiet, kommt jedoch auch noch in Italien vor. Sie gehört zu den charakteristischen Arten in Zerr-Eichen-Wäldern. Bei ihren bis zu 13 cm langen Blättern reichen die tiefsten Buchten weiter hinab als bei der Trauben-Eiche, ihre Lappen sind zugespitzt.

1 Stiel-Eiche
Eicheln auf langem Stiel
♀ Blütenstände lang gestielt
Blatt mit abgerundeten, unregelmäßigen Lappen
♂ Blütenkätzchen ziemlich dicht
Rinde tief gefurcht
1a Säulen-Eiche
Blatt schwach gelappt
2 Trauben-Eiche
Eicheln fast ungestielt
2a Siebenbürgische Eiche
♀ Blütenstände kurz gestielt
Blatt tief gelappt
Blatt mit abgerundeten, regelmäßigen Lappen
♂ Blütenstände locker
2b Gelbliche Eiche

1 Flaum-Eiche · *Quercus pubescens* · 5–25 m

Blatt

Das oft krumme Gehölz gilt als Charakterbaum der laubwerfenden Trockenwälder Süd- und Südosteuropas. An warmen Standorten in Deutschland wie dem Kaiserstuhl existieren noch Relikte aus der nacheiszeitlichen Wärmezeit. Der Baum unterscheidet sich von Trauben- und Stiel-Eiche (S. 52) durch filzige junge Blätter und flaumige Blattunterseiten. Die 2,5–3 cm langen Eicheln sitzen zu 2–4 auf einem 0,5–1 cm langen Stiel. Die 4–9 cm langen Blätter färben sich im Herbst braun. Besonders bei jungen Bäumen bleibt ein Teil von ihnen den ganzen Winter am Baum. Bisher ist es Biologen noch nicht gelungen, dieses Phänomen, das auch von anderen Eichen bekannt ist, plausibel zu erklären. Nah verwandt ist die Italienische oder Adriatische Eiche (*Quercus virgiliana, Quercus apennina)* **(1a)**. Sie bildet größere Blätter und Früchte. Der Baum benötigt etwas mehr Feuchtigkeit und wächst deshalb meist in geschlossenen Beständen. Sein wissenschaftlicher Name ehrt den römischen Dichter Virgil.

2 Pyrenäen-Eiche · *Quercus pyrenaica* · 6–15 m

Blatt-variante

Die Heimat dieses Gehölzes liegt auf der Iberischen Halbinsel, in Frankreich, Italien und Marokko. Es wächst als Baum oder Strauch und kann Ausläufer treiben. Die bis zu 16 cm langen Blätter besitzen jederseits 4–7 Lappen. Ihre Form variiert stark. An den Zweigspitzen sind sie oft schmal und weniger tief gebuchtet. Die 1,5–3 cm langen Eicheln sind bis zu 3 cm lang gestielt.

3 Zerr-Eiche · *Quercus cerris* · 20–30 m

Neben-blätter

Der Baum wächst in Südosteuropa zusammen mit der Flaum-Eiche in Trockenwäldern. Auch in der Südschweiz und in Ungarn gibt es Wildvorkommen. In Mitteleuropa stehen die oft breiten Bäume in Parks und an Straßen. Ihre 6–12 cm langen Blätter fallen durch die fädigen, bleibenden Nebenblätter auf. Der Fruchtbecher, der die 2,5–3 cm lange, im 2. Jahr reifende Eichel zu etwa 2/3 umgibt, trägt spitze, gekrümmte Schuppen. Botaniker vermuten, dass die Fruchtbecher in der Evolution aus Zweigenden entstanden sind, die schüsselförmig verwachsen sind. Die Schuppen interpretieren sie als reduzierte Blätter. Aus Kreuzungen der Zerr-Eiche mit der Kork-Eiche (S. 60) entstand die halbimmergrüne Spanische Eiche (*Quercus* x *hispanica, Quercus* x *pseudosuber)* **(3a)**. Neben wilden Formen in Südeuropa und auf dem Balkan existieren Gartensorten. Einige davon wachsen an geschützten Stellen auch in Mitteleuropa. Die Bäume stehen in den Merkmalen zwischen den Eltern. Ihre ziemlich derben, 4–10 cm langen Blätter sind unterseits dicht filzig behaart. Die Rinde ist weniger korkig als die der Kork-Eiche. Auch die Wintergrüne oder Turners Eiche (*Quercus* x *turneri)* **(3b)** entstand als Bastard zweier Arten: Der englische Züchter S. Turner erhielt sie im 18. Jahrhundert entweder aus einer Kreuzung der Stiel-Eiche mit der Stein-Eiche (S. 62) oder der Zerr-Eiche mit der Kork-Eiche. Das durch Pfropfung vermehrte, in wintermilden Gegenden auch in Mitteleuropa gepflanzte Gehölz bildet eine kegelförmige Krone. Seine ledrigen, nahezu kahlen, 6–8 cm langen Blätter fallen meist erst einige Wochen vor dem neuen Blattaustrieb ab.

1 Flaum-Eiche

Blatt unterseits flaumig

Eicheln im filzig beschuppten Becher

1a Italienische Eiche

Blatt 8–16 cm lang

Eicheln an 3–8 cm langen Stielen

Blattunterseite filzig

2 Pyrenäen-Eiche

♂ Blütenkätzchen sehr zahlreich

Eicheln sitzen 1/3 bis 1/2 im Fruchtbecher

3 Zerr-Eiche

Eichel im auffälligen Fruchtbecher

Blatt mit vorwärts gerichteten Lappen

3a Spanische Eiche

Blatt jederseits mit 4–7 stumpfen, stachelspitzigen Zähnen

Blatt jederseits mit 4–6 stumpfen Lappen

3b Wintergrüne Eiche

1 Ungarische Eiche · *Quercus frainetto* · 30 m

Eichel

Der Baum charakterisiert trockene Eichenwälder von Süditalien bis zum Nordwesten Kleinasiens. In Ungarn wächst er nur im Forst. In Mitteleuropa pflanzen ihn Gärtner in Parks. Er erträgt Dürre und stellt geringe Ansprüche an den Boden. Die glänzende Blattoberseite fühlt sich durch Sternhaare rau an, die Unterseite ist graugrün behaart. Die 2–3 cm langen Eicheln sitzen in Gruppen zu 2–7. Sie schmecken süßlich, da sie nur wenig Gerbsäure enthalten. Bauern verfütterten sie früher nicht nur an Schweine, sondern aßen sie auch selbst. Das Holz ist noch dauerhafter wie das der Trauben- und Stiel-Eiche (S. 52) und lässt sich schwer bearbeiten. Unterseits graufilzige Blätter besitzt auch die Persische Eiche *(Quercus macranthera)* **(1a)**. Ihre Blattbuchten sind aber nur wenig eingeschnitten. In den Gebirgen vom Südostkaukasus bis in den Nordiran wächst sie bis an die Waldgrenze. In Mitteleuropa steht sie gelegentlich in Parks. Am Blattstiel und an den Knospen fallen wie bei der Zerr-Eiche (S. 54) die über 1 cm langen Nebenblätter auf. Die Eicheln sitzen in Gruppen beieinander, wobei häufig unentwickelte Früchte dabei sind.

2 Großfrüchtige Eiche · Klettenfrüchtige Eiche · *Quercus macrocarpa* · 30 m

Herbstblatt

Diese nordamerikansche Eiche besitzt ein massives Wurzelsystem und ist damit gut an Trockenheit angepasst. In den Prärien des mittleren Westens gehört sie zu den auffälligsten Bäumen. Ihre dicke Rinde schützt sie bei den häufigen Präriefeuern. In Europa steht der Baum nur selten in Parks, fällt aber durch seine 10–40 cm langen Blätter und die großen Früchte auf. An den meisten Blättern ist ein Buchtenpaar besonders tief eingeschnitten. Der Fruchtbecher trägt unten dicke, oben lange, krause, fransenartige Schuppen.

3 Algerische Eiche · *Quercus canariensis* · 35 m

Blatt-unterseite

Entgegen ihrem wissenschaftlichen Namen wächst diese Eiche wild nicht auf den Kanaren, sondern in Portugal, Spanien, Tunesien, Algerien und Marokko. Sie lässt sich auch in Mitteleuropa kultivieren. Ihr Wuchsbild und ihre Rinde erinnern an eine Trauben-Eiche (S. 52). Meist bleiben einige der ledrig festen Blätter über den Winter am Baum. Anfangs tragen sie unterseits einen flockigen Filz, später findet sich dieser nur noch entlang der Mittelrippe. Die bis zu 2 cm langen Eicheln stehen zu 1–2 oder in kleinen Büscheln beieinander.

4 Pontische Eiche · *Quercus pontica* · 6 m

Herbst-färbung

Das Gehölz bildet in den Gebirgen der Nordosttürkei und im Kaukasus oft mehrstämmige Bäume. Dabei stehen die Stämme meist nicht aufrecht, sondern wachsen liegend bis aufsteigend. In Mitteleuropa gedeiht die Pontische Eiche eher als großer, wenig verzweigter Strauch. Sie fällt durch die bis über 20 cm langen Blätter mit den 15–25 parallelen Nervenpaaren auf, die eher an eine Edel-Kastanie (S. 48) als eine Eiche erinnern. Ihre Oberseite glänzt grün, die hellere Unterseite ist bläulich bereift. Die fast sitzende Eichel wird etwa 2 cm lang.

1 Ungarische Eiche

Blatt 12–20 cm lang

Blatt meist im oberen Drittel am breitesten

Blattstiel stark verdickt, mit Nebenblättern

1a Persische Eiche

Blatt 6–18 cm lang

Knospen mit fadenförmigen Nebenblättern

Eicheln fast zur Hälfte im Fruchtbecher

2 Großfrüchtige Eiche

Blatt jederseits mit 5–7 variablen Lappen

Eichel bis zu 4 cm lang

3 Algerische Eiche

Blatt 5–18 cm lang

Eichel länglich, zu 1/3 im Fruchtbecher

4 Pontische Eiche

Eichel zur Hälfte im Fruchtbecher

Blatt scharf gezähnt

1 Scharlach-Eiche · *Quercus coccinea* · 30 m

Herbstblatt

Diese Eiche aus dem Osten Nordamerikas gilt mit ihrer leuchtenden Herbstfärbung häufig als die schönste Eiche. In ihrer Heimat besiedelt sie arme, trockene, saure Böden. Auch in Mitteleuropa erweist sie sich als anspruchsloser Parkbaum. Im Gegensatz zur Sumpf-Eiche bildet sie eine rundliche Krone mit ansteigenden bis abstehenden Ästen. Die ledrigen, 8–15 cm langen Blätter haben einen recht variablen Umriss, jedoch immer tiefe Buchten. Die Seitennerven stehen sich oft nicht genau gegenüber. Die Eicheln reifen im zweiten Jahr.

2 Sumpf-Eiche · *Quercus palustris* · 25 m

Achselbärte

Der Baum mit der ebenfalls roten Herbstfärbung wächst in Nordamerika in Überschwemmungsbereichen von Flüssen und wechselfeuchten Senken. In Mitteleuropa pflanzen ihn Gärtner gelegentlich in Parks und an nicht zu trockene Straßen. Die Blätter ähneln denen der Scharlach-Eiche, bleiben mit 7–11 cm Länge jedoch meist kleiner. Typisch sind die Bärte in den Achseln der Hauptnerven auf der Blattunterseite. Mit 2–4 mm Größe fallen sie viel mehr auf als die winzigen Bärte der Scharlach-Eiche. Die Seitennerven stehen sich meist gegenüber. Die Bäume wachsen meist schlank mit ziemlich waagerechten Ästen.

3 Rot-Eiche · *Quercus rubra* · 30–50 m

Blatt-variante

Der schnellwüchsige Baum aus dem Osten Nordamerikas bildet eine runde Krone. Europäische Gärtner schätzen ihn für Parks und breite Straßen. Er ist anspruchslos, bleibt gesund und erträgt Rauch. Die Blätter werden mit 10–22 cm Länge größer als die der beiden vorigen Arten. Ihre Lappen sind breiter als die Buchten, die meist höchstens bis zur Blattmitte reichen. Die Eicheln reifen im zweiten Jahr. Im Gegensatz zu anderen Eichen verschließt die Rot-Eiche alte Wasserleitungsgefäße im Holz kaum durch blasig einwachsende Zellen. Die großen Poren bleiben offen, so dass Feuchtigkeit und Schädlinge eindringen können und man sogar Rauch hindurchblasen kann. Fassbauer können deshalb das Holz der Rot-Eiche im Gegensatz zu dem der Stiel- und Trauben-Eiche (S. 52) nicht zu Weinfässern verarbeiten.

4 Valonea-Eiche · Knoppern-Eiche · *Quercus ithaburensis* ssp. *macrolepis* · 25 m

Blattrand

Der oft knorrige Baum gilt als eine der schönsten Eichen im östlichen Mittelmeergebiet. Die variablen Blätter haben typisch begrannte Zähne. Ihre Oberseite ist nur anfangs, die Unterseite dauerhaft graufilzig. Die im zweiten Jahr reifenden Früchte sind sehr groß. Ihre Fruchtbecher enthalten bis über 30 Prozent Gerbstoffe. Gerber nutzten sie als „Orientalische Knoppern" früher in großer Menge zum Gerben und Färben von Leder. Heute liegen Schuhe aus Naturleder, das mit diesem Valonea-Gerbstoff gegerbt wurde, wieder im Trend. Das beigefarbene Leder ist weich und lichtecht. „Knoppern" heißen auch Gallen, die durch den Stich der Knoppern-Gallwespe *(Andricus quercuscalicis)* an Stiel- und Trauben-Eiche (S. 52) entstehen. Die Knoppern-Gallen sitzen dort als Wucherungen mit flügelartigen Fortsätzen an den Eicheln.

1 Scharlach-Eiche

unreife Eicheln

reife Eichel

Blatt jederseits mit 3–4 oft ungleichen Lappen

im breitschuppigen Fruchtbecher

1,2–2,5 cm lang, in napfförmigem Fruchtbecher

2 Sumpf-Eiche

Blatt jederseits mit 2–4 oft fast waagerechten Lappen

im behaarten Fruchtbecher

höchstens 1,5 cm lang, in schüsselförmigem Fruchtbecher

3 Rot-Eiche

Blatt mit grannenspitzigen Lappen

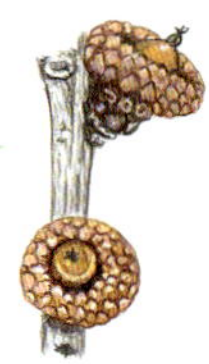

an kurzen Stielen

2–3 cm lang, zu 1/3 in flachem Fruchtbecher

4 Valonea-Eiche

Blatt 6–12 cm lang

im Fruchtbecher eingeschlossen

bis zu 4,5 cm lang, in schuppigem Fruchtbecher

1 Libanon-Eiche · *Quercus libani* · 10 m

Herbstblatt

Der sommer- oder wintergrüne Baum stammt aus den Gebirgen Syriens und Kleinasiens und ist auch in Mitteleuropa winterhart. Die bis zu 10 cm langen, bis über 1 cm lang gestielten Blätter sind spitzborstig gezähnt. Im Herbst färben sie sich rot und gelb. Die leicht abgeflachten Eicheln werden etwa 2,5 cm dick. Die Mazedonische Eiche *(Quercus trojana)* **(1a)** unterscheidet sich durch kleinere, kürzer gestielte Blätter und kleinere Früchte. Der kleine, dürreresistente Baum wächst von Süditalien über den Balkan bis nach Anatolien.

2 Aleppo-Eiche · Gall-Eiche · *Quercus infectoria* · 5 m

Galle

Der halbimmergrüne, meist krumme kleine Baum oder Strauch wächst vom östlichen Mittelmeergebiet über Armenien und den Irak bis zum Iran. Die Blätter besitzen einen grob gesägten Rand. Die Eicheln reifen erst im zweiten Jahr. Ihre Bekanntheit verdankt die Eiche den häufig auf ihr sitzenden kugel- oder birnenförmigen, 1,5–2,5 cm großen Gallen. Diese von der Färber-Gallwespe *(Cynips tinctoria)* erzeugten Aleppo-Gallen enthalten reichlich Gerbstoffe. Schon vor über 2000 Jahren stellten die Araber daraus Eisengallustinte her. Im Mittelalter war die aus Galläpfeln und Vitriol gewonnene tiefschwarze Tinte die wichtigste Schreibflüssigkeit. Allerdings ist sie nicht lichtecht. Bei der Lagerung der Handschriften kann außerdem Schwefelsäure entstehen, die zum berüchtigten „Tintenfraß" führt.

3 Buchenblättrige Eiche · Portugiesische Eiche · *Quercus faginea* · 20 m

Blatt

Das Gehölz wächst in Spanien und Portugal als halb immergrüner Baum, der seine Blätter im Spätwinter verliert. Die 4–10 cm langen Blätter sollen an Buchenblätter (S. 50) erinnern, sind aber buchtig gezähnt. Ihre graufilzige Unterseite verkahlt im Sommer. Die Eicheln werden bis zu 2,5 cm lang. Auf dieser Eiche, der Flaum-Eiche und der Pyrenäen-Eiche (S. 54) sitzen manchmal den Aleppo-Gallen ähnliche, jedoch bis zu 4 cm große Gallen. Auch aus diesen, durch die Gallwespe *Andricus quercustozae* gebildeten Tozae-Gallen, lässt sich Gerbsäure und Tinte gewinnen.

4 Kork-Eiche · *Quercus suber* · 6–10 m

Rinde

Der immergrüne Baum ist im mittleren und westlichen Mittelmeergebiet verbreitet. Besonders Spanier und Portugiesen kultivieren ihn, um seine typische dicke Korkrinde zu ernten. Frisch geschälte Stämme und dicke Äste leuchten rot, erst langsam werden sie wieder braun. Nach etwa 7–10 Jahren hat sich der Kork wieder so weit erneuert, dass sich eine neue Ernte lohnt. Da Korkgewebe aus toten Zellen besteht, schädigt die Prozedur den Baum nicht. Früher waren die längs zur Oberfläche aus dem Kork gestanzten Stopfen als Verschluss für Weinflaschen nicht wegzudenken. Heute liegt der Schwerpunkt der Korkindustrie eher im ökologischen Hausbau. Korkfliesen geben ein angenehmes Raumklima, Korkplatten dämmen Wände gegen Kälte. Die 3–7 cm langen Blätter sind unterseits graufilzig.

1 Libanon-Eiche

Eichel zu 2/3 in dicht beschupptem Fruchtbecher

Blatt mit 9–14 Paar Seitennerven

1a Mazedonische Eiche

Blatt 3–7 cm lang

3 Buchenblättrige Eiche

Blatt mit 5–12 Nervenpaaren

Eichel in filzig behaartem Fruchtbecher

2 Aleppo-Eiche

Blatt um 5 cm lang

Eichel bis zu 4 cm lang

4 Kork-Eiche

Eichel zur Hälfte im Fruchtbecher

Blatt meist jederseits mit 3–6 Zähnen

1 Stein-Eiche · *Quercus ilex* · 5–25 m

Blattvariante

Diese immergrüne Eiche ist charakteristisch für Hartlaubwälder und Macchien im Mittelmeerraum. In den Südalpen gedeiht sie auch zusammen mit der Flaum-Eiche (S. 54) an steilen Hängen. Engländer und Iren schätzen sie in Parks und als Windschutz. In Mitteleuropa erweist sie sich als nicht ausreichend winterhart. Das sehr schwere, dauerhafte Holz eignet sich für den Wasserbau und Tischlerarbeiten. Die ledrigen, variabel geformten, 2–8 cm langen Blätter erinnern an die einer Stechpalme (S. 200). Im Neuaustrieb sind sie beiderseits silbrig behaart, später nur noch unterseits filzig. Manche Blätter ähneln denen der Kork-Eiche (S. 60). Diese lässt sich jedoch an der dicken Korkrinde gut unterscheiden. Auf der Iberischen Halbinsel und in Nordwestafrika wächst die sehr ähnliche Rundblättrige oder Haselnuss-Eiche *(Quercus rotundifolia, Quercus ilex* var. *rotundifolia)* **(1a)**. Manche Botaniker sehen sie als Unterart der Stein-Eiche. Ihre 2–6 cm langen Blätter sind breiter und oberseits bläulich grau. Ein weiterer Unterschied liegt darin, dass die reifen Früchte fast keine Gerbstoffe enthalten. Sie schmecken deshalb im Gegensatz zu den herben Früchten der Stein-Eiche nussartig süßlich. In Spanien schätzen Bauern sie als Futter für Kampfstiere und Nutzvieh. Die Auchers Eiche *(Quercus aucheri)* **(1b)** kommt endemisch auf griechischen Inseln und in der Türkei vor. Auch dieser bis zu 10 m hohe Baum steht der Stein-Eiche nahe, unterscheidet sich aber durch nur 2–4 cm lange Blätter. Diese können schwach stachelig gezähnt oder ganzrandig sein.

2 Kermes-Eiche · *Quercus coccifera* · 0,5–4 m

Kermes-Schildläuse

Das Gehölz wächst im Mittelmeerraum meist eher strauch- als baumförmig an trockenen Berghängen, im Unterwuchs lichter Wälder und in Macchien. Stark von Ziegen verbissene Exemplare bilden oft undurchdringliche Kugelbüsche. Im Gegensatz zur Stein-Eiche sind die derben, immergrünen Blätter immer stechend gezähnt, nur 1,5–4 cm lang und im Alter auch unterseits kahl. Die im zweiten Jahr reifenden Früchte überragen oft mit bis zu 3 cm Länge die Blätter. Das Gehölz hatte bis ins 19. Jahrhundert eine große Bedeutung wegen der auf ihr lebenden Kermes-Schildlaus *(Kermes vermilioe)*. Die erbsengroßen weiblichen Tiere enthalten einen roten Saft als Rohstoff für den roten Farbstoff Karmin oder Scharlach. Türken und Griechen färbten besonders ihre Mützen und Kappen mit dieser teuren Substanz, auch für die Kleidung höhergestellter Personen wurde sie verwendet. Erst nach der Erfindung der Anilinfarben verlor die Naturfarbe ihre Bedeutung.

3 Palästina-Eiche · *Quercus calliprinos* · 18 m

Blatt

Diese Eiche steht der Kermes-Eiche so nahe, dass manche Botaniker sie nicht als eigene Art einstufen. Sie kann jedoch hohe Bäume mit bis zu 1 m dicken Stämmen bilden. Häufig bleibt sie kleiner oder wächst sogar nur als Strauch. Selbst die stachelig gezähnten Blätter schützen das Gehölz nicht vor den Ziegen, die auf die Äste steigen und Zweige und Blätter abfressen. Die Eicheln sind größer als die der Kermes-Eiche.

Rinde reißt in kleinen, viereckigen Platten auf

1 Stein-Eiche

Eicheln zur Hälfte im Fruchtbecher

Blatt-unterseite graufilzig

1a Rundblättrige Eiche

Blatt breit oval

1b Auchers Eiche

Blattunterseite grauweiß bereift, filzig

2 Kermes-Eiche

Blatt buchtig wellig, stachelig gezähnt

Eichel in stachelig beschupptem Fruchtbecher

Eichel 3–4 cm lang

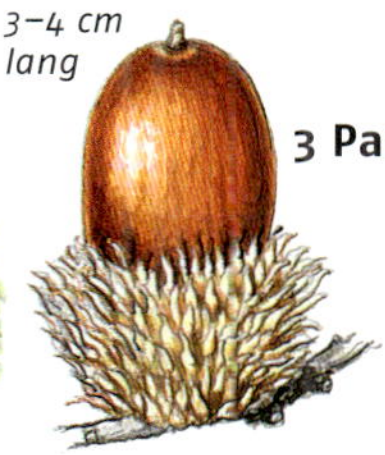

3 Palästina-Eiche

1 Echte Walnuss · *Juglans regia* · 15–25 m

Rinde

Ursprünglich stammt der Baum aus Asien und dem östlichen Mittelmeerraum. Die Römer und später Karl der Große förderten seinen Anbau als Nusslieferant in Süd-, West- und Mitteleuropa. Da er bei Spätfrösten und in kalten Wintern leidet, lohnt sich ein Erwerbsanbau nur in Gebieten mit Weinbauklima. Erst 2006 fand ein deutscher Biologe heraus, dass es sich bei den Früchten tatsächlich um echte Nüsse in einer Fruchthülle und nicht um Steinfrüchte handelt. Seit Kurzem bedroht die aus den USA eingeschleppte Walnuss-Fruchtfliege *(Rhagoletis completa)* die Ernten. Ihre Maden leben in der Fruchthülle und verderben die Nüsse. Fallen die aromatischen Blätter und Schalen auf den Boden, setzen sie Juglon frei. Dieser Stoff hemmt viele Pflanzen im Wachstum. Mit Hauteiweiß setzt er sich zu einer stabilen, gelbbraunen Verbindung um.

2 Butternuss · *Juglans cinerea* · 30 m

Blättchenunterseite

Der nordamerikanische Baum gedeiht dank seiner Frosthärte in Parks bis nach Osteuropa. Seine graue Rinde ähnelt jener der Echten Walnuss. Die Blätter sind jedoch mit bis zu 50 cm Länge größer. Ihre Unterseite schimmert bläulich und ist fein behaart. Von der Japanischen und der Mandschurischen Walnuss lassen sie sich durch die fein, aber nicht klebrig behaarte Blattspindel unterscheiden. Die Samen schmecken gut, werden aber schnell ranzig.

3 Schwarze Walnuss · Schwarznuss · *Juglans nigra* · 15–50 m

♂ Blütenkätzchen

Der dunkel berindete Baum aus Nordamerika wächst in Europa in Parks sowie dank seines wertvollen Holzes im forstlichen Versuchsanbau. Er besitzt paarig und unpaarig gefiederte Blätter. Die mit Hülle 3–5 cm dicken Nüsse sitzen einzeln oder zu zweit. Sie sind extrem hart. Kleine Säugetiere bearbeiten sie trotzdem, um an die nahrhaften, wohlschmeckenden Samen zu gelangen. So liegen unter den Bäumen oft interessant geformte Reste der Schalen.

4 Japanische Walnuss · *Juglans ailantifolia* · 18 m

♀ Blütenstand

Der Baum mit den größten Blättern aller Walnuss-Arten steht nur in wenigen europäischen Parks. Die Blätter erinnern an die eines Drüsigen Götterbaums (S. 144), besitzen aber keine großen Drüsen. Die 11–18 Blättchen glänzen oberseits und verschmälern sich ziemlich plötzlich in die kurze Spitze. Triebe und Blattspindel sind dicht mit kurzen, klebrigen, dunkel rötlichen Haaren bedeckt. An den weiblichen Blüten fallen die dunkelroten Narben auf.

5 Mandschurische Walnuss · *Juglans mandshurica* · 20 m

Blattspindel

Der Baum erträgt in seiner Heimat Temperaturen bis zu −50 °C. In Europa wächst er nur selten in Parks, seine Sämlinge eignen sich jedoch als Pfropfunterlagen für sortenreine Kulturen der Echten Walnuss. Chinesen schätzen den Baum wegen des Holzes und der essbaren Früchte sowie als Ziergehölz. Die Blätter ähneln denen der vorigen Art. Ihre Oberseite ist jedoch matt.

1 Echte Walnuss
Blätter im Austrieb braunorange
Nuss mit runzeligem Samen
♀
Blatt mit 3–9 derben, fast ganzrandigen Blättchen
♂ Kätzchen hängend
Fruchthülle kahl, reißt auf
2 Butternuss
Blatt mit 15–17 dünnen Blättchen
Nuss mit scharfkantigen Rippen
Fruchtstand mit bis zu 12 Früchten
Blatt 80–100 cm lang
Blatt bis zu 60 cm lang
3 Schwarze Walnuss
Fruchthülle reißt nicht auf
Nuss schwärzlich, grob gefurcht
4 Japanische Walnuss
Fruchtstand mit bis zu 20 Früchten
Fruchtstand mit bis zu 12 Früchten
Nuss spitz eiförmig, gerippt
Blatt mit 11–19 lang zugespitzten Blättchen
5 Mandschurische Walnuss

1 Schuppenrinden-Hickorynuss · *Carya ovata* · 20–25 m

Frucht in Hülle

Der Baum aus dem östlichen Nordamerika entwickelt sich in Westeuropa zu einem attraktiven Parkbaum mit leuchtend gelber Herbstfärbung. In Mitteleuropa ist er durch Spätfröste gefährdet. Das Holz ist sehr hart und gleichzeitig elastisch. Es widersteht Vibrationen und war in Amerika deshalb früher im Wagenbau beliebt. Heute wachsen die Bäume in vielen Sorten in den USA, um die süßlichen Samen zu gewinnen. Der Name „Hickory" stammt von der öligen Speise „pawcohiccora", die die Algonkin-Indianer aus den Samen bereiten. Sehr auffällig ist die Rinde des Baumes. Biologen deuten ihre abstehenden Schindeln als „Reusen", die nüssesammelnden Hörnchen und anderen Tieren das Klettern erschweren. Im Gegensatz zu den Walnüssen spaltet sich die Fruchthülle der Hickorynüsse immer in vier Klappen. Bei dieser Art ist die Hülle 3–5 cm lang und sehr dick. Die 20–35 cm langen Blätter duften aromatisch und haben eine behaarte, verdickte Stielbasis. Arten der Gattung *Carya* waren in Mitteleuropa bis ins Pliozän (vor zirka 2 Millionen Jahren) weit verbreitet.

2 Bittere Hickorynuss · Bitternuss · *Carya cordiformis* · 30 m

Nuss

Diese im gleichen Gebiet beheimatete Hickorynuss steht vereinzelt in europäischen Parks. In den USA dient sie als Holzlieferant. Ihre Samen schmecken durch einen hohen Gehalt an Gerbstoffen sehr bitter und zusammenziehend, sie eignen sich nicht für den menschlichen Speisezettel. Die frühen Siedler Amerikas pressten jedoch Öl daraus, um es als Lampenöl und als Einreibemittel gegen Rheuma zu verwenden. Die Blätter bleiben mit 15–25 cm kleiner als bei der vorigen Art. Die 2–4 cm lange Fruchthülle ist nur 1 mm dick. Die Pekannuss *(Carya illinoinensis)* **(2a)** stammt aus dem Mississippi-Gebiet. Ihre 3,5–6,5 cm langen, dünnschaligen Nüsse erfreuen sich in den USA etwa der Beliebtheit wie die Echte Walnuss (S. 64) in Europa. Auch Europäer schätzen sie zunehmend. Der Baum selbst wächst nur selten in mitteleuropäischen Sammlungen. Besonders in der Jugend reagiert er empfindlich auf Frost.

3 Kaukasische Flügelnuss · *Pterocarya fraxinifolia* · 10–25 m

Blatt-spindel

Blatt-spindel

Der raschwüchsige Baum gedeiht wild vom Kaukasus bis zum Nordiran in Auen und Uferwäldern. In europäischen Parks entwickelt er sich zu einem oft mehrstämmigen, breitkronigen Baum, der mit Schösslingen ganze Dickichte bilden kann und gut mit Stadtklima, Wind und Hitze zurecht kommt. Er fällt durch die langen, kettenartigen Fruchtstände und die gelbe Herbstfärbung auf. Selbst wenn die 1,5–2 cm breiten Flügelnüsse im Herbst abfallen, bleiben die Achsen der Fruchtstände noch lange am Baum hängen. Die 20–45 cm langen Blätter mit den runden Spindeln erinnern etwas an die einer Esche (S. 212). Das Holz kommt als „Kaukasischer Nussbaum" in den Handel. Es zeichnet sich durch ein feines, dunkles Muster aus und ist als Furnierholz beliebt. Die ähnliche Chinesische Flügelnuss *(Pterocarya stenoptera)* **(3a)** unterscheidet sich durch die breit geflügelte Blattspindel und die längeren Flügel an den Nüssen. Auch sie wächst gelegentlich in Parks, bildet aber keine Schösslinge.

1 Schuppenrinden-Hickorynuss

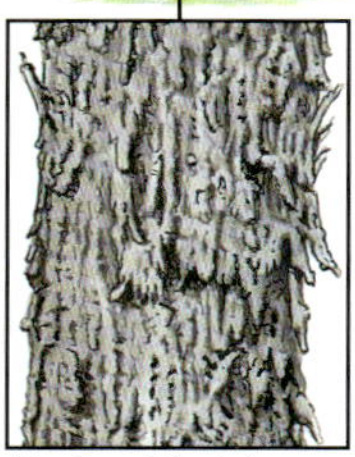

Rinde schindelartig abblätternd

Blatt mit meist 5 Blättchen

♂ Blütenkätzchen 3-teilig

2 Bittere Hickorynuss

Blatt mit meist 9 Blättchen

Fruchthülle kurz und dicht behaart

Frucht mit 4-klappiger Hülle

2a Pekannuss

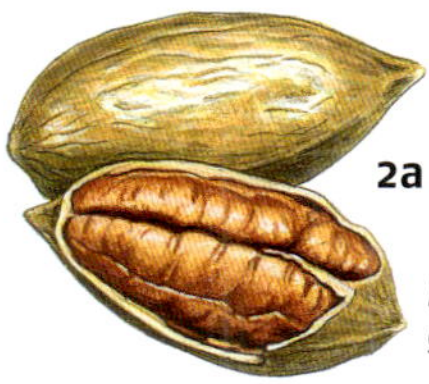

Nuss glatt, glänzend

3 Kaukasische Flügelnuss

Blatt mit bis zu 27 Blättchen

Fruchtstand bis zu 45 cm lang

Nuss mit 2 halbkreisförmigen Flügeln

3a Chinesische Flügelnuss

Fruchtstand bis zu 30 cm lang

Nuss mit 2 länglichen Flügeln

Walnussgewächse *(Juglandaceae)*: 1
Kasuarinengewächse *(Casuarinaceae)*: 2
Ulmengewächse *(Ulmaceae)*: 3, 4

1 Zapfennuss · *Platycarya strobilacea* · 12 m

Blatt

Selbst der schottische Pflanzensammler Robert Fortune ließ sich täuschen. Er hielt das ostasiatische Gehölz, das er 1845 nach Europa brachte, wegen der zapfenartigen Fruchtstände für eine besondere Art der Koniferen. Zwischen den starren Tragblättern des Fruchtstandes sitzen jedoch keine Samen wie bei den Nadelgehölzen, sondern Nüsse. Diese tragen 2 Flügel und werden vom Wind verbreitet. Die leeren Zapfen bleiben den ganzen Winter am Baum stehen. Das Gehölz erträgt kaum Frost unter −12 °C und entwickelt sich nur in sommerwarmen, trockenen Gegenden Europas zu einem kleinen Baum. Die bis zu 30 cm langen Blätter haben 5–11 Blättchen. Die Blütenstände bestehen aus einer weiblichen und vielen männlichen Ähren.

2 Strand-Keulenbaum · Strand-Känguruhbaum · *Casuarina equisetifolia* · 20 m

♂ Blütenstände

Aus der Ferne erinnert der immergrüne Baum aus Südostasien, Australien und Polynesien an eine Kiefer (S. 258). Die Australier nennen ihn deshalb „Australian Pine". Die dünnen Triebe mit den winzigen Schuppenblättern ähneln den Sprossen von Schachtelhalmen. Das Gehölz ist jedoch weder mit diesen noch mit Nadelbäumen verwandt. Im Mittelmeergebiet befestigt der raschwüchsige, aber frostempfindliche Baum Dünen, dient als Windschutz und eignet sich als Park- und Straßenbaum für ungünstige, trockene Standorte. Er ist resistent gegen Salz und Feuer. Darüber hinaus bildet er eine Symbiose mit Bakterien, die Luftstickstoff binden und dieses Nährelement im Boden anreichern. Das harte Holz liefert haltbare Schindeln und ziemlich reißfestes Papier. Der Fluss-Keulenbaum *(Casuarina cunninghamiana)* **(2a)** erträgt Frost bis −6 °C.

3 Südlicher Zürgelbaum · *Celtis australis* · 10–25 m

Blüte

Der Baum wächst in Laubwäldern und Gebüschen vom Mittelmeer bis in die Südalpen und bis Kleinasien. Im Süden schätzt man ihn als Straßenbaum. In Mitteleuropa eignet er sich nur für warme Standorte. Die Blätter der Zürgelbäume besitzen als typisches Merkmal 3 starke Nerven an der Basis, von denen die seitlichen bogenförmig Richtung Spitze laufen. Die 5–12 cm langen Blätter dieser Art haben eine kurz und rau behaarte Oberseite. In Südtirol bereitet man aus den süßlichen Früchten, den „Zürgeln", Süßspeisen. Das harte, elastische „Triester Holz" eignet sich für Angeln, Peitschen und Musikinstrumente.

4 Amerikanischer Zürgelbaum · *Celtis occidentalis* · 10–25 m

Steinfrucht

Dieser nordamerikanische Baum erträgt mehr Frost als die vorige Art. Er eignet sich für mitteleuropäische Parks und Städte. Vom Südlichen Zürgelbaum unterscheidet er sich durch die Rinde mit den knolligen Wülsten und die glänzende, glatte Oberseite der nur kurz zugespitzten Blätter. Die bis zu 1 cm großen Steinfrüchte schmecken fad. In der Heimat des Baumes locken sie über 25 verschiedene Vogelarten und kleine Säugetiere an. Tourneforts Zürgelbaum *(Celtis tournefortii)* **(4a)** lässt sich an den kleineren Blättern erkennen. Er wächst als höchstens 6 m hoher Baum oder Strauch wild in Südosteuropa und Kleinasien.

Schuppenblätter
in Quirlen zu 6–9

Fruchtstand
bis zu 2,5 cm lang

**2 Strand-
Keulenbaum**

1 Zapfennuss

Blütenstände
endständig

Fruchtstand
zapfenartig,
bis zu 5 cm lang

**2a Fluss-
Keulenbaum**

Fruchtstand
7–14 mm lang

3 Südlicher Zürgelbaum

Rinde grau, ziemlich glatt

Blatt lang zu-
gespitzt

Stein-
frucht bis
zu 1,2 cm groß

4 Amerikanischer Zürgelbaum

Rinde unregelmäßig
wulstig

Blatt
schief eiförmig, 5–12 cm lang

**4a Tourneforts
Zürgelbaum**

Blatt nur
3–7 cm lang

GATTUNG ULMEN, *Ulmus*

Ulmen bilden geflügelte Nüsse. Diese entwickeln sich noch vor den meist unsymmetrischen Blättern. Unzählige Ulmen fielen in den letzten Jahrzehnten einem 1918 aus Ostasien eingeschleppten Schlauchpilz (Ophiostoma novo-ulmi) zum Opfer. Der Pilz besiedelt die Leitungsbahnen des Baumes und „dreht" ihm so das Wasser ab. Für die Ausbreitung von Baum zu Baum sorgen Ulmensplintkäfer (Scolytus sp.) sowie Wurzelkontakte. Züchter versuchen durch Kreuzungen resistente Sorten zu züchten.

1 Feld-Ulme · Rot-Rüster · *Ulmus minor* · 5–35 m

Korkleisten

Die Heimat des Gehölzes umfasst weite Teile Europas und reicht bis südlich des Kaspischen Meeres. Nördlich der Alpen besiedelt es Flusstäler und Auen, im Süden wächst es auch auf trockenen Kalkböden. In Nordeuropa und Großbritannien fehlt es. In prähistorischer Zeit dienten die eiweißreichen Blätter als Viehfutter. Römer pflanzten Feld-Ulmen als lebende Stützen für Weinstöcke, eine Tradition, die selten auch noch heute am Mittelmeer zu finden ist. Viele Bäume, die dick genug für Borkenkäfer waren, fielen dem Ulmensterben zum Opfer. Strauchige Feldgehölze blieben dagegen meist verschont. An jungen Ästen treten oft Korkleisten auf. Die 6–15 mm lang gestielten, 4–10 cm langen Blätter glänzen auf der Oberseite. Die Früchte werden 1,3–2 cm lang. Die Grauhaarige Ulme *(Ulmus canescens)* **(1a)** ist eine recht seltene Art aus Süditalien und der Balkanhalbinsel. Manche Botaniker stufen sie nur als Varietät der Feld-Ulme ein. Sie zeichnet sich durch dicht weißhaarige junge Zweige aus. Auch die in West- und Südeuropa heimische Englische oder Haar-Ulme *(Ulmus procera)* **(1b)** gilt häufig nur als Varietät der Feld-Ulme. Auch ihre Zweige tragen oft dicke Korkleisten. Die Oberseite der Blätter fühlt sich jedoch rau an. Der Baum bildet häufig Wurzelbrut und Stockausschläge.

2 Berg-Ulme · Weiß-Rüster · *Ulmus glabra* · 20–40 m

Blüten

Diese Ulme wächst in Berg- und Hügelwäldern in weiten Teilen Europas. In Skandinavien erreicht sie den Polarkreis, in Russland den Ural. Südlich der Pyrenäen fehlt sie. Das stabile, dauerhafte Ulmenholz spielte früher im Wagenbau eine Rolle. Außerdem war es in Europa nach der Eibe (S. 242) das wichtigste Holz für Bögen. Später lieferte es Gewehrschäfte und wurde bei der Artillerie eingesetzt. Heute fertigen Tischler fast nur noch Einzelmöbel aus dem durch das Ulmensterben selten gewordenen Baum. Die Oberseite der 8–12 cm langen Blätter fühlt sich sehr rau an. Die Früchte werden 2–2,5 cm lang. Die Lauben-Ulme (*Ulmus glabra* 'Camperdownii') **(2a)** bietet Kindern einen idealen Spielplatz. Gärtner veredeln die Sorte der Berg-Ulme meist als Hochstamm, so dass die Äste hängen. Zur Holländischen Ulme *(Ulmus* x *hollandica)* **(2b)** gehören Kreuzungen der Berg- mit der Feld-Ulme. Sie wachsen oft als Park- und Alleebäume. Allen gemeinsam sind der rasche Wuchs, recht große Blätter und Ausläufer. Häufig ähneln die Blätter im Umriss der Berg-Ulme. Sie sind aber nie 3-spitzig und haben Achselbärte wie die Feld-Ulme. Eine beliebte Sorte ist die Gold-Ulme (*Ulmus* x *hollandica* 'Dampieri Aurea') **(2c)**: Ihre Blätter treiben leuchtend gelb aus und sind im Sommer gelb bis gelbgrün.

1 Feld-Ulme

1a Grauhaarige Ulme

1b Englische Ulme

2 Berg-Ulme

2a Lauben-Ulme

2b Holländische Ulme

2c Gold-Ulme

1 Flatter-Ulme · *Ulmus laevis* · 10–35 m

Früchte

Der Baum wächst in Auenwäldern von Mittel- über Südost- und Osteuropa bis zum Kaukasus. Als Park- und Straßenbaum erträgt er Stadtklima und Abgase. Auch gegenüber dem Ulmensterben ist er wenig anfällig. An der Stammbasis fallen oft große, brettartige Wurzeln auf. Diese Stützen verleihen den Stämmen auf durchweichten Böden eine höhere Stabilität. Der Baum ist an den langen Blüten- und Fruchtstielen sowie den bewimperten Fruchtflügeln mit V-förmigem Einschnitt gut zu erkennen. Die oberseits kahlen, 6–13 cm langen Blätter sind bis zu 8 mm lang gestielt. Auch die Amerikanische oder Weiß-Ulme *(Ulmus americana)* **(1a)** besitzt gestielte Früchte. Bei ihr reicht der Einschnitt im Flügel jedoch tiefer. Ihr Blattstiel ist über 1 cm lang. Sie ist sehr anfällig gegen die Ulmenkrankheit und wächst bei uns nur selten in Parks.

2 Sibirische Ulme · Zwerg-Ulme · *Ulmus pumila* · 20 m

Rinde

Wild wächst diese Ulme oft als einziger Strauch oder Baum in den Wüstengebieten von Turkestan bis Nordchina und Ostsibirien. Sie erträgt heiße Sommer und kalte Winter. Seit einigen Jahrzehnten pflanzen Gärtner das schnellwüchsige Gehölz in großem Umfang in die Städte der Mittelmeerländer, besonders in Norditalien und Spanien. Es eignet sich auch für Resistenzzüchtungen gegen das Ulmensterben. In Mitteleuropa steht der Baum selten in Parks. Die derben Blätter sind mit einer Länge von 2–6 cm auffallend klein. Die Rinde ist gröber und tiefrissiger als bei den einheimischen Ulmen-Arten und erinnert aus der Ferne eher an die einer Schwarz-Pappel (S. 180).

3 Kaukasische Zelkove · *Zelkova carpinifolia* · 10–25 m

unreife Früchte

Der Baum stammt aus den Wäldern des Kaukasus, Nordirans und der Osttürkei. Dort geht er durch Holzeinschlag stark zurück. In Parks fällt er durch seine orangerote Herbstfärbung sowie die ungewöhnliche Krone auf. Das Gehölz wächst oft mehrstämmig und bildet sehr viele, steil aufwärts gerichtete Äste, wodurch es besenähnlich wirkt. Bonsai-Liebhaber kennen die Art als „Chinesische Ulme". Zelkoven unterscheiden sich von Ulmen durch die runden Steinfrüchte. Auch sie sind anfällig für das Ulmensterben. Bei der Kreta-Zelkove *(Zelkova abelicea)* **(3a)** bleiben alle Blätter sehr klein. Der stark verzweigte Baum oder Strauch wächst endemisch in den Gebirgen Kretas und Zyperns und ist im Bestand gefährdet. Auch in Sammlungen ist er nur selten zu finden.

4 Japanische Zelkove · *Zelkova serrata* · 30 m

Herbstfärbung

In seiner japanischen Heimat wächst dieser Baum nur noch selten wild. In Tokio gehört er jedoch zu den häufigsten Straßenbäumen. Sein wertvolles Holz widersteht der Nässe und eignet sich für Bauwerke wie Tempel. Das Gehölz lässt sich auch zu einem schönen Bonsai erziehen. In Europa steht der stadtklimafeste Baum nur gelegentlich in Parks. Dort fällt er im Herbst mit einer bunten Färbung in Gelb- und Rottönen auf.

1 Flatter-Ulme

Blattunterseite grausamtig behaart

Blüten gestielt

Frucht lang gestielt, rundlich

1a Amerikanische Ulme

Blattoberseite rau

Frucht bis zum Samen eingeschnitten

2 Sibirische Ulme

Blatt fast symmetrisch

Frucht rund, tief eingeschnitten

3 Kaukasische Zelkove

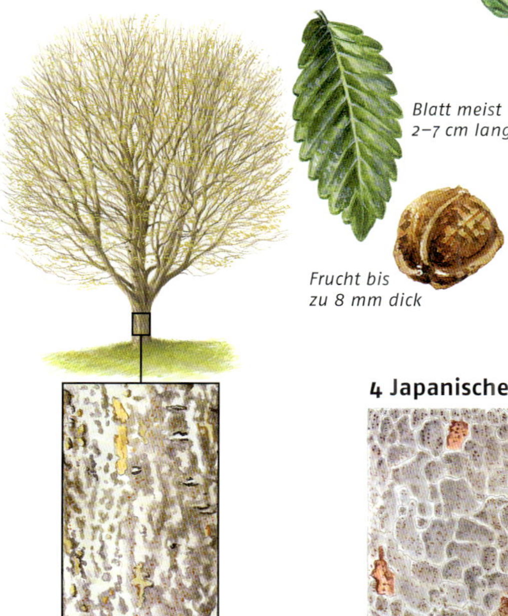

Blatt meist 2–7 cm lang

Frucht bis zu 8 mm dick

Rinde abschuppend

3a Kreta-Zelkove

Blatt nur 1–2,5 cm lang

4 Japanische Zelkove

Rinde buntscheckig abblätternd

Blatt bis zu 12 cm lang

Frucht um 4 mm groß

1 Weißer Maulbeerbaum · *Morus alba* · 6–15 m

Herbstblatt

Schon seit über vier Jahrtausenden nutzen Chinesen die Blätter des Baumes für die Seidenraupenzucht. Die Seide gelangte auf der Seidenstraße nach Europa. Erst im 6. Jahrhundert soll es Mönchen gelungen sein, auch die Schmetterlingseier nach Europa zu schmuggeln und so den Grundstein für europäische Seide zu legen. Besonders ab dem 16. Jahrhundert breitete sich deren Produktion und damit der Anbau des Futterbaums in Europa aus. Viele alte Bäume zeugen noch heute davon. Die 1,5–2,5 cm langen, deutlich gestielten Scheinfrüchte schmecken fad. Der Hänge-Maulbeerbaum *(Morus alba* var. *pendula)* **(1a)** ist eine meist als Hochstamm veredelte Zuchtform.

2 Schwarzer Maulbeerbaum · *Morus nigra* · 6–15 m

Scheinfrucht

Seit rund 400 vor Christus kultivieren Griechen das aus Mittel- und Vorderasien stammende Obstgehölz. Heute ist es im Mittelmeerraum eingebürgert. In Mitteleuropa gedeiht es in Weinbaugebieten. Im Gegensatz zur vorigen Art besitzt es raue, derbe Blätter, die Seidenraupen nicht gerne fressen. Dafür schmecken die bis zu 3,5 cm langen, höchstens kurz gestielten Maulbeeren sehr aromatisch. Bei Maulbeeren wandelt sich der gesamte weibliche Blütenstand zu einer Scheinfrucht um. Die Blütenhüllen werden fleischig und umschließen kleine Nussfrüchte. Da diese Fruchtverbände Brombeeren ähneln, bezeichneten antike Gelehrte beide Pflanzen als *Morus*. Bei Brombeeren handelt es sich jedoch um aus nur einer Blüte entstandene Sammelsteinfrüchte.

3 Papiermaulbeerbaum · *Broussonetia papyrifera* · 3–15 m

♀ *Blütenstand*

Bereits im 1. Jahrhundert nach Christus stellten Chinesen aus den Rindenfasern des ostasiatischen Baumes Papier her. Sie nutzten es als Schreibpapier sowie für Laternen. Polynesier fertigen noch heute Tapa-Stoffbahnen aus dem Rindenbast. Sie bemalen diese und verarbeiten sie zu traditioneller Kleidung und Rangabzeichen. In Südeuropa wächst der wärmeliebende Baum in Städten, Parks und Gärten. In manchen Gegenden konnte er auch verwildern. Weibliche Bäume tragen um 2 cm breite, essbare, süße Scheinfrüchte. Sie ähneln Maulbeeren, jedoch wird auch der Blütenstandsboden fleischig.

4 Osagedorn · Milchorange · *Maclura pomifera* · 8–15 m

Dorn

Ursprünglich stammt der Baum aus dem Süden der USA. Die Osage-Indianer schnitzten dort aus dem harten Holz ihre Bögen. Viehzüchter und Farmer pflanzten die dornigen Bäume als undurchdringliche Hecken und breiteten sie über die ganzen USA aus. Es heißt, dass erst dieses Gehölz die landwirtschaftliche Nutzung der Prärien ermöglichte. Es gilt auch als Vorbild für Stacheldraht. Die Scheinfrüchte des zweihäusigen Baumes erinnern äußerlich etwas an Orangen. Ihr Bau entspricht jedoch dem einer Maulbeere. Sie enthalten Milchsaft, schmecken sehr bitter und dienen selbst Tieren nur in Notzeiten als Nahrung. Im Süden Europas ist der wärmeliebende Baum zum Teil eingebürgert. In Mitteleuropa reifen seine Früchte nicht aus.

1 Weißer Maulbeerbaum
Blatt oft 2–7-lappig
♂ Blütenkätzchen gestielt, bis zu 7 cm lang
Scheinfrucht weiß bis rosa
♀ Blütenstand eher aufrecht
1a Hänge-Maulbeerbaum
reife Scheinfrüchte schwarz
Blatt herz- bis eiförmig
2 Schwarzer Maulbeerbaum
♀ Blütenstände mit hellen Narben
♂ Blütentraube kugelig
3 Papiermaulbeerbaum
Blatt eiförmig mit langer Spitze
orange Scheinfrucht
Blatt bis zu 20 cm lang
Scheinfrucht runzelig, bis zu 12 cm dick
♂ Blütenkätzchen hängend
4 Osagedorn

GATTUNG FEIGEN, *Ficus*

Bei einem Feigen-Blütenstand sitzen winzige Blüten auf der Innenwand einer krugartigen Hohlform, die nur eine kleine Öffnung aufweist. Jede Feigen-Art benötigt eine eigene Art von Feigen-Gallwespen als Bestäuber. Nach der Befruchtung wird der Blütenstand zu einer fleischigen Scheinfrucht mit winzigen Steinfrüchten.

1 Großblättrige Feige · *Ficus macrophylla* · 20 m

Scheinfrucht

Der ostaustralische Baum besitzt bis zu 23 cm lange, immergrüne Blätter und 2,5 cm lange Früchte. Er gehört wie die Rost-Feige und die Banyan-Feige (unten) zu den Würgefeigen. Gewöhnlich keimen seine Samen in der Krone eines Wirtsbaumes. Die junge Feige wächst als Aufsitzer und bildet Luftwurzeln. Sobald diese den Boden berühren, verdicken sie sich und strangulieren den Wirtsbaum. Die Feige wächst dann als frei stehender Baum weiter. Besonders in Portugal und Italien lassen sich eindrucksvolle Exemplare mit dicken Stelzwurzeln und bis über kniehohen Brettwurzeln bewundern. Bei der ähnlichen Rost-Feige *(Ficus rubiginosa)* **(1a)** kann sich der Rostfilz der Blätter verlieren oder bei manchen Sorten fast ganz fehlen. Blätter und Früchte sind außerdem kleiner. Diese Art entwickelt in Europa nur selten Brettwurzeln.

2 Banyan-Feige · Indischer Banyan · *Ficus bengalensis* · 20 m

Blattunterseite

Der unverwechselbare Baum bildet eine mächtige Krone, deren Äste über säulenartige Stützwurzeln mit dem Boden verbunden sind. Die Hindus verehren ihn als heilig. Auch in Parks in frostfreien Gebieten Südeuropas spendet das Gehölz Schatten. Im Neuaustrieb sind die bis zu 30 cm langen, ledrigen, immergrünen Blätter bronzefarben. Die Scheinfrüchte werden bis zu 2,5 cm lang.

3 Lorbeer-Feige · Vorhang-Feige · *Ficus microcarpa* · *Ficus retusa* · 20 m

Scheinfrüchte

Diese immergrüne Feige aus Ostasien und Australien ähnelt im Wuchs der Banyan-Feige. Sie hat jedoch nur bis zu 13 cm lange Blätter und bis zu 1 cm lange Scheinfrüchte. An Straßenbäumen in Spanien und Portugal schneiden Gärtner oft die Luftwurzeln ab. An ihrer Stelle treiben Büschel neuer dünner Luftwurzeln aus und bilden verwobene Bündel. Seit einigen Jahren feiert das Gehölz als Zimmerbonsai „Ficus Ginseng" einen Erfolg in ganz Europa. Hierfür ziehen Gärtner die Exemplare so, dass sie nur wenige dicke Stelzwurzeln bilden.

4 Echte Feige · *Ficus carica* · 3–10 m

Blattvariante

Bereits vor rund 5000 Jahren pflanzten die Assyrer das laubwerfende Gehölz. Es gehört damit zu den ältesten bekannten Kulturpflanzen. Heute stammen fast 90 Prozent der weltweiten Feigenernte aus dem Mittelmeerraum. Der Baum mit den bis zu 20 cm langen, rauen Blättern verwilderte dort auch und ist eingebürgert. Er kann als einzige der über 700 Feigen-Arten sogar in Weinbaulagen Mitteleuropas im Freien gedeihen. Die Scheinfrüchte enthalten viel Invertzucker, Mineralstoffe und Vitamine und fördern die Verdauung.

1 Großblättrige Feige
Blatt unterseits bleibend rosthaarig
Blattscheide bis zu 15 cm lang
1a Rost-Feige
Blatt bis zu 17 cm lang
Scheinfrüchte 1–1,5 cm dick
2 Banyan-Feige
Blatt mit typischer Nervatur
Scheinfrüchte rot, sitzend
Blatt mit kurzer, stumpfer Spitze
Lorbeer-Feige, Bonsaiform
3 Lorbeer-Feige
4 Echte Feige
Blatt tief 3–5-lappig
Blütenstand krugartig
Scheinfrucht 5–8 cm lang, mit kleinen Steinfrüchten

GATTUNG KIRSCHEN, PFLAUMEN, APRIKOSEN, MANDELN, *Prunus*

Die über 200 Arten dieser Gattung bilden einsamige Steinfrüchte mit fleischigem oder ledrigem Fruchtfleisch. Die Blätter tragen oft am Stiel oder an der Spreitenbasis zwei oder mehr höckerförmige Nektardrüsen.

1 Yoshino-Kirsche · Tokio-Kirsche · *Prunus* x *yedoensis* · 10–15 m

Rinde

Japaner feiern die Blüte ihrer Zierkirschen mit dem Kirschblütenfest „Hanami". Sie flanieren unter den für etwa 10 Tage blühenden Bäumen und halten Picknicks ab. Fast die Hälfte aller Laubbäume in japanischen Städten sind Kirschen, so dass sich die Städte um diese Zeit in Blütenmeere verwandeln. Die Yoshino-Kirsche, eine wild nicht bekannte Hybride, ist eine der häufigsten dieser Kirschen, die den Frühlingsanfang symbolisieren. Die meist ungefüllten, 3–3,5 cm breiten Blüten öffnen sich auch in Mitteleuropa oft schon Ende März. Die in der Knospe rosafarbenen Kronblätter verblassen beim Öffnen. Die Blätter sind im Austrieb gelbgrün und färben sich im Herbst gelb bis ziegelrot.

2 Mahagoni-Kirsche · Tibetische Kirsche · *Prunus serrula* · 10 m

Rinde

Diese südwestchinesische Zierkirsche schmückt sich im April oder Mai mit weißen, etwa 2 cm breiten Blüten. Besonders auffällig ist die glänzend mahagonifarbene Rinde, die sich in feinen Streifen ablöst. Die plötzlich lang zugespitzten Blätter färben sich im Herbst gelb. Der Artname *serrula* bedeutet „kleine Säge" und bezieht sich auf den scharf gesägten Blattrand. Einen noch ausgeprägteren Sägerand weisen die Blätter der Grannen-Kirsche (S. 80) auf. Die Früchte schmecken wie bei den anderen Zierkirschen sauer oder auch bitter.

3 Frühjahrs-Kirsche · Higan-Kirsche · *Prunus subhirtella* · 4–8 m

Sorte 'Autumnalis'

Die meisten Sorten dieser japanischen Zierkirsche öffnen ihre um 2 cm breiten, auf behaarten Stielen stehenden Blüten im April vor den Blättern. Sie besitzen blassrosa bis weiße, vorne eingeschnittene Kronblätter. Die Tragblätter der Dolden sind etwas gesägt, aber ohne Drüsen. Die Blätter färben sich im Herbst gelb. Eine bekannte Sorte in städtischen Parks ist die Winter-Kirsche (*Prunus subhirtella* 'Autumnalis'). Ihre halb gefüllten, fast weißen Blüten öffnen sich bei frostfreiem Wetter bereits ab November und sorgen damit für Aufsehen.

4 Berg-Kirsche · Sachalin-Kirsche · *Prunus sargentii* · 18 m

gefüllte Blüten

Diese japanische Zierkirsche bildet eine breite Krone mit trichterförmig aufgerichteten Hauptästen. Ihre dunkel rötlich braune, geringelte Rinde glänzt viel weniger als die der Mahagoni-Kirsche. Die bis zu 4 cm großen, meist ungefüllten Blüten erscheinen im April etwas vor den im Austrieb rötlichen Blättern. Die auffallende, leuchtend orangerote bis karminrote Herbstfärbung setzt meist schon im September ein.

1 Yoshino-Kirsche

Blatt 6–12 cm lang

kurz gestielte Trauben oder Dolden mit 5–6 Blüten

Frucht 0,6–0,8 cm groß, schwarz

2 Mahagoni-Kirsche

Blatt 4–9 cm lang

fast sitzende Dolden mit 1–4 nickenden Blüten

Frucht bis zu 1,3 cm lang, rot

3 Frühjahrs-Kirsche

Blatt 3–8 cm lang

sitzende Dolden mit 2–5 Blüten, Tragblätter eiförmig

Frucht um 1 cm lang, purpurschwarz

4 Berg-Kirsche

Blatt (Herbst) 7–12 cm lang

sitzende Dolden mit 2–4 Blüten, Tragblätter drüsig gezähnt

Frucht 1 cm lang, dunkelrot

1 Japanische Blüten-Kirsche · Grannen-Kirsche · *Prunus serrulata* · 3–15 m

Blattrand

Von dieser Zierkirsche befinden sich zahlreiche Sorten in Kultur, die hauptsächlich in Japan gezüchtet wurden. Sie sind an den bis zu 2 mm lang begrannten Zähnen am Blattrand und den typischen Nebenblättern gut zu erkennen. Die 3–5 cm breiten Blüten sind meist halb oder ganz gefüllt. Hierbei haben sich Staubblätter in Kronblätter umgewandelt. Die meisten Sorten können deshalb keine Früchte ausbilden.

2 Amur-Traubenkirsche · *Prunus maackii* · 15 m

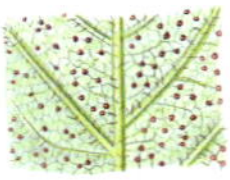
Blattunterseite

Der aus der Mandschurei und Korea stammende kurzstämmige Baum steht nur selten in mitteleuropäischen Parks und Gärten. Typisch für ihn sind die drüsig punktierten Blattunterseiten. Die Trauben mit 10–30 weißen Blüten sind kürzer und gedrungener als bei den anderen Traubenkirschen und tragen im Gegensatz zu diesen am Grund keine Blätter. Sie fallen nur wenig auf, da sie meist vom Laub verdeckt sind. Die 3–10 cm langen Blätter färben sich im Herbst auffallend goldgelb bis rötlich gelb. Die schwarzen Früchte entwickeln sich nur selten. Sie ähneln denen der Gewöhnlichen Traubenkirsche.

3 Gewöhnliche Traubenkirsche · *Prunus padus* · 3–12 m

Blatt

Das Gehölz wächst wild in Auen und feuchten Laubmischwäldern Europas, Mittelasiens, Sibiriens, Nordchinas und Japans. Es besitzt das größte natürliche Verbreitungsgebiet aller *Prunus*-Arten. Die oft überhängenden, 10–15 cm langen Blütentrauben erscheinen von April bis Mai gleichzeitig mit den 6–12 cm langen Blättern. Die duftenden Blüten locken Bienen, Fliegen und Käfer an. Im Sommer zeigen die Bäume oft einen massiven Befall durch die Traubenkirschen-Gespinstmotte *(Yponomeuta pallellus)*. Die Raupen, die gemeinsam in dichten Gespinsten leben, fressen ganze Bäume kahl. Pro Traube entwickeln sich meist nur wenige um 8 mm große Früchte, die ziemlich bitter schmecken. Sie standen auf dem Speisezettel der stein- und bronzezeitlichen Menschen.

4 Späte Traubenkirsche · *Prunus serotina* · 5–12 m

Blütentraube

Das starkwüchsige Gehölz gelangte bereits 1629 aus Nordamerika nach Europa. Zuerst diente es der Zierde, später pflanzten Förster es auch als Wind- und Bodenschutz und zur Verbesserung der Humusqualität in Wälder. Vielerorts konnte es sich einbürgern. Es bildet oft eine dichte Strauchschicht und behindert die Naturverjüngung. Außerdem dringt es in Magerrasen, Heiden und Feuchtgebiete ein und verändert deren Artzusammensetzung. Seit einigen Jahrzehnten versuchen Förster und Naturschützer deshalb vielerorts, den Neubürger wieder loszuwerden. Da er sich nicht nur über Samen, sondern auch über Wurzelbrut vermehrt, erweist sich dies als schwierig. Das Gehölz blüht etwa 2 Wochen später als die vorige Art und besitzt derbere Blätter. Die bis zu 14 cm langen Blütentrauben stehen anfangs ab. Gelegentlich wächst in Gärten auch die nur bis zu 5 m hohe Virginische Traubenkirsche *(Prunus virginiana)* (4a), die sich ebenfalls stark über Wurzelbrut vermehrt.

1a Japanische Blüten-Kirsche 'Amanogawa'

1b Japanische Blüten-Kirsche 'Kanzan'

1 Japanische Blüten-Kirsche

Blatt 6–15 cm lang

Blüten meist gefüllt

Nebenblätter federartig

2 Amur-Traubenkirsche

Blütentraube dicht, bis zu 8 cm lang

Rinde glänzend braungelb, abrollend

Blatt länglich-eiförmig

3 Gewöhnliche Traubenkirsche

Blütentraube mit 15–30 Blüten

Früchte schwarz, ohne Kelch

4 Späte Traubenkirsche

Blatt glänzend, glatt

Früchte dunkelpurpurn, mit bleibendem Kelch

Blatt glatt, nicht glänzend

Früchte ohne Kelch, auf roten Stielen

4a Virginische Traubenkirsche

1 Lorbeer-Kirsche · Kirschlorbeer · *Prunus laurocerasus* · 1–14 m

Blüten

Das immergrüne Gehölz wächst wild von Südosteuropa bis Südwestasien und ist in Süd- und Westeuropa zum Teil eingebürgert. In England und Irland wird es bis zu 14 m hoch, in Mitteleuropa bleibt es kleiner. Die Blätter sind ganzrandig oder schwach gesägt. Einige Sorten neigen zu Blattschäden: Der Pilz *Stigmina carpophila* verursacht die Schrotschusskrankheit, die zu kreisrunden Löchern in den Blättern führt. Käfer aus der Gruppe der Dickmaulrüssler *(Otiorhynchus* sp.*)* fressen Buchten und Kerben in die Blattränder. Die Blüten stehen in bis zu 20 cm langen Trauben. Die Früchte werden etwa 8 mm lang. Die Heimat der Portugiesischen Lorbeer-Kirsche *(Prunus lusitanica)* **(1a)** reicht von Südwestfrankreich bis auf die Azoren. Im Mittelmeerraum wird sie als Ziergehölz kultiviert, in Mitteleuropa gedeiht sie nur in milden Gegenden. Ihre weicheren Blätter besitzen einen welligen, gesägten Rand.

2 Steinweichsel · Felsen-Kirsche · *Prunus mahaleb* · 3–10 m

Blatt

Das dürreresistente Gehölz besiedelt sonnige, steinige Hänge im Westen und Süden Europas sowie in Kleinasien. In Mitteleuropa kommt es wild vor allem an Main, Nahe und Donau vor. Der sparrige Baum oder Strauch eignet sich für Aufforstungen von Ödland. Sein weitverzweigtes Wurzelwerk verhindert Erosionen. Die duftenden Blüten öffnen sich mit dem Laub. Ihre Kelche fallen früh ab. Im Juli reifen die 6–8 mm großen Steinfrüchte. Ihr dünnes Fruchtfleisch schmeckt herb-bitter, eignet sich aber für Liköre. Die 3–8 cm langen Blätter besitzen 1–2 Nektardrüsen an der Spreitenbasis. Das Holz duftet durch Cumarin nach Heu und lässt sich gut drechseln und polieren.

3 Süß-Kirsche · Vogel-Kirsche · *Prunus avium* · 8–20 m

Blatt

Die Vogel-Kirsche als Wildform der Süß-Kirsche wächst an Waldrändern und in Mischwäldern von Europa bis Westsibirien und Kleinasien. Ihre etwa 1 cm dicken Früchte dienten schon in der Jungsteinzeit und Bronzezeit als Nahrung. Im 4. Jahrhundert vor Christus begannen erste Züchtungen. Die Römer verbreiteten diese dann über ihr ganzes Reich. Heute führen in Europa Italien, Frankreich und Deutschland den Markt für die bis zu 2,5 cm großen Früchte an. Kirschen müssen reif geerntet werden, sie reifen nicht mehr nach. Die bis zu 15 cm langen Blätter sind unterseits behaart. Die Blüten haben zurückgebogene Kelchblätter und stehen zu 2–4 in ungestielten Dolden.

4 Sauer-Kirsche · Weichsel · *Prunus cerasus* · 3–10 m

Blüten

Die Römer brachten den Baum aus Südosteuropa und Westasien nach Mitteleuropa. Er wächst ziemlich schwach und besitzt oft dünne, überhängende Äste. Züchter veredeln seine Sorten meist auf Vogel-Kirsche oder Steinweichsel. Die Blätter sind mit höchstens 8–12 cm Länge kleiner als bei der Vogel-Kirsche. Außerdem sind sie derber und unterseits höchstens auf den Nerven behaart. Die bis zu 3,5 cm lang gestielten Blüten öffnen sich etwas später als die der Vogel-Kirsche. Die reifen, 1,5–2 cm dicken Früchte schmecken saurer.

1 Lorbeer-Kirsche

1a Portugiesische Lorbeer-Kirsche

2 Steinweichsel

3 Süß-Kirsche

4 Sauer-Kirsche

1 Pfirsich · *Prunus persica* var. *persica* · 3–10 m

Steinkern

Pfirsich-Kulturen gab es schon vor 4000 Jahren in China. Die Frucht gelangte über Persien in die Mittelmeerländer und mit den Römern über die Alpen. Da sich die 1–3 cm breiten Blüten mit den außen wolligen Kelchen schon von März bis April öffnen, erfrieren sie in Mitteleuropa häufig. Ein Anbau lohnt sich hier nur in Weinbaugebieten. Typisch für die Früchte sind die tief gefurchten Steinkerne. Pfirsiche leiden häufig an der Kräuselkrankheit. Die gekräuselten Blätter verursacht der Pilz *Taphrina deformans*. Die Nektarine *(Prunus persica* var. *nucipersica)* **(1a)** ist eine Varietät des Pfirsichs, die in Mittelasien entstanden ist. Ihre Früchte heißen im Gegensatz zu den „Pelzpfirsichen" auch „Glattpfirsiche" oder „Nacktpfirsiche".

2 Aprikose · Marille · *Prunus armeniaca* · 4–8 m

Steinkern

Der nordchinesische Baum kam nach den Armenienfeldzügen des römischen Kaisers Nero im 1. Jahrhundert nach Christus in den Mittelmeerraum. In Mitteleuropa gedeiht er wie der Pfirsich in Weinbaugebieten. Das aromatische Fleisch der samtig behaarten Frucht löst sich leicht vom glatten Steinkern. Es ist reich an Mineralien und Vitaminen. Die Samen enthalten wie bei vielen *Prunus*-Arten Amygdalin, aus dem sich giftige Blausäure abspaltet. Sie verflüchtigt sich z. B. beim Erhitzen. Danach dienen die Samen zur Herstellung von marzipanähnlichem Persipan und Öl, das wie Mandelöl in der Naturkosmetik verwendet wird. In den Südwestalpen wächst auf trockenen Hängen die Briançon-Aprikose oder Alpen-Pflaume *(Prunus brigantina)* **(2a)**. Sie bildet kleinere, im Geschmack an Pflaumen (S. 86) erinnernde, haarlose Früchte.

3 Mandel · Mandelbaum · *Prunus dulcis* · 3–10 m

Blüte

Der Baum aus Mittel- und Vorderasien ist im Mittelmeerraum weit verbreitet. Er braucht mehr Wärme als Aprikose und Pfirsich. In Mitteleuropa gedeiht er nur in sehr geschützten Lagen wie an der Bergstraße. Die 3–5 cm breiten Blüten mit den nur am Rand filzig behaarten Kelchen öffnen sich im April. Das trocken-ledrige Fleisch der 3–6 cm langen Steinfrucht springt reif am Baum auf und gibt den wenig gefurchten Steinkern frei. Die Samen von Bitter-Mandeln (var. *amara*) enthalten wie die von Aprikosen (oben) Amygdalin. Für Kinder können bereits 5–10 davon tödlich sein. Als Backzutat erhältliches Bittermandelöl ist frei von Blausäure. Es besteht aus dem ungefährlichen Aromastoff Benzaldehyd. Süß-Mandeln (var. *dulcis*) und Krach-Mandeln (var. *fragilis*) schmecken angenehm süßlich. Bei den Süß-Mandeln lässt sich der Steinkern schwer knacken, bei Krach-Mandeln ist er porös und zerbrechlich.

4 Gefülltblühendes Mandelbäumchen · *Prunus triloba* var. *triloba* · 2–3 m

Blattvariante

Das nur aus Kultur bekannte Ziergehölz aus China bildet keine Früchte. Gärtner vermehren es durch Stecklinge zu wurzelechten Sträuchern oder veredeln es auf Stämmchen zu kleinen Bäumchen. Es ist winterhart, die 2,5–3 cm breiten Blüten erfrieren jedoch oft durch Spätfrost.

1 Pfirsich
Blatt lanzett-
lich, oberhalb
der Mitte am
breitesten
Blüten
tiefrosa,
meist
einzeln
Stein-
frucht
5–7 cm dick,
filzig behaart
1a Nektarine
Frucht
kahl
2 Aprikose
Blatt mit
bis zu 7 cm
langem, dun-
kelrotem Stiel
Stein-
frucht
3–5 cm dick,
mit ausgeprägter Naht
Blüten
weiß bis
hellrosa
2a Briançon-
Aprikose
Frucht bis zu
2,5 cm dick, gelb
3 Mandel
Blüten
meist zu 2
beieinander
Steinfrucht
flach eiför-
mig, filzig
behaart
Blatt lanzettlich,
unterhalb der Mitte
am breitesten
reife
Frucht
springt
klappig auf
Blatt oft
dreilappig
Blüte rosa,
rosettenartig gefüllt
4 Gefülltblühendes Mandelbäumchen

1 Gewöhnliche Pflaume · Zwetschge · *Prunus domestica* ssp. *domestica* · 15 m

Die ersten Kulturpflaumen stammten aus Vorderasien. An ihrer Entstehung sollen Kirschpflaume und Schlehe (unten) beteiligt gewesen sein. Zuerst gelangten sie nach Griechenland, später nach Italien und etwa 100 vor Christus nach Mitteleuropa. Heute gibt es weltweit über 200 Sorten. Die 5–20 mm lang gestielten Blüten öffnen sich von April bis Mai zusammen mit den Blättern. Sie stehen oft zu 2 oder 3 beieinander. Bei den Gewöhnlichen Pflaumen sind die Früchte rotblau bis blauschwarz. Ihr Fruchtfleisch löst sich leicht vom abgeflachten Steinkern. Bei der Hafer- oder Kriechen-Pflaume *(Prunus domestica* ssp. *insititia)* **(1a)** haftet das Fleisch fest am kaum abgeflachten Steinkern. Sie dient heute meist nur noch als Veredlungsunterlage für andere Sorten und ist stellenweise verwildert. Es gibt Formen mit gelben, roten oder blauschwarzen Früchten. Die Sorten der Reineclaude oder Reneklode *(Prunus domestica* ssp. *italica)* **(1b)** liefern 5–6 cm dicke, sehr aromatische Rund- oder Eierpflaumen mit meist festsitzendem Fleisch. Mirabellen *(Prunus domestica* ssp. *syriaca)* **(1c)** werden nur 1,5–3,5 cm groß. Sie erinnern an Kirschpflaumen (unten), ihr Fruchtfleisch löst sich aber gut vom Steinkern. Die Kahle oder Italienische Pflaume *(Prunus cocomilia, Prunus pseudoarmeniaca)* **(1d)** ist eine in den Gebirgen Süditaliens, des Balkans sowie in der Türkei heimische Wildart. Im Gegensatz zu den Kulturpflaumen ist sie in allen Teilen kahl. Ihre Zweige sind oft etwas dornig. Italiener verkauften noch im 19. Jahrhundert die Früchte auf den Märkten. Heute gilt das bis zu 10 m hohe Gehölz als bedrohte Art.

Querschnitt Holz

2 Kirschpflaume · Myrobalane · *Prunus cerasifera* · 4–8 m

Die ursprüngliche Heimat des oft etwas dornigen Strauchs oder Baums reicht vom Balkan über Kleinasien und den Kaukasus bis Südwestsibirien. Als Veredlungsunterlage vieler Pflaumen-Sorten verwilderte das Gehölz vielfach in Mittel- und Südeuropa. Die meist einzeln stehenden, 1–2,5 cm breiten Blüten öffnen sich früher als die von Pflaume und Schlehe von März bis April. Die 4–7 cm langen Blätter sind unterseits am Mittelnerv etwas behaart. Das säuerliche Fleisch der gelben bis roten Früchte löst sich nicht vom Steinkern. Für Gärten gehören als Blut-Pflaumen bezeichnete Sorten zu den beliebtesten Zierbäumen. Sie tragen meist rosa Blüten und dunkelrote Früchte. Bei der Sorte 'Nigra' **(2a)** treiben die Blätter rot aus und färben sich später dunkelrot. Die Sorte 'Pissardii' **(2b)** besitzt anfangs hell bis dunkelrote, später trüb purpurne Blätter.

Blatt

3 Gewöhnliche Schlehe · Schwarzdorn · *Prunus spinosa* · 1–9 m

Das sparrige Gehölz wächst in Hecken und an Waldrändern von Nordafrika bis Südskandinavien. Es bildet undurchdringliche Sträucher mit reichlich Wurzelbrut. Blühende Schlehen ähneln Kirschpflaumen. Ihre 1–1,5 cm breiten Blüten sind jedoch eher cremefarben und öffnen sich bis zu einen Monat später, von April bis Mai. Schlehen besitzen außerdem sehr viele Dornen. Die Früchte bleiben im Winter lange an den Zweigen haften. Vor den ersten Frösten schmecken sie herb. Gut durchgefroren eignen sie sich für Likör und Saft.

Blüte

1 Gewöhnliche Pflaume

Blatt unterseits oft dicht behaart

Blüten grünlich weiß, auf behaarten Stielen

Steinfrüchte 4–7,5 cm lang

1a Hafer-Pflaume

Steinfrucht kugelig, 2–5 cm dick

1b Reineclaude

Steinfrucht grünlich, mit Längsfurche

1c Mirabelle

Steinfrucht kugelig, gelb

1d Kahle Pflaume

Blatt nur 2–4 cm lang

Steinfrucht um 3 cm groß

2 Kirschpflaume

Blüten weiß, auf kahlen Stielen

Steinfrüchte 2–3 cm dick

2a Blut-Pflaume 'Nigra'

Blüten rosa

2b Blut-Pflaume 'Pissardii'

Steinfrucht dunkelrot

3 Gewöhnliche Schlehe

Blatt bis zu 5 cm lang, lanzettlich

Steinfrucht kugelig, bis zu 1,5 cm dick

Kurztrieb oft zu Dorn umgebildet

1 Echte Quitte · *Cydonia oblonga* · 4–6 m

Fruchtvariante

Das aus West- und Zentralasien stammende Gehölz kam bereits vor über 2500 Jahren in den Süden Europas. Heute ist es dort und in Mitteleuropa eingebürgert. Bei den alten Griechen symbolisierten die „Kydonischen Äpfel" Liebe und Fruchtbarkeit und waren Aphrodite geweiht. Außer als Obstgehölz eignet sich der Baum dank der großen Blüten und der gelben Herbstfärbung auch als Zierpflanze für den Garten. Nach der Fruchtform lassen sich Apfel- und Birnenquitten unterscheiden. Reife Früchte, die je nach Sorte 4–15 cm lang werden, verströmen einen intensiven Duft. Sie sind sehr hart und roh kaum genießbar. Gekocht liefern sie wohlschmeckenden Saft oder Gelee.

2 Echte Mispel · Deutsche Mispel · *Mespilus germanica* · 3–6 m

Herbstfärbung

Aus dem Kaukasus und Nordiran gelangte das Obstgehölz über Griechenland etwa um 200 vor Christus nach Italien und von dort durch die Römer nach Mittel- und Westeuropa. Im Mittelalter war es weit verbreitet. Karl der Große ordnete seine Kultur sogar ausdrücklich an. Heute spielt der Baum keine wirtschaftliche Rolle mehr, ist aber in manchen Gebieten verwildert. Frisch vom Baum schmecken die 3–7 cm dicken, vorn flachen oder eingesenkten Früchte herb-bitter. Als Zusatz zu Apfel- oder Birnenmost verringern sie dessen Trübung, indem ihre Gerbstoffe die Eiweiße im Most ausfällen. Bei längerer Lagerung bauen sich die Gerbstoffe in den Mispeln ab und ihr Zuckergehalt steigt. Die nun weichen Früchte riechen mostartig und schmecken süß-säuerlich. Sie lassen sich zu Kompott oder aromatischem Gelee verarbeiten.

3 Japanische Wollmispel · Loquat · Nespoli · *Eriobotrya japonica* · 5–10 m

Behaarung

Der immergrüne Baum aus Ostasien wächst im Mittelmeergebiet und in den Südalpen. Er trägt seinen Namen nach den wollig behaarten Blütenständen, Blattunterseiten und jungen Trieben. Ungewöhnlich ist, dass das Gehölz seine 1,2–2 cm breiten Blüten von Oktober bis Februar öffnet. Um diese Zeit fliegen nur in warmen Gebieten die als Bestäuber nötigen Bienen. Etwa von Ende März bis Ende Mai beliefern die Mittelmeerländer die europäischen Märkte mit den 3–8 cm großen, sehr druckempfindlichen Früchten. Vollreif duftet ihr Fruchtfleisch apfelartig und schmeckt angenehm süß-säuerlich.

4 Baum-Zwergmispel · *Cotoneaster frigidus* · 4–10 m

geöffnete Frucht

Botaniker unterscheiden 70 bis 300 Zwergmispel-Arten, von denen die meisten strauchförmig wachsen. Auch diese aus dem Himalaya stammende Art kann aufrechte Sträucher bilden, oft entwickelt sie sich aber zu einem breitkronigen Baum mit überhängenden Ästen. Die sommer- oder wintergrünen, bis zu 15 cm langen Blätter sind unterseits anfangs wollig behaart. Die lange haftenden Steinäpfel enthalten 2 nussartig verhärtete Fruchtblätter. Das Gehölz ist anfällig für Feuerbrand. Bei dieser durch das Bakterium *Erwinia amylophora* verursachten Krankheit färben sich Blätter und Blüten schwarz und die Triebspitzen krümmen sich nach unten (s. auch Rotdorn S. 104).

Blatt | Blüte | Apfelfrucht

1 Echte Quitte

mit großen Nebenblättern

einzeln, um 5 cm groß

goldgelb, von Flaum bedeckt

2 Echte Mispel

länglich bis lanzettlich

mit sehr langen Kelchblättern

mit großem Kelchrest

3 Japanische Wollmispel

unterseits wollfilzig, bis zu 20 cm lang

gelblich weiß

pflaumengroß, mit 1–4 Samen

4 Baum-Zwergmispel

elliptisch bis länglich

bis zu 8 mm groß, zu 20–80 in Scheindolden

hellrot, um 5 mm groß

1 Kahle Felsenbirne · *Amelanchier laevis* · 8 m

Herbstblatt

Das Gehölz wächst in Nordamerika als breitkroniger Baum. In europäischen Gärten und Parks entwickeln sich seine Sorten meist als breite Sträucher, die wie die anderen Felsenbirnen dank ihrer Blütenfülle und prachtvollen Herbstfärbung sehr dekorativ sind. Im Unterschied zu den anderen Felsenbirnen sind Stamm und Äste längsrissig. Die von Anfang an fast kahlen, im Austrieb kupfer- oder braunroten, 4–6 cm langen Blätter sind zur Blütezeit meist bereits voll entfaltet. Die Blüten werden 2,5–3 cm breit. Die um 1 cm dicken Früchte färben sich reif purpurrot bis blauschwarz. Sie schmecken süß-aromatisch.

2 Schnee-Felsenbirne · Baumartige Felsenbirne · *Amelanchier arborea* · 4–15 m

Blüte

Bei dieser ebenfalls amerikanischen Art sind die Blätter zur Blütezeit noch klein gefaltet. Sie treiben grün und weißfilzig aus und haben 11–17 Nerven. Die duftenden, 2–2,5 cm breiten Blüten öffnen sich von März bis April. Sie stehen zu 4–10 in ziemlich dichten Trauben. Die bis zu 1 cm dicken Früchte werden reif mehlig und entwickeln keinen Geschmack. Bei der Großblütigen Felsenbirne *(Amelanchier* x *grandiflora)* **(2a)** handelt es sich um in Kultur entstandene Hybriden mit größeren Blüten und meist zahlreichen saftigen, süßen Früchten.

3 Kupfer-Felsenbirne · *Amelanchier lamarckii* · 6–8 m

Blüte

Dieses nordamerikanische Gehölz verwilderte in Mitteleuropa und bürgerte sich ein. Meist wächst es strauchig, seltener als Baum. Gärtner ziehen auch Hochstämme als Straßenbäume. Die bis über 8 cm langen Blätter haben 8–12 Nervenpaare. Sie treiben kupferrot aus und sind zur Blütezeit zum Teil noch gefaltet. Im Sommer verkahlen sie und schimmern etwas bläulich, im Herbst färben sie sich gelb bis karminrot. Die Blüten werden 1,8–2,5 cm breit. Die süßen Früchte schmecken roh und als Marmelade. Schon die Indianer trockneten sie als Vorrat. Bäcker in Norddeutschland verwendeten sie wie Rosinen. Deshalb heißt das Gehölz manchmal „Rosinenbaum" oder „Korinthenbaum", was zu einer Verwechslung mit dem Japanischen Rosinenbaum (S. 164) führen kann. Auch die Ährige Felsenbirne *(Amelanchier spicata)* **(3a)** ist in Nord- und Mitteleuropa eingebürgert. Ihre 3–6 cm langen Blätter tragen eine Stachelspitze und färben sich im Herbst gelbbraun. Die blauschwarzen Früchte schmecken unangenehm.

4 Gewöhnliche Felsenbirne · *Amelanchier ovalis* · 1–4 m

Blatt

Das licht- und wärmeliebende Pioniergehölz wächst wild in Süd-, Südost- und Mitteleuropa auf Felsen und Felsschutt sowie in trockenen Wäldern. Seine Wurzeln dringen tief in Spalten ein und können so Feuchtigkeit finden. Seit über 400 Jahren kultivieren Bauern das Gehölz auch als Wildobst. Die bis zu 1 cm dicken, reif blauschwarzen Früchte schmecken angenehm. Sie locken auch viele Vögel an. Die 2,5–5 cm langen Blätter tragen jung unterseits einen weißen Filz, später bleiben davon nur noch Achselbärte übrig. Die Trauben mit den 3–10 Blüten entfalten sich vor den Blättern.

1 Kahle Felsenbirne

2 Schnee-Felsenbirne

2a Großblütige Felsenbirne

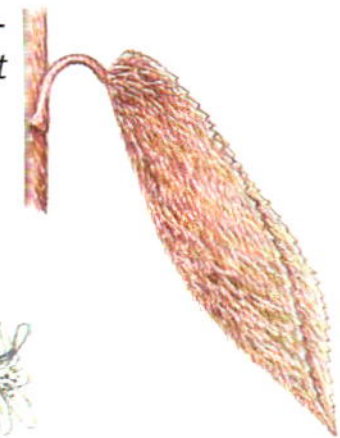

3 Kupfer-Felsenbirne

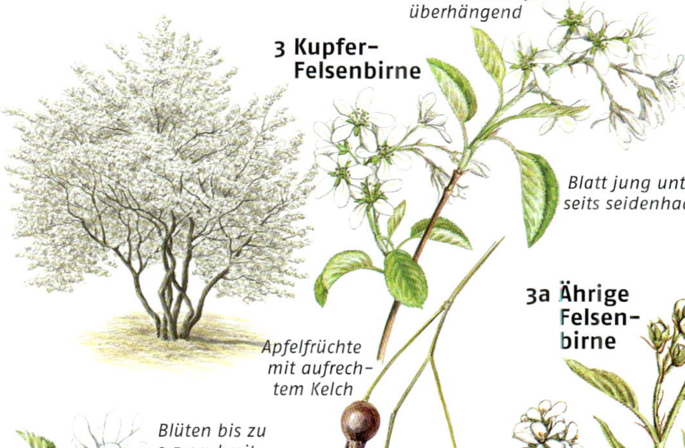

3a Ährige Felsenbirne

4 Gewöhnliche Felsenbirne

GATTUNG ÄPFEL, *Malus*

In den Blüten der rund 30 Apfel-Arten sind die Griffel im Gegensatz zu denen der Birnen (S. 96) miteinander verwachsen. Die meist 5 Fruchtblätter bilden in der Kernapfelfrucht pergamentartige Fächer, die je 1–2 Samen einschließen.

1 Kultur-Apfel · *Malus domestica* · 2–15 m

Blatt

Genetische Untersuchungen zeigen, dass mehrere Arten zur Entstehung der Kultur-Äpfel beitrugen. Außer chinesischen Arten waren der Holz-Apfel und der Johannis-Apfel (unten) beteiligt. Schon vor 12000 Jahren wuchsen in Mittelasien Bäume mit bis zu 6 cm großen Früchten. Die Griechen brachten Kulturformen in den Mittelmeerraum. Die Römer kannten schon das Pfropfen. Heute gibt es weltweit tausende Apfel-Sorten. Typisch für den Kultur-Apfel sind die bleibende Behaarung der Blattunterseite und die dicklichen, behaarten Stiele der 4–5 cm breiten Blüten. Die Früchte sind meist viel länger als ihr Stiel.

2 Holz-Apfel · Wild-Apfel · *Malus sylvestris* · 7–10 m

Blatt

Das dichte Gehölz wächst in Wäldern und Gebüschen Europas und Vorderasiens. Im Unterschied zum Kultur-Apfel tragen seine Zweige Dornen. Die Blätter sind ausgewachsen auf beiden Seiten kahl oder fast kahl. Die Blüten werden 3–4 cm breit. Die harten Früchte schmecken herb und sehr sauer. Sie fallen im Winter ab und bedecken oft in Massen den Boden. Von Ausgrabungen wissen Archäologen, dass bereits die Menschen der jüngeren Steinzeit Holz-Äpfel dörrten und als Wintervorrat lagerten.

3 Johannis-Apfel · Filz-Apfel · *Malus pumila* · 5–7 m

Apfelfrucht

Der auf dem Balkan und in Westasien heimische Apfel ähnelt mit seinen unbedornten Zweigen und den unterseits behaarten Blättern dem Kultur-Apfel. Die Blätter sind bis zu 3 cm lang gestielt. Die 2–6 cm dicken, süßlichen Früchte reifen bereits kurz nach Johanni (24. Juni). Das Heilmittel „Crab Apple" der Bach-Blütentherapie enthält Blütenauszüge dieses Apfels. Der Kirgisische Blut-Apfel *(Malus pumila* var. *niedzwetzkyana)* **(3a)** ist eine wild vorkommende Varietät. Auch der Balkan-Apfel *(Malus dasyphylla)* **(3b)** besitzt unterseits filzige Blätter. Er wächst in feuchten Wäldern des Donaubeckens und im nördlichen Balkan. Die um 4 cm dicken Früchte schmecken sauer.

4 Tee-Apfel · *Malus hupehensis* · 8 m

Blütenkospen

Der wissenschaftliche Name bezieht sich auf die chinesische Provinz Hubei, aus der dieser Apfel stammt. Ärmere Chinesen brühten früher die Blätter zu „Rotem Tee" auf. Europäer kultivieren den breitkronigen Baum häufig als Ziergehölz in Gärten. Er blüht erst von Mai bis Juni und damit später als der Kultur-Apfel. Die Blütenknospen hängen zu 3–6. Die Kronblätter bleiben auch in der offenen, 3–4 cm breiten Blüte einwärts gekrümmt und überdecken sich. Die um 1 cm großen Früchte sind anfangs gelbgrün mit roter Backe, reif tiefrot.

1 Kultur-Apfel
Blüten außen rötlich überlaufen
Apfelfrucht meist über 5 cm dick
Rinde längsrissig, schuppig
2 Holz-Apfel
Blüte mit unbehaartem Stiel
Kurztrieb oft verdornend
Apfelfrucht 2–4 cm dick
Blüte mit behaartem Stiel
Blatt mit herzförmiger Basis
3 Johannis-Apfel
offene Blüten becherförmig
3a Kirgisischer Blut-Apfel
Frucht mit rotem Fruchtfleisch
3b Balkan-Apfel
Apfelfrüchte ohne Kelch, auf roten Stielen
4 Tee-Apfel
Apfelfrucht vorn meist vertieft

1 Italienischer Apfel · Griechischer Apfel · *Malus florentina* · 2–8 m

Herbstblatt

Der kleine dornenlose Baum wächst wild von Mittel- über Norditalien bis nach Nordgriechenland. Typisch sind seine 3–8 cm langen Blätter, die jederseits 3–4 rundliche bis spitze Lappen aufweisen. Diese Blattform ähnelt der einer Elsbeere (S. 110) oder eines Weißdorns (S. 100). Tatsächlich halten manche Botaniker den Baum für eine natürliche Hybride zwischen Holz-Apfel (S. 92) und Elsbeere. Aktuelle Untersuchungen zeigen jedoch, dass es sich eher um eine eigene Art handelt. Die 1,5–2 cm breiten, weißen Blüten stehen zu 2–6 in zottig behaarten Büscheln. Die bis zu 10 cm langen, im Herbst roten Blätter des Dreilappigen Apfels *(Malus trilobata)* **(1a)** sind noch tiefer gelappt. Sie erinnern an die des Feld-Ahorns (S. 152), stehen aber wechsel- und nicht gegenständig. Außerdem verlaufen ihre Hauptnerven fieder- und nicht handförmig. Das Gehölz wächst in Gebüschen von Nordgriechenland bis zur Türkei.

2 Beeren-Apfel · *Malus baccata* · 5–12 m

Blüte

Der häufig kultivierte Zierbaum aus Ostsibirien und Nordchina bildet eine niedrige Krone mit überhängenden Zweigen. Seine 3–8 cm langen, gesägten Blätter sind auffällig schmal und besitzen einen bis zu 5 cm langen, dünnen, kahlen Stiel. Die duftenden Blüten stehen auf dünnen, bis zu 6 cm langen Stielen. Ihre weißen Kronblätter spreizen weit auseinander. Der Baum bildet meist sehr reichlich duftlose Früchte, die reif ganz gelb sind, eine rote Backe besitzen oder ganz rot leuchten. Sie bleiben bis zum Frühjahr am Baum. Dabei locken sie Vögel an, die sie verzehren und so die Samen verbreiten.

3 Vielblütiger Apfel · *Malus floribunda* · 3–10 m

Blatt

Auch dieser japanische Zierapfel wächst häufig in Parks und Gärten. Seine bis zu 10 cm langen Blätter sind nur im oberen Drittel scharf gesägt. Neben schmal eiförmigen oder lanzettlichen Blättern treten gelegentlich auch einzelne gelappte Blätter auf. Der Blattstiel wird um 3 cm lang und besitzt eine rosa Furche auf der Oberseite. Das Gehölz blüht sehr reichlich. Die 2,5–3 cm breiten Blüten erscheinen Anfang Mai zwischen den bereits entfalteten Blättern. Meistens entwickeln sich auch die um 8 mm großen, gelben oder roten Früchte in großer Menge. Beim Kirsch-Apfel oder Pflaumenblättrigen Apfel *(Malus prunifolia)* **(3a)** handelt es sich um einen ebenfalls häufig gepflanzten Zierapfel aus China. Seine um 3 cm breiten, duftenden Blüten stehen zu 4–10 beieinander. Sie sind in der Knospe rosa, geöffnet weiß. Der Kelch bleibt auf den 1,5–2 cm dicken, gelben oder roten Früchten erhalten.

4 Toringo-Apfel · Japan-Apfel · *Malus toringo* · 5–10 m

Herbstblatt

Dieser japanische Zierapfel blüht etwa 14 Tage später als der Vielblütige Apfel. Die um 2 cm großen Blüten sind in den Knospen rosa, geöffnet weiß. Er besitzt mehr gelappte Blätter als der Vielblütige Apfel. Sie werden 3–6 cm lang und besitzen ein Lappenpaar, das meist nicht über die Mitte der Spreitenhälfte eingeschnitten ist. Die Früchte färben sich gelb oder braunrot.

1 Italienischer Apfel
Apfelfrüchte 10–15 mm lang, ohne Kelch
1a Dreilappiger Apfel
Apfelfrucht mit Kelch
Blatt tief 3-lappig
2 Beeren-Apfel
Apfelfrucht um 1 cm dick, ohne Kelch
Blatt lanzettlich
Blatt mit langem, dünnem Stiel
3 Vielblütiger Apfel
Blatt manchmal 3-lappig
Apfelfrucht hagebutten-ähnlich
3a Kirsch-Apfel
Blütenknospen rot, Blüten verblassend
Blatt am Langtrieb meist gelappt
Apfelfrüchte an 2–4 cm langen Stielen
Apfelfrüchte, nur um 5 mm groß
4 Toringo-Apfel

GATTUNG BIRNEN, *Pyrus*

Alle rund 25 Birnen-Arten stammen aus der gemäßigten Zone der Alten Welt. Im Gegensatz zu den nah verwandten Äpfeln (S. 92) besitzen die Blüten rote Staubbeutel und freie Griffel. Die Kernapfelfrüchte enthalten 2–5 Fächer.

1 Kultur-Birne · Garten-Birnbaum · *Pyrus communis* · 2–25 m

Blatt mit Gitterrost

Ähnlich wie der Kultur-Apfel (S. 92) ist auch die Kultur-Birne ein sehr altes Obstgehölz. Der unbedornte Baum entstand als Hybride mehrerer Wildbirnen, hauptsächlich der Wild-Birne und der Schnee-Birne (S. 98). Der römische Naturforscher Plinius kannte bereits 35 verschiedene Sorten. Heute schätzen Züchter ihre Zahl auf über 2500. Die druckempfindlichen Früchte enthalten weniger Fruchtsäuren als Äpfel. Birnenblätter zeigen im Sommer und Herbst oft orange Flecken auf der Oberseite und Pusteln auf der Unterseite. Sie sind vom Birnen-Gitterrost *(Gymnosporangium sabinae)* befallen. Dieser Pilz befällt im Wechsel Birnen- und Wacholder-Arten (s. Chinesischer Wacholder S. 250).

2 Wild-Birne · Holz-Birne · *Pyrus pyraster* · 5–20 m

Blatt

Diese Birne wächst von Europa bis Westasien in Auen- und Trockenwäldern, an Felsen und an Waldrändern. Ihre schwach dornigen Zweige unterscheiden sie von verwilderten Sämlingen der Kultur-Birne. Die gelben bis dunkelbraunen Früchte enthalten große Steinzellnester. Dies sind Gruppen von sehr dickwandigen Zellen, die als harte, körnige Einschlüsse in unterschiedlicher Menge bei allen Birnen vorkommen. Bei Kultur-Birnen knirschen nur wenige von ihnen zwischen den Zähnen. Bei der Wild-Birne sorgen sie dafür, dass die Früchte selbst nach dem Abfallen hart wie Holz bleiben. Birnbaumholz ist sehr hart und dauerhaft. Schwarz gebeizt eignet es sich als Ersatz für Ebenholz.

3 Pfirsichblättrige Birne · Dornige Birne · *Pyrus spinosa* · 4–12 m

Dorn

Das meist dornige Gehölz mit den aufsteigenden Ästen besiedelt trockene, steinige Standorte im Mittelmeergebiet. Oft ist es in Gebieten mit Oliven- und Mandelanbau anzutreffen. Gärtner in Westeuropa pflanzen es gelegentlich auch in Gärten. Die etwa 2,5 cm breiten Blüten öffnen sich im April. Im Oktober reifen die um 2,5 cm breiten, ungenießbaren Früchte. Die Form der 3–7 cm langen Blätter variiert sehr stark. Jung sind sie samtig behaart, später fast kahl, oberseits glänzend, unterseits punktiert. Da sie an die von Mandeln erinnern, heißt das Gehölz auch Mandelblättrige Birne *(Pyrus amygdaliformis)*. Das Vorkommen der Iberischen Birne *(Pyrus bourgaeana)* (3a) beschränkt sich auf Spanien und Portugal. Sie wächst als bis zu 10 m hoher Baum mit eher waagerechten Ästen meist in der Nähe von Flüssen oder Bächen. Die Herz-Birne *(Pyrus cordata)* (3b) steht nicht allzu häufig in Gebüschen von Irland bis Portugal. Sie bildet dornige, kleine Bäume oder Sträucher. Ihre bis zu 2 cm langen Früchte schmecken angenehm.

1 Kultur-Birne

Rinde tief gefeldert

Blatt eiförmig bis elliptisch

Blüten mit roten Staubbeuteln

Apfelfrucht bis über 8 cm lang

2 Wild-Birne

Blüten um 3 cm breit

Kurztrieb endet oft als Dorn

Apfelfrucht 1,5–3,5 cm lang

3 Pfirsichblättrige Birne

Doldentraube mit 8–12 Blüten

Blatt meist schmal eiförmig bis länglich

Apfelfrucht auf etwa gleich langem Stiel

3a Iberische Birne

Blatt oval bis fast herzförmig, 2–4 cm lang

Apfelfrucht 1,7–2,5 cm breit, mit Kelch

3b Herz-Birne

Blatt an der Basis meist herzförmig

Apfelfrucht rötlich, ohne Kelch

1 Nashi-Birne · Japanische Birne · *Pyrus pyrifolia* var. *culta* · 2–12 m

Kulturform

Für Japaner ist die Nashi-Birne das wichtigste Obst nach Zitrus und Apfel. Auch in Europa steigt die Bekanntheit der apfel- oder birnenförmigen Früchte. Seit einiger Zeit gibt es Anbauflächen in Italien, Spanien, Portugal und Frankreich. Immer mehr Gehölzgärtnereien bieten den Obstbaum auch für mitteleuropäische Gärten an. In der Südpfalz gibt es gewerblichen Versuchsanbau. An den im Herbst leuchtend roten Blättern fallen die borstigen Zähne auf. Die oft faustgroßen Früchte hängen an einem 4–6 cm langen Stiel. Sie besitzen ein sehr helles, knackiges Fleisch, das einem saftigen Apfel ähnelt. Die gelegentlich ebenfalls im Sortiment von Baumschulen zu findende Wildform bildet höchstens 3 cm große, sehr harte Früchte und eignet sich nur als Ziergehölz.

2 Weiden-Birne · Weidenblättrige Birne · *Pyrus salicifolia* · 5–10 m

Blüten

Der Baum mit den oft überhängenden, dornigen Zweigen fällt schon aus der Ferne durch das silbergraue Laub auf. Gärtner schätzen ihn als eines der schönsten silbergrauen Gehölze. An seinen natürlichen Standorten in Südosteuropa und Kleinasien gilt er als gefährdet. Die Weltnaturschutzunion IUCN nahm ihn deshalb in ihre Rote Liste auf. Die um 2 cm breiten, in dichten Büscheln stehenden Blüten öffnen sich von April bis Mai mit dem Laubaustrieb. Zu dieser Zeit sind die meist unter 1,5 cm breiten Blätter beiderseits silbrigweiß behaart. Später verkahlen sie oberseits. Die auf dicken Stielen stehenden Früchte bleiben auch reif hart und schmecken nicht besonders gut.

3 Schnee-Birne · *Pyrus nivalis* · 10–15 m

Herbstfärbung

Diese Birne wächst wild von Mittelfrankreich bis in die Türkei. Da die Bäume im südlichen Mitteleuropa oft in der Nähe von ehemaligen Wein- und Obstgärten stehen, vermuten Botaniker, dass sie zusammen mit dem Wein in diese Regionen gelangten und aus Kulturen verwilderten. Das dornenlose Gehölz bildet fast immer zahlreiche Wurzelschösslinge. Seinen Namen erhielt es von den im Austrieb weißfilzigen Blättern. Sie werden 4–8 cm lang, sind ganzrandig und besitzen einen 1–2 cm langen Stiel. Im Herbst färben sie sich dunkelrot. Die Früchte schmecken selbst überreif oder nach den ersten Frösten nicht besonders gut. Sie eignen sich aber für Schnaps und Trockenobst. Beim Österreichischen Birnbaum *(Pyrus austriaca)* **(3a)** handelt es sich möglicherweise um eine Hybride der Wild-Birne (S. 96) mit der Schnee-Birne. Er zeichnet sich durch länger gestielte Blätter mit gesägten Blatträndern aus.

4 Ölweiden-Birne · Kleinasiatische Birne · *Pyrus elaeagrifolia* · 3–10 m

Blatt

Der kleine Baum oder Strauch mit den abstehenden Ästen wächst nur an trockenen Standorten in Süd- und Südosteuropa. Er ähnelt im Erscheinungsbild der Schnee-Birne. Er ist aber dornig, besitzt schmälere Blätter und meist kleinere Früchte als diese. Seine Blattform ähnelt eher der Weiden-Birne. Die Blattbreite liegt jedoch meist über 1,5 cm. Ihre dichte, grauweißliche Behaarung bleibt unten und oft auch oben erhalten.

1 Nashi-Birne

Blatt bis zu 15 cm lang, ledrig

Blüte mit lang zugespitzten Kelchblättern

Apfelfrucht der Wildform braun

2 Weiden-Birne

Blatt schmal lanzettlich

Blütenknospen vorne rot

Apfelfrucht 2–3 cm lang, grün

3 Schnee-Birne

Blattunterseite bleibend grau-weiß filzig

Blüte mit filzig behaartem Kelch

Apfelfrucht 2,5–4 cm lang, mit langem Stiel

3a Österreichischer Birnbaum

Blatt mit 1,5–6 cm langem Stiel

Apfelfrucht bis zu 3 cm lang, mit dickem Stiel

4 Ölweiden- Birne

GATTUNG WEISSDORNE, *Crataegus*

Weißdorne bilden eine schwierige Gattung. Die Gehölze kreuzen sich leicht miteinander. Einige Arten können auch ohne Bestäubung Samen bilden. Bei den Früchten handelt es sich um Steinäpfel.

1 Zweigriffeliger Weißdorn · *Crataegus laevigata · C. oxyacantha* · 2–10 m

Blüte

Das dornige Gehölz wächst an Waldrändern und in Gebüschen in ganz Europa von den Pyrenäen bis zum Schwarzen Meer. Es bildet dichte Sträucher oder kleine Bäume. Die um 1,5 cm breiten Blüten besitzen 2, seltener auch 3 Griffel. Sie stehen in Doldenrispen und öffnen sich von April bis Mai bis zu 2 Wochen früher als die der beiden folgenden Arten. Die derben, glänzenden Blätter sind 3–5 cm lang. Die Seitennerven biegen sich in den seichten, grob gezähnten Lappen leicht nach innen. Die Früchte mit ihren 2 oder 3 Steinen werden 8–12 mm lang und reifen von September bis Oktober.

2 Eingriffeliger Weißdorn · *Crataegus monogyna* · 2–10 m

Blüte

Dieser Weißdorn gedeiht an Felsen, in Hecken und an Waldrändern in Europa mit Ausnahme des hohen Nordens sowie in Nordafrika und Westasien. Er erträgt Hitze und Trockenheit besser als die vorige Art. Seine Blüten besitzen nur 1 Griffel. Die Kelchblätter sind dreieckig und klein. Das derbe, bis zu 7 cm lange Blatt besitzt jederseits 2–3 bis mindestens zur Hälfte eingeschnittene Lappen. Diese sind nur an der Spitze grob gezähnt. Die Seitennerven biegen sich nach außen. Wichtig zur Unterscheidung der 3 mitteleuropäischen Weißdorne sind die Nebenblätter der Blütentriebe. Bei dieser Art tragen sie höchstens wenige drüsenlose Zähne. Die einsamige Frucht wird 8–11 mm lang.

3 Großkelchiger Weißdorn · *Crataegus rhipidophylla* · 1–9 m

Blatt

Dieser dritte in Mitteleuropa wild vorkommende Weißdorn erträgt Schatten und wächst eher in lichten Wäldern. Seine Heimat reicht bis Südskandinavien, Südrussland und Griechenland. Die Blüten haben wie beim Eingriffeligen Weißdorn 1 Griffel, die Früchte 1 Stein. Ihre Kelchblätter sind jedoch pfriemlich. Auch die Blätter ähneln der vorigen Art, sind aber zarter. Außerdem sind ihre Lappen oft bis zur Basis scharf gezähnt. Die Früchte werden 8–15 mm lang. Wissenschaftler unterscheiden zwei Varietäten, den Fächerblättrigen Weißdorn (var. *rhipidophylla*) **(3a)** und Lindmans Weißdorn (var. *lindmanii*) **(3b)**.

Natürliche Bastarde

In Mitteleuropa wachsende Hybriden kombinieren die Merkmale der vorigen Arten oder stehen zwischen ihnen. Der **Bastard-Weißdorn** *(Crataegus* x *media)* umfasst Kreuzungen zwischen Ein- und Zweigriffeligem Weißdorn, der **Großfrüchtige Weißdorn** *(Crataegus* x *macrocarpa)* die zwischen Zweigriffeligem und Großkelchigem Weißdorn und der **Verschiedenzähnige Weißdorn** *(Crataegus* x *subsphaericea)* die zwischen Eingriffeligem und Großkelchigem Weißdorn.

1 Zweigriffeliger Weißdorn

2 Eingriffeliger Weißdorn

3 Großkelchiger Weißdorn

3a Fächerblättriger Weißdorn

3b Lindmans Weißdorn

1 Fünfgriffeliger Weißdorn · *Crataegus pentagyna* · 5 m

Apfelfrucht

Das Gehölz mit den wenigen, um 1 cm langen Dornen wächst in lichten Wäldern in Osteuropa und auf dem Balkan. Es bildet um 1,2 cm lange, dunkle, matte Früchte mit 4–5 Steinen. Die Blüten stehen in 4–7 cm breiten, zottigen Doldenrispen. Die 2–6 cm langen Blätter fühlen sich etwas ledrig an. Ihre Lappen sind oft nur an der Spitze grob gesägt. Arzneimittel aus Weißdorn enthalten neben Auszügen aus Blättern und Blüten mitteleuropäischer Arten gelegentlich auch solche aus dieser und der folgenden Art. Ihre Flavonoide und Procyanidine stärken das Herz und helfen bei leichtem Bluthochdruck.

2 Schwarzfrüchtiger Weißdorn · Ungarischer Weißdorn · *Crataegus nigra* · 7 m

Apfelfrucht

Wild wächst dieser fast dornenlose kleine Baum ziemlich selten entlang der Donau von Ungarn bis Rumänien. Seine Früchte enthalten wie die der vorigen Art 4 oder 5 Steine. Sie unterscheiden sich durch ihren Glanz und ihre mehr rundliche Form. Ihr weiches Fleisch lässt sich zu Marmelade oder Mus verarbeiten. Die 4–9 cm langen Blätter besitzen meist scharf gezähnte, unterseits dicht filzige Lappen. Auch die üppigen Blütenstände tragen einen zottigen Haarfilz.

3 Azaroldorn · Welsche Mispel · *Crataegus azarolus* · 4–10 m

Blütenknospe

Schon die Römer kultivierten das westasiatische Obstgehölz in Italien und Südfrankreich. Heute ist es im Mittelmeerraum stellenweise eingebürgert. Dank der Frosthärte gedeiht es auch nördlich der Alpen. Während die Früchte der dornigen Wildformen um 2 cm groß sind, erreichen sie bei den oft dornenlosen Kulturformen bis zu 4 cm. Ihre Form variiert von rundlich bis birnenförmig und erinnert oft an die einer Echten Mispel (S. 88). Unter der roten oder gelblichen Schale verbergen sich ein oranges oder hellgelbes Fruchtfleisch mit süßsäuerlichem, apfelartigem Geschmack sowie meist 3 Steine. Die Früchte eignen sich besonders für Marmelade, Likör, Kompott oder Kuchen. Die 3–7 cm langen Blätter sind jung beiderseits filzig, später kahl. Die Kelchblätter besitzen eine typische Hakenspitze. Der schwach dornige Orientalische Weißdorn *(Crataegus laciniata)* **(3a)** wächst wild in Südosteuropa, Sizilien und Spanien. Er besitzt nur bis zu 5 cm lange, oberseits graugrün behaarte, unterseits filzige Blätter. Die roten Früchte enthalten 5 Steine. Der nah verwandte Rainfarn-Weißdorn *(Crataegus tanacetifolia)* **(3b)** stammt aus Kleinasien. Auch seine bis zu 2,5 cm dicken Früchte schmecken apfelartig. Im Gegensatz zu den anderen Weißdornen blüht er erst Mitte Sommer.

4 Scharlach-Weißdorn · *Crataegus pedicellata* · 7 m

Blüte

Das Gehölz aus dem Osten Nordamerikas trägt seinen Namen nach der Farbe der attraktiven Früchte. Gärtner kultivieren es als rundkronigen Baum oder großen Strauch. Wegen seiner bis zu 5 cm langen, glänzend braunen Dornen eignet er sich jedoch nur begrenzt als Ziergehölz für Hausgärten. Die bis zu 2 cm großen Blüten haben 10 Staubblätter und damit weniger als die der vorigen Arten. Die 5–10 cm langen Blätter färben sich im Herbst gelborange.

1 Fünfgriffeliger Weißdorn
Blüten mit 5 Griffeln, weiß bleibend
Blatt jederseits mit 2–3 Lappen
2 Schwarzfrüchtiger Weißdorn
Blatt jederseits mit 4–5 Lappen
Blüten im Verblühen rötlich
3 Azaroldorn
Apfelfrucht bis über 2 cm groß
Blattlappen mit wenigen großen Zähnen
Blattlappen scharf gezähnt
Frucht bis zu 2 cm groß
3a Orientalischer Weißdorn
3b Rainfarn-Weißdorn
Blatt mit kurzen Lappen
Apfelfrüchte 1–1,5 cm groß, glänzend scharlachrot
4 Scharlach-Weißdorn
Blatt zottig behaart, mit drüsig gesägten Lappen
Apfelfrucht gelblich

1 Rotdorn · Weißdorn 'Pauls Scarlett' · *Crataegus laevigata* 'Pauls Scarlett' · 2–8 m

Apfelfrucht

Die aus dem Zweigriffeligen Weißdorn (S. 100) entstandene Sorte zeichnet sich durch rosenähnliche, um 1,5 cm breite Blüten aus. Gärtner pfropfen sie meist auf eine Unterlage und ziehen so hochstämmige Bäume heran, die sich für Straßen oder Alleen eignen. Leider gehört der Rotdorn ebenso wie der Zwei- und Eingriffelige Weißdorn zu den Gehölzen, die sehr anfällig für Feuerbrand sind (vgl. Baum-Zwergmispel S. 88). Er kann als Infektionsquelle dienen, von der das Bakterium *Erwinia amylophora* auf Apfel, Birne und Quitte gelangt. Vielerorts haben Stadtgärtnereien ihn deshalb durch andere Arten wie die Baum-Hasel (S. 46) ersetzt.

2 Hahnensporn-Weißdorn · *Crataegus crus-galli* · 6–10 m

Apfelfrucht

Dieser nordamerikanische Weißdorn wächst in Europa häufig als anspruchsloser Straßen- und Parkbaum mit schöner oranger Herbstfärbung. Seine Blätter sind im Gegensatz zu denen der beiden folgenden Arten vollständig kahl. Auch die Stiele der um 1,5 cm breiten, zu vielen in Doldenrispen stehenden Blüten sind unbehaart. Das Gehölz trägt seinen Namen nach den vielen, oft etwas gebogenen Dornen, die es zu einem undurchdringlichen Dickicht machen. Bei ihnen handelt es sich wie bei den Dornen aller Weißdorne um umgewandelte Kurztriebe. Die um 1 cm dicken Früchte tragen einen aufrechten Kelch und enthalten meist 2 Steine. Sie schmücken den Baum oft bis zum Frühjahr.

3 Pflaumenblättriger Weißdorn · *Crataegus persimilis* 'MacLeod' · 6–7 m

Apfelfrucht

Bereits seit Ende des 18. Jahrhunderts befindet sich dieser Weißdorn in Kultur. Manche Gärtner halten ihn für eine Kreuzung des Hahnensporn-Weißdorns mit einer anderen amerikanischen Art und nennen ihn *Crataegus x prunifolia*. Andere stufen ihn in die Gattung Apfelbeere *(Aronia)* ein. Das Gehölz wächst als großer, etwas sparriger Strauch oder kleiner Baum häufig in Parks, Gärten und an Straßen. Besonders an sonnigen Standorten schmückt es sich von Mai bis Juni mit vielen reichblütigen, zottig behaarten Doldenrispen. Die Blätter sind breiter als bei der vorigen Art, oberseits glänzend dunkelgrün, auf der Unterseite auf den Nerven behaart. Im Herbst färben sie sich leuchtend gelb bis orangerot. Die scharlachroten, bis zu 1,5 cm dicken Früchte fallen bereits im Spätherbst ab.

4 Lederblättriger Weißdorn · *Crataegus lavallei* 'Carrierei' · 7 m

Apfelfrucht

Bei diesem im 19. Jahrhundert entstandenen Weißdorn handelt es sich um einen sehr robusten Baum, der ebenfalls häufig an Straßen steht. Er besitzt weniger Dornen als die beiden vorigen Arten. Der Mittelnerv ist unterseits oft rosa. Die Blätter fühlen sich ledrig an und wirken wie immergrün. Sie färben sich erst spät im Herbst bronzerot oder bleiben bis zum Laubfall im Dezember grün. Die sehr zahlreichen behaarten Blütenstände umfassen etwa 20 um 2 cm breite Blüten. Die 1,5–2 cm langen Früchte sind orangegelb bis rot und tragen braune Punkte. Sie hängen oft bis zum Frühjahr am Baum.

Blatt | Blüten | Dorn

1 Rotdorn

mit 3–5 Lappen | dunkelrosa, gefüllt | bis zu 3 cm lang

2 Hahnensporn-Weißdorn

2–5 cm lang, vorn abgerundet | mit 10 Staubblättern | bis zu 6 cm lang

3 Pflaumenblättriger Weißdorn

bis zu 8 cm lang, vorne spitz | mit 10 Staubblättern | bis zu 4 cm lang

4 Lederblättriger Weißdorn

5–12 cm lang, unterseits behaart | mit 15–20 Staubblättern | bis zu 5 cm lang, braunrot

GATTUNG EBERESCHEN, MEHLBEEREN, *Sorbus*

Die Gattung vereint rund 50 Arten. Ebereschen haben einheitlich gefiederte, Mehlbeeren ungeteilte oder unregelmäßig gefiederte Blätter. Die Blüten bilden Doldenrispen. Die Kernäpfel tragen einen bleibenden Kelch und haben meist ein mehliges Fleisch.

1 Gewöhnliche Eberesche · *Sorbus aucuparia* ssp. *aucuparia* · 5–15 m

Apfelfrüchte

Der Baum ist in fast ganz Europa von der Meereshöhe bis zur Baumgrenze verbreitet. Er gedeiht sogar auf Island und gilt dort als heilig. In einigen Mittelgebirgen sorgt er für einen farbenprächtigen Herbstaspekt. Viele Vögel, besonders Drosseln, aber auch Kleinsäuger wie der Marder fressen die bis zu 1 cm großen Früchte, weshalb der Baum auch Gewöhnliche Vogelbeere heißt. Rohe Früchte schmecken vor dem Frost sauer und bitter. Sie können Erbrechen und Durchfall auslösen. Durch Kochen zersetzt sich die giftige Parasorbinsäure. Sie ist eine Vorstufe der als Konservierungsmittel bekannten Sorbinsäure. Heute stellen Chemiker diese jedoch im Labor her. Früher spielten die Früchte auch eine wichtige Rolle, um aus ihnen den Zuckerersatzstoff Sorbit zu gewinnen. Dieser lässt sich heute einfacher aus Mais- oder Weizenstärke herstellen. Den größeren Früchten der Mährischen Eberesche oder Süßen Vogelbeere *(Sorbus aucuparia* ssp. *moravica)* **(1a)** fehlt Parasorbinsäure. Sie eignet sich damit besonders gut für Marmelade, Sirup und Schnaps. Die Mutation aus Nordböhmen lässt sich nur vegetativ vermehren.

2 Japanische Eberesche · *Sorbus commixta* · 5–10 m

Winterknospe

Während die vorige Art weißfilzig behaarte Winterknospen besitzt, sind sie bei diesem Baum kahl und klebrig. Außerdem sind seine Blättchen länger zugespitzt und oberseits glänzend. Zwischen den 6–8 mm dicken Früchten sind die Verzweigungen des Fruchtstands gut sichtbar. Gärtner pflanzen den Baum mit der schönen Herbstfärbung an Straßen, seltener in Parks und Gärten.

3 Vilmorins Eberesche · Rosafrüchtige Eberesche · *Sorbus vilmorinii* · 6–8 m

reife Apfelfrüchte

Der Baum aus Westchina eignet sich für kleinere Gärten. Benannt ist er nach einem französischen Gartenbauer, der im 19. und 20. Jahrhundert verschiedene chinesische Pflanzen in Europa bekannt machte. Die 19–25 Blättchen sind auffallend klein. Dies sowie die zuletzt weißrosafarbenen Früchte machen den Baum fast unverwechselbar. Die Hupeh-Eberesche *(Sorbus hupehensis)* **(3a)** hat ebenfalls helle Früchte. Ihre Blättchen werden aber bis über 5 cm lang.

4 Labrador-Eberesche · Schmuck-Eberesche · *Sorbus decora* · 8–12 m

Blüten

Auch diese Art aus dem Osten Nordamerikas wächst bei uns gelegentlich als Straßen- und Parkbaum. Ihre Winterknopsen sind rostrot behaart. Die 11–17, meist 15 Blättchen sind am ganzen Rand gesägt. Die dichte Büschel bildenden, wohlschmeckenden Früchte werden bis zu 1 cm dick und besitzen einen aufrechten Kelch. Der Blütenstand mit den um 1 cm breiten Blüten ist behaart.

1 Gewöhnliche Eberesche

Rinde glatt

Blatt mit 9–17 Blättchen

Blüten in flachen Doldenrispen

Herbstfärbung gelb bis rot

1a Mährische Eberesche

Apfelfrüchte bis zu 1,5 cm groß

Herbstfärbung braunviolett

2 Japanische Eberesche

Fruchtstand locker

Blatt mit 11–15 lang zugespitzten Blättchen

3 Vilmorins Eberesche

Blättchen nur 1,5–2,5 cm lang

3a Hupeh-Eberesche

Apfelfrüchte nur 4–5 mm dick

Blättchen blaugrün, unterseits silbergrau

4 Labrador-Eberesche

Blatt mit rötlicher Blattspindel

Apfelfrüchte mit grünlichem Kelch

1 Speierling · *Sorbus domestica* · 10–20 m

Rinde

Wild wächst der licht- und wärmebedürftige Baum von Südeuropa bis zum Schwarzen Meer. Seltene Vorkommen in Eichen-Mischwäldern der Weinbaugebiete Mitteleuropas gehen vermutlich auf Verwilderungen zurück. In der Antike und im Mittelalter war der Baum ein geschätztes Wildobst. Der Name *Sorbus* leitet sich wohl von lateinisch *sorbere* = schlürfen ab und verweist auf die Verwendung der Früchte. Direkt vom Baum gepflückt enthalten sie so viel Gerbstoffe, dass sie praktisch ungenießbar sind. Ihr Saft klärt Apfel- und Birnenmost, macht diesen haltbarer und verfeinert seinen Geschmack. Abgefallene und überreife Früchte werden teigig weich. Sie duften aromatisch und schmecken süß-säuerlich, ähnlich wie Bratäpfel. Franzosen brennen einen Schnaps daraus, den „Sorbette". Das feste, biegsame Holz war früher begehrt für Schrauben von Weinpressen und andere stark beanspruchte Teile. Die schuppige, raue Rinde erinnert an die einer Kultur-Birne (S. 96). An dieser sowie an den im unteren Drittel immer ganzrandigen Blättchen lässt sich der Baum auch ohne Früchte von der Gewöhnlichen Eberesche (S. 106) unterscheiden.

2 Bastard-Mehlbeere · *Sorbus* x *hybrida* · 7–14 m

Blüte

Der in Skandinavien heimische Baum entstand als natürliche Kreuzung der Gewöhnlichen Eberesche (S. 106) mit der Schwedischen Mehlbeere (S. 110). Zuweilen steht er in Parks und Sammlungen. Seine Samen entwickelt er ohne Befruchtung. Die unten graufilzigen Blätter besitzen 8–10 Nervenpaare, davon 6–8 im gelappten Teil. Die in Südnorwegen endemische Norwegische Mehlbeere *(Sorbus* x *meinichii)* **(2a)** ist ein Bastard der Gewöhnlichen Eberesche mit der Gewöhnlichen Mehlbeere. Ihre Blätter besitzen ebenfalls 8–10 Nervenpaare. Davon durchziehen jedoch nur 1–4 den gelappten Teil. Dieselben Eltern besitzt die Thüringer Mehlbeere *(Sorbus* x *thuringiaca)* **(2b)**. Sie wurde 1773 in Eisenach entdeckt, wächst aber auch in den Karpaten. Ihre Blätter weisen 10–14 Nervenpaare auf.

3 Gewöhnliche Mehlbeere · Echte Mehlbeere · *Sorbus aria* · 3–15 m

Blatt-unterseite

Das vielgestaltige Gehölz ist in Europa weit verbreitet und kommt bis Nordafrika vor. Es gedeiht in lichten Wäldern und Gebüschen vom Tiefland bis in die Gebirge. Dabei bevorzugt es sommerwarme, trockene Standorte, auch auf Felsen und an Hangkanten. Gärtner pflanzen Mehlbeeren gerne an Straßen. Die weichen, 1–1,5 cm langen Früchte schmecken roh fad. Getrocknet und vermahlen mischten Hausfrauen sie in Notzeiten unter das Mehl und backten daraus süßliches Brot. Die 8–10 cm langen Blätter sind meist in der Mitte oder etwas darunter am breitesten. Bei starkem Wind lässt der silberweiße Haarfilz ihrer Unterseiten den ganzen Baum hell leuchten. Die Griechische Mehlbeere *(Sorbus graeca)* **(3a)** wächst in Südosteuropa und auf dem Balkan. Als Anpassung an das trockene, warme Klima sind ihre 5–9 cm langen Blätter derber und stärker behaart. Meist haben sie 7–9 Paar Seitennerven.

1 Speierling

2 Bastard-Mehlbeere

2a Norwegische Mehlbeere

2b Thüringer Mehlbeere

3 Gewöhnliche Mehlbeere

3a Griechische Mehlbeere

1 Schwedische Mehlbeere · Oxelbeere · *Sorbus intermedia* · 5–15 m

Apfelfrucht

Dieses Gehölz entstand in der Nacheiszeit aus einer Kreuzung der Elsbeere mit der Gewöhnlichen Mehlbeere (S. 108) oder der Gewöhnlichen Eberesche (S. 106). Es entwickelte sich zu einer eigenen Art, die in Skandinavien und um die Ostsee wächst. In Mitteleuropa pflanzen Gärtner es oft in Alleen und Parks, von wo aus es auch verwildert. Die 6–10 cm langen, unten weißwolligen Blätter sind mindestens um die Hälfte länger als breit und haben 7–9 Nervenpaare. Der Kelch auf den 1,2–1,5 cm langen Früchten steht aufrecht. Die ähnliche Österreichische Mehlbeere *(Sorbus austriaca)* **(1a)** wächst in den Gebirgen Österreichs, Tschechiens und der Balkanländer. Ihre 8–13 cm langen Blätter werden 1,3–1,5-mal so lang wie breit und besitzen 8–11 Paar Seitennerven.

2 Breitblättrige Mehlbeere · *Sorbus latifolia* · 6–18 m

Blüte

Die meisten Botaniker gehen davon aus, dass dieser selten wild von den Pyrenäen bis Mitteldeutschland wachsende Baum ein natürlicher, erbfester Bastard der Elsbeere mit der Gewöhnlichen Mehlbeere (S. 108) ist. Er wurde erstmals um 1790 im Wald von Fontainebleau bei Paris entdeckt. Das Gehölz eignet sich gut für Parks und große Gärten. Die 7–10 cm langen, unterseits graugelb filzigen Blätter besitzen 7–9 Nervenpaare. Ihr Rand zeigt jederseits höchstens 4 deutliche, 3-eckige, seichte Lappen, von denen der zweite der größte ist. Die in Doldenrispen stehenden Blüten werden bis zu 2 cm breit.

3 Vogesen-Mehlbeere · Berg-Mehlbeere · *Sorbus mougeotii* · 8–20 m

Apfelfrüchte

Diese Mehlbeere gilt als erbfester Bastard der Gewöhnlichen Eberesche (S. 106) mit der Gewöhnlichen oder der Griechischen Mehlbeere (S. 108). Ihr Verbreitungsgebiet erstreckt sich von den Pyrenäen bis zu den Westalpen und den Vogesen. Im Unterschied zur vorigen Art sind die 7–12 cm langen Blätter bis doppelt so lang wie breit und haben 8–12 Paar Seitennerven und Lappen. Die rundlichen Früchte werden 10–13 mm dick.

4 Elsbeere · *Sorbus torminalis* · 5–20 m

Blüten

Die Heimat der Elsbeere umfasst große Teile Europas sowie Nordafrika und Kleinasien. Sie bevorzugt lichte Mischwälder und Gebüsche an sonnigen, warmen Hängen. In Mitteleuropa verdrängten vielerorts Rot-Buchen (S. 50) den langsamwüchsigen Baum. Im Winter erinnert er mit seiner rauen Rinde an eine schlecht gewachsene Eiche (S. 52), weshalb Waldarbeiter ihn gelegentlich versehentlich absägen. Das Holz, das als „Schweizer Birnbaum" schöne, edle Furniere liefert, gehört zu den teuersten auf dem Holzmarkt. Die bis zu 2 cm langen Früchte schmecken ähnlich wie Echte Mispeln (S. 88). Sie dienen wie diese oder die Früchte des Speierlings (S. 108) zum Klären von Most. Heilkundige verwendeten sie früher gegen die Rote Ruhr, eine bis Ende des 19. Jahrhunderts häufige, oft tödliche Infektionskrankheit mit starken Schmerzen und blutigem Durchfall (lateinisch *tormina* = Leibschmerzen). Die 6–12 cm langen Blätter erinnern an Ahornblätter (S. 150), stehen aber wechselständig.

1 Schwedische Mehlbeere

Blatt jederseits mit 3–7 Lappen

Zweig olivgrün bis braun, wollig behaart

1a Österreichische Mehlbeere

Blatt mit etwas überdeckenden Lappen

2 Breitblättrige Mehlbeere

Blatt höchstens ¼ länger als breit

Apfelfrüchte bis zu 1,5 cm dick, braunrot

Zweig glänzend oliv- bis graugrün

3 Vogesen-Mehlbeere

Blüten um 1,2 cm breit

Blatt mit 8–12 Paar Seitennerven

Zweig glänzend rot- bis dunkelbraun

4 Elsbeere

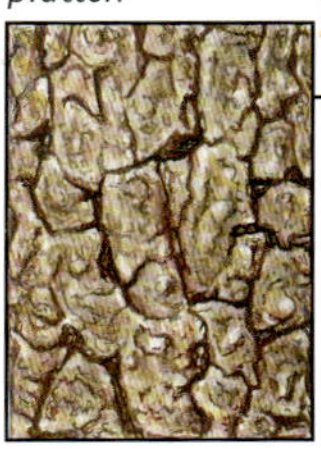

Rinde gefurcht mit Schuppenplatten

Apfelfrüchte hellbraun, mit Korkwarzen

Blatt mit 3-eckigen, spitzen Lappen

1 Gewöhnliche Robinie · Scheinakazie · *Robinia pseudoacacia* · 10–25 m

Dornen

Förster und Stadtgärtner schätzen den Pionierbaum aus dem östlichen Nordamerika als anspruchsloses, raschwüchsiges Gehölz. Er schützt Böschungen und Halden vor Erosionen und festigt den Boden. Dabei toleriert er einen hohen Salzgehalt. Seine Wurzeln leben in Symbiose mit Bakterien, die Stickstoff aus der Luft binden und im Boden anreichern. Naturschützer stufen den Baum heute als problematischen Neubürger ein. Er dringt in Magerrasen ein und verdrängt die dort typischen Arten. Die duftenden, 2–3 cm langen Blüten bilden viel Nektar, der bis über 50 Prozent Zucker enthält. Bienen sammeln ihn für den hellen „Akazienhonig“. Besonders die Samen und die Rinde enthalten stark giftige Lektine und Glykoside. In Städten steht häufig die Einblättrige Robinie (*Robinia pseudoacacia* 'Unifoliola') **(1a)**, eine um 1855 in Frankreich entstandene Sorte mit reduzierten Blättchen. Für Gärten eignet sich die Kugel-Robinie (*Robinia pseudoacacia* 'Umbraculifera') **(1b)**, da sie kompakt wächst und nur 4–6 m hoch wird. Gärtner veredeln sie meist als Hochstamm.

2 Borstige Robinie · *Robinia hispida* · 2–5 m

Blüten

Das Ziergehölz aus den südöstlichen USA entwickelt viele Ausläufer und kann so dichte Gestrüppe bilden. Gärtner veredeln es auch als Hochstamm auf die Gewöhnliche Robinie. Allerdings reagiert das Gehölz empfindlich auf Windstöße, so dass häufig Äste abbrechen. Die aus den Nebenblättern entstandenen Dornen sind viel dünner als bei der Gewöhnlichen Robinie. Amerikaner nennen das Gehölz „Moss Locust“ („Moos-Robinie“), ein Name, der den Eindruck der Behaarung wiedergibt. Die jungen Zweige, Blattspindeln und Blütenstandsachsen tragen mehrere Millimeter lange Borsten. An den Kelchblättern der um 2,5 cm großen Blüten sowie an den Früchten sitzen zusätzlich noch klebrige Drüsen. Die Blütezeit beginnt Ende Mai und kann bis in den September dauern.

3 Klebrige Robinie · *Robinia viscosa* · 12 m

Blüte

Im Unterschied zur vorigen Art kleben bei diesem Baum aus dem Nord- und Südosten der USA auch die jungen Zweige, Blattstiele und Blütenstandsachsen. An den Fingern fühlt sich dies nur etwas unangenehm an, für kleine Insekten dagegen bedeuten die Drüsenhaare oft den Tod. Das Gehölz wehrt sich auf diese Weise gegen den Befall durch Schadinsekten wie Läuse. Die um 2 cm langen Blüten bilden 5–8 cm lange Trauben und öffnen sich von Mai bis Juni.

4 Ätna-Ginster · *Genista aetnensis* · 6–18 m

Blatt

Während die meisten Ginster-Arten als Strauch wachsen, entwickelt sich dieses auf Sizilien und Sardinien endemische Gehölz zu mächtigen Bäumen. Außerhalb seiner Heimat konnte es sich an felsigen Hügeln und Klippen in Süd- und Westeuropa einbürgern. In milderen Gegenden Mittel- und Nordeuropas lässt es sich als Ziergehölz kultivieren. Die schmal-linealen, bis zu 1,3 cm langen Blätter stehen nur an den dünnen, jungen Trieben und fallen rasch ab. Die duftenden Blüten öffnen sich im Hoch- und Spätsommer.

1 Gewöhnliche Robinie
Schmetterlingsblüten in hängenden Trauben
Hülsenfrüchte bis zu 10 cm lang, flach
Blatt unpaarig gefiedert
Blatt oft nur mit langem Endblättchen
1a Einblättrige Robinie
Rinde sehr tief längs gefurcht
1b Kugel-Robinie
2 Borstige Robinie
Hülsenfrüchte dicht drüsig-borstig behaart
Blatt mit 7–13 Blättchen
Trieb mit langen roten Borsten
3 Klebrige Robinie
Hülsenfrüchte spärlich drüsig-borstig behaart
Blatt mit 13–25 Blättchen
4 Ätna-Ginster
Hülsenfrüchte zugespitzt, mit 2–3 Samen
Schmetterlingsblüte goldgelb

1 Gewöhnlicher Goldregen · *Laburnum anagyroides* · 5–7 m

Blatt

Der Baum oder Strauch wächst wild in lichten Wäldern, Gebüschen und an Hängen von Frankreich über das südliche Mittel- und Osteuropa bis auf die Balkanhalbinsel. Im übrigen Europa ist er ein beliebtes Ziergehölz und konnte stellenweise an sonnigen Hängen verwildern. Die Blätter bestehen aus einem 3–5 cm langen Stiel und drei 4–8 cm langen Blättchen, die unterseits seidig behaart sind. Die um 2 cm langen Blüten duften nicht. Die Früchte platzen an heißen Herbsttagen mit einem hörbaren Knacken auf und schleudern die Samen heraus. Geöffnet bleiben sie mit leicht verdrehten Hälften noch lange an den Zweigen hängen. Alle Pflanzenteile, besonders die Samen, enthalten giftige Alkaloide, die zu Brennen im Mund, blutigem Erbrechen, Schwindel, Lähmung, Kollaps und Tod durch Atemlähmung führen können. Besonders gefährdet sind Kinder, die die etwas nach Erbsen riechenden grünen Hülsen kauen.

2 Alpen-Goldregen · *Laburnum alpinum* · 5 m

Blättchenansatz

Dieser Goldregen blüht etwa 10–14 Tage später als der Gewöhnliche Goldregen. Seine dichten Blütentrauben sind länger, die duftenden Einzelblüten jedoch nur um 1,5 cm lang. Außerdem zeichnet sich diese Art durch 10–13 cm lange, sitzende Blättchen aus, die rasch verkahlen und dann auf beiden Seiten etwas glänzen. Der große Strauch oder mehrstämmige Baum wächst wild von den Südalpen bis Südosteuropa. Gärtner pflanzen ihn viel seltener als die vorige Art oder den Hybrid-Goldregen *(Laburnum* x *watereri)* **(2a)**. Dieser entstand Mitte des 19. Jahrhunderts in einer englischen Baumschule aus einer Kreuzung der beiden beschriebenen Arten. Das raschwüchsige Gehölz steht in den Merkmalen zwischen den Eltern und blüht besonders üppig. Die dreizähligen Blätter haben einen bis zu 10 cm langen Stiel und 2,5–7 cm lange Blättchen.

3 Japanischer Pagodenbaum · *Styphnolobium japonicum* · 12–20 m

Hülsenfrüchte

Der Frost, Hitze und Trockenheit ertragende Baum heißt auch Japanischer Schnurbaum *(Sophora japonica)*. Er stammt aus China und Korea. In Europa steht er an vielen Straßen und in Parks. Er fällt durch die späte Blütezeit von August bis September auf. Die lockeren, rispenartigen Blütenstände entwickeln sich an hell stehenden Bäumen und in heißen Perioden besonders üppig. Die 5–8 cm langen, giftigen Früchte bleiben auch reif geschlossen und hängen den Winter über am Baum. Sie sind typisch eingeschnürt. Die Blütenknospen enthalten das Flavonoid Rutin und eignen sich für Arzneimittel gegen Venenprobleme. Chinesen verwenden die Blüten auch zum Färben von Stoffen. Früher lieferten sie die gelbe Farbe für Mandaringewänder. Instrumentenbauer schätzen das gut zu drechselnde Holz für Musikinstrumente. Die Sorte 'Pendulum' (*Styphnolobium japonicum* 'Pendulum') **(3a)** wächst sehr malerisch und bizarr. Sie bildet in der Regel keine Blüten. Gärtner veredeln sie meist als Hochstamm. Der Kleinblättrige Schnurbaum (*Sophora microphylla)* **(3b)** aus Neuseeland erträgt kaum Frost und eignet sich nur in milden Gegenden als kleiner Zierbaum für Gärten. Die 2,5–3,5 cm langen Blüten hängen in Trauben.

1 Gewöhnlicher Goldregen

Rinde lange glatt und grünlich

Blütentraube 10–30 cm lang

Blättchen kurz gestielt

Hülse ungeflügelt

2 Alpen-Goldregen

Blütentraube 15–40 cm lang

Hülse am oberen Rand geflügelt

3 Japanischer Pagodenbaum

Blüten gelblich weiß, bis zu 2 cm groß

Blatt mit 9–15 ganzrandigen Blättchen

2a Hybrid-Goldregen

Blütentraube bis zu 50 cm lang

Hülse mit nur 1–2 entwickelten Samen

3a Japanischer Pagodenbaum 'Pendulum'

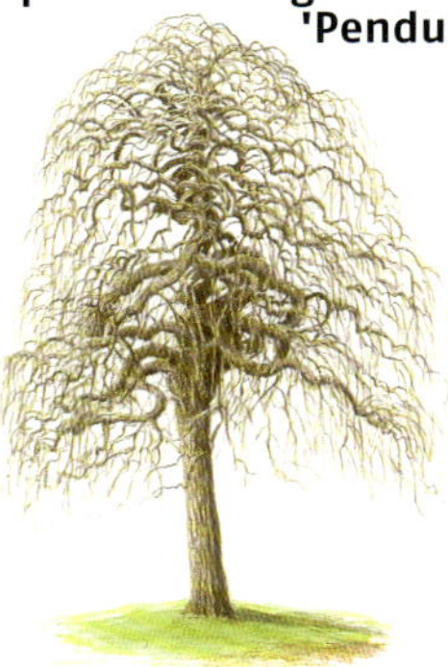

3b Kleinblättriger Schnurbaum

Blättchen bis zu 8 mm lang

Schmetterlingsblüten mit röhriger Krone

1 Kentucky-Gelbholz · Amerikanisches Gelbholz · *Cladrastis lutea* · 8–15 m

Holz

Die Blätter des frostharten Baumes erinnern an die einer Esche (S. 212). Sie stehen jedoch wechselständig. Die duftenden Blüten bilden bis zu 40 cm lange Doppeltrauben. Die Zweige brechen leicht ab, vorauf der Name *Cladrastis* Bezug nimmt (griechisch *klados* = Zweig, *rhaio* = zerbrechen). Amerikanische Siedler verwendeten das gut zu drechselnde Holz für Gewehrkolben oder kochten es aus, um den gelben Farbstoff zu gewinnen. Damit färbten sie ihre Stoffe.

2 Gewöhnlicher Korallenbaum · *Erythrina crista-galli* · 9 m

Blüte

Die Nationalblume von Argentinien und Uruguay gedeiht in den wärmeren Regionen Europas in Gärten. In Mitteleuropa eignet sie sich als Kübelpflanze. Die Zweige und Blattstiele tragen kräftige Stacheln. Die Trauben mit den 3,5–6 cm langen Blüten erscheinen von August bis September. In Südeuropa wachsen als Ziergehölze auch der in den Savannen von Ost- bis Südafrika beheimatete Abessinische Korallenbaum *(Erythrina abyssinica)* **(2a)**, der von Mexiko bis Südbrasilien vorkommende Prächtige Korallenbaum *(Erythrina speciosa)* **(2b)** sowie der Echte Korallenbaum *(Erythrina corallodendron)* **(2c)** von den Westindischen Inseln. Die beiden letzten Arten ähneln sich stark, der Prächtige Korallenbaum hat jedoch ganz rote Samen. Fliegende Händler bieten oft Schmuckketten aus den Samen an. Da sie stark giftige Alkaloide enthalten, empfiehlt es sich nicht, diese auf bloßer Haut zu tragen.

3 Tipubaum · Stolz von Bolivien · *Tipuana tipu* · 8–20 m

Flügelnuss

Der südamerikanische Baum erträgt Trockenheit und Salz. In der Sahelzone, in Städten um das Mittelmeer wie Kairo, Tunis und Jerusalem sowie in Lissabon gehört er zu den häufigen Stadtbäumen. Ohne Blüten und Früchte erinnert er an eine Gewöhnliche Robinie (S. 112). Er besitzt aber keine Dornen und fast gegenständige Blätter. Seine um 2 cm breiten Blüten hängen in Trauben. Die Nüsse tragen einen um 4 cm langen Flügel und ähneln der Teilfrucht eines Ahorns (S. 150). Das Holz kommt als „Rosenholz" in den Handel. Diese Bezeichnung gilt jedoch für mehrere südamerikanische Hölzer, die etwas nach Rosen duften. Möbelschreiner verstehen darunter meistens Holz von der verwandten Gattung *Dalbergia*. Das für Parfum verwendete Rosenholz-Öl stammt von dem Lorbeergewächs *Aniba rosaeodora*.

4 Amerikanischer Geweihbaum · *Gymnocladus dioicus* · 15–30 m

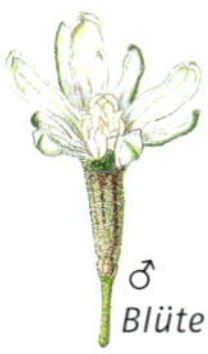
♂ Blüte

Besonders im Winter wirkt dieser nordamerikanische Baum recht bizarr. Seine Krone besteht nur aus wenigen dicken, knorrigen Ästen und Zweigen. Im Sommer verschwindet dieser Eindruck, da die Spindeln der gegenständigen Blätter die Funktion von Zweigen übernehmen. Im Herbst fallen die Blättchen goldgelb ab, die Blattspindeln bleiben noch länger am Baum sitzen. Im Frühsommer erscheinen Rispen mit kleinen, duftenden Blüten, die zweihäusig verteilt sind. Amerikaner nennen den Baum „Kentucky Coffeetree". Dort rösteten die europäischen Siedler die Samen und brauten Kaffeeersatz daraus.

2 Gewöhnlicher Korallenbaum
Same braun, gesprenkelt
Hülsenfrucht zwischen den Samen eingeschnürt
Blatt mit 3 großen Blättchen
1 Kentucky-Gelbholz
Blüten 2,5–3 cm lang
Blatt mit versetzt angeordneten Blättchen
Hülsenfrucht riemenartig flach, 7–8 cm lang
Schmetterlingsblüten schmal länglich
Blüten mit langen, dünnen Kelchzipfeln
Same rot mit schwarzem Fleck
2c Echter Korallenbaum
Äste stachelig
2b Prächtiger Korallenbaum
Same rot mit schwarzer Anwachsstelle
2a Abessinischer Korallenbaum
Schmetterlingsblüte goldgelb
3 Tipubaum
Blatt mit 7–12 Paar Blättchen
Blatt doppelt gefiedert, bis über 80 cm lang
Hülsenfrucht 10–15 cm lang
4 Amerikanischer Geweihbaum

1 Amerikanische Gleditschie · Lederhülsenbaum · *Gleditsia triacanthos* · 20 m

Hülsenfrucht

Der Trockenheit ertragende Baum aus Nordamerika steht häufig in europäischen Städten. An manchen Stellen in Mittel- und Südeuropa konnte er bereits verwildern und sich einbürgern. Da er Abgase gut erträgt, gedeiht er auch an vielbefahrenen Straßen. Dort pflanzen Stadtgärtner besonders die Sorte 'Inermis', der die charakteristischen, sehr gefährlichen Dornen fehlen. Im Winter fällt der Baum durch die bis zu 40 cm langen, reif rotbraunen, etwas gedrehten Früchte auf. Diese bleiben oft bis ins Frühjahr am Baum hängen. Ihre gerösteten Samen lieferten den amerikanischen Siedlern in Notzeiten einen Kaffeeersatz. Aus dem Fruchtbrei brauten sie ein bierartiges Getränk.

2 Kanadischer Judasbaum · *Cercis canadensis* · 6–10 m

Blattstiel

Dieser Baum steht seltener in europäischen Gärten als die folgende Art, entwickelt sich aber ebenfalls zu einem prächtigen Ziergehölz mit üppigen, vor dem Laubaustrieb erscheinenden Blüten und gelber Herbstfärbung. Bei allen Judasbäumen sitzen die Blüten nicht nur an zweijährigen Zweigen, sondern als eine Besonderheit auch direkt am Stamm.

3 Gewöhnlicher Judasbaum · *Cercis siliquastrum* · 3–10 m

Hülsenfrucht

Ursprünglich stammt der Baum aus Südosteuropa und Kleinasien. Seit der Antike entwickelte er sich zu einem der beliebtesten Zierbäume in Süd- und Südosteuropa. Auch in Westeuropa und den wärmeren Gebieten Mitteleuropas gedeiht er in Parks und Gärten, ist allerdings weniger winterhart wie die vorige Art. Seine Blätter erinnern an die eines Katsurabaums (S. 34), stehen aber immer wechselständig und haben einen glatten Rand. Die bis zu 10 cm langen Früchte bleiben über den Winter am Baum hängen. Eine Legende erzählt, dass sich Judas an diesem Baum erhängte und die Blüten sich daraufhin vor Scham rot färbten. Nach einer anderen Geschichte sollen die Blätter an die 30 Silberlinge erinnern, die Judas für seinen Verrat erhielt.

4 Johannisbrotbaum · *Ceratonia siliqua* · 4–10 m

♂ Blüten

Der immergrüne Baum stammt aus dem östlichen Mittelmeerraum. Er befindet sich schon seit etwa 4000 Jahren in Kultur und konnte sich bis zum frühen Mittelalter rund um das Mittelmeer ausbreiten. In Mittel- und Nordeuropa gedeiht er nur als Kübelpflanze. Die Blüten öffnen sich meist von September bis Oktober. Sie besitzen keine Kronblätter und sind oft zweihäusig verteilt. Die 10–20 cm langen Früchte reifen erst im August oder September des Folgejahrs. In vielen Gegenden dienten sie früher in Notzeiten als Hauptnahrungsmittel. Ihr Mark („Carob") enthält 30–50 Prozent Zucker und damit mehr als Zuckerrohr und Zuckerrüben. Die Samen liefern das Verdickungs- und Bindemittel „Johannisbrotkernmehl", das als Zusatzstoff E 410 in vielen Lebensmitteln wie Eiscreme, Suppen und Joghurt enthalten ist. Diamantenhändler nutzten die Samen früher als Gewichtsmaß „Karat". Sie wiegen recht konstant 0,2 g. Auch heute noch ist das Karat die Gewichtseinheit für Edelsteine.

1 Amerikanische Gleditschie

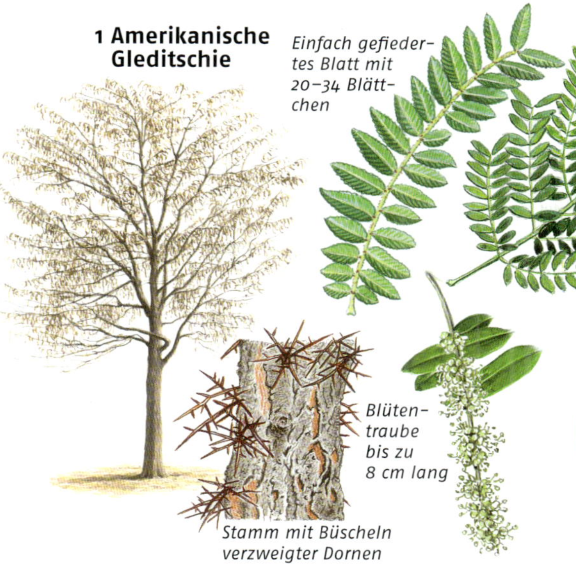

Einfach gefiedertes Blatt mit 20–34 Blättchen

Doppelt gefiedertes Blatt mit 8–14 Fiedern 1. Ordnung

Blütentraube bis zu 8 cm lang

Stamm mit Büscheln verzweigter Dornen

2 Kanadischer Judasbaum

Blatt herzförmig, zugespitzt

Schmetterlingsblüte um 1 cm lang

3 Gewöhnlicher Judasbaum

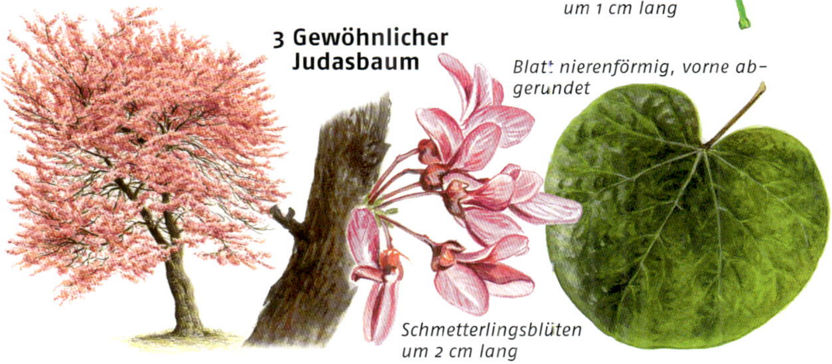

Blatt nierenförmig, vorne abgerundet

Schmetterlingsblüten um 2 cm lang

4 Johannisbrotbaum

Blatt mit 2–5 Paar ledrigen Blättchen

Blütentraube sitzt am Stamm

Hülsenfrucht mit Fruchtmark und Samen

1 Bunte Bauhinie · Orchideenbaum · *Bauhinia variegata* · 6–12 m

Blatt

Der aus Indien stammende Baum erträgt gelegentliche kurze, leichte Fröste. In südeuropäischen Parks und Gärten ist er eine sehr auffällige Erscheinung. Meistens öffnet er seine Blüten am kahlen Baum oder kurz vor dem Laubaustrieb. Manche Blumenliebhaber vergleichen sie mit Orchideenblüten, obwohl sie anders gebaut sind. Die 6–16 cm breiten Blätter sind dank ihrer Form unverwechselbar. Blumenbinder verarbeiten sie gerne in Trockengestecken. Ihre „Doppelung" mit der 2-lappigen Spitze gab den Anstoß für den wissenschaftlichen Namen: Dieser ehrt die Schweizer Brüder Jean und Gaspard Bauhin, die beide im 16./17. Jahrhundert als Botaniker tätig waren.

2 Flamboyant · Flammenbaum · *Delonix regia* · 7–12 m

Blatt

Der sehr wärmebedürftige Baum aus Madagaskar beschattet in den Tropen viele Parks und Alleen. In den meisten Gegenden Europas ist es ihm im Freiland zu kalt. Hier kommt er nur an wenigen Standorten zur Blüte, z.B. auf den Kanaren und auf Madeira. Die Blüten erwecken den Eindruck, als ob der Baum in Flammen stehen würde und locken Vögel und Bienen als Bestäuber an. Alte Bäume können sich an der Stammbasis verbreitern und Brettwurzeln bilden, wie sie auch bei Feigen (S. 76) auftreten. Die doppelt gefiederten Blätter werden bis zu 60 cm lang. Die flachen Früchte bleiben lange am Baum hängen und prägen sein Erscheinungsbild im blattlosen Zustand. Sie enthalten 30–40 längliche Samen, die unter anderem von Mäusen verbreitet werden.

3 Pfauenstrauch · Stolz von Barbados · *Caesalpinia pulcherrima* · 3–5 m

Blüte

Der kleine Baum oder Strauch ziert viele Gärten in frostfreien Gegenden Südeuropas. In Mitteleuropa lässt er sich als Kübelpflanze kultivieren. Dabei kann er über mehrere Monate hinweg blühen. In seiner Heimat in Zentralamerika und der Karibik locken die Blüten Kolibris an. Diese stehen im Schwirrflug vor den Blüten und tauchen ihren Schnabel hinein, um den vielen dünnflüssigen Nektar zu saugen. Dabei berühren sie die bis zu 7,5 cm langen Staubblätter und werden mit Pollen eingepudert. An der nächsten Blüte übertragen sie diesen auf die Narbe und besorgen so die Bestäubung. Der Paradiesvogelstrauch *(Caesalpinia gilliesii)* (3a) besitzt noch längere Staubblätter. Er stammt aus Argentinien und ist ebenfalls in Südeuropa als Ziergehölz anzutreffen.

4 Borstige Bauernbohne · *Schotia brachypetala* · 15 m

Blüte

In Südafrika gedeiht der rundkronige Baum im Buschland und entlang von Flüssen. In Südeuropa ziert er gelegentlich Gärten und Parks. Die immergrünen Blätter mit den 2,5–8,5 cm langen Blättchen ähneln denen des Johannisbrotbaums (S. 118), haben aber eine schwach geflügelte Blattspindel. Die Blüten bilden dichte Büschel, die meist an älterem Holz stehen. Besonders charakteristisch sind die 5–17 cm langen, holzigen Früchte. Bei ihrer Reife fällt jederseits eine Klappe ab. Die um 2 cm großen braunen Samen sind an ihrer Basis von einem gelben Samenmantel umgeben. Geröstet sind sie essbar.

1 Bunte Bauhinie

2 Flamboyant

3 Pfauenstrauch

3a Paradiesvogelstrauch

4 Borstige Bauernbohne

1 Jerusalemdorn · *Parkinsonia aculeata* · 3–10 m

Dornen

Der Baum oder Strauch stammt aus den Tropen Amerikas. Er übersteht bis zu 9 Monate dauernde Trockenperioden, indem er bei Dürre die winzigen Blättchen abwirft. Photosynthese betreibt er dann noch in der Blattspindel und in den grünen Zweigen. In Südeuropa und auf den Kanaren wächst er als Ziergehölz und behält meistens seine Blättchen. Die 5–10 cm langen Früchte fallen ungeöffnet zu Boden. Der deutsche Name bezieht sich nicht auf die Stadt in Israel, sondern leitet sich vom italienischen *girasol* = „der Sonne zugewandt" ab. Der wissenschaftliche Name ehrt den 1650 verstorbenen englischen Arzt und Botaniker John Parkinson. Die Parkinson-Krankheit dagegen wurde im 19. Jahrhundert von James Parkinson beschrieben. Kassien besitzen ähnliche Blüten, jedoch Blätter mit weniger und größeren Fiedern. Von ihnen sind besonders strauchige Vertreter in frostfreien Gebieten Europas in Kultur. Die Herbst-Kassie *(Senna multijuga, Cassia multijuga)* **(1a)** aus Südamerika bildet auch bis zu 5 m hohe Bäume.

2 Seidenakazie · Schlafbaum · *Albizia julibrissin* · 5–15 m

Blütenstand

Der breitkronige Baum aus den Subtropen Asiens toleriert Trockenheit und leichte Fröste. Er gedeiht in den Mittelmeerländern sehr gut, in Mitteleuropa benötigt er Weinbauklima. Seine 6–10 mm langen Blättchen klappen nachts und bei Regen in einer „Schlafbewegung" zusammen. Die Blütenstände mit den langen Staubblättern erinnern an Pinsel. Die bis zu 20 cm langen Früchte hängen bis in den Winter hinein geschlossen am Baum. Sehr ähnliche rosa Pinselblumen trägt der Regenbaum *(Albizia saman)* **(2a)**. Seine bis zu 40 cm langen Blätter bestehen jedoch aus viel weniger Blättchen. Auch sie legen sich in eine Schlafstellung. Der aus dem tropischen und subtropischen Amerika stammende Baum ist empfindlich gegen Frost. Er lässt sich in Europa nur an wenigen Stellen, z.B. auf Madeira, kultivieren. Seinen deutschen Namen erhielt er, weil das Gras unter ihm auch in Trockenzeiten grün bleibt. In den Tropen tröpfelt es nachts leicht aus seiner Krone. Als Ursache hierfür gelten die Ausscheidungen von blattbewohnenden Zikaden.

3 Schirmakazie · *Paraserianthes lophantha* · *Albizia lophantha* · 5–8 m

Hülsenfrucht

Das aus Westaustralien eingeführte raschwüchsige Ziergehölz benötigt frostfreie Standorte. Es konnte auf den Kanaren aus Gärten verwildern und in die ursprünglichen Lorbeerwälder eindringen. Schon wenige Jahre alte Exemplare bilden im Frühling zahlreiche Blütenstände aus, die oft paarig beieinander stehen. Die um 10 cm langen Früchte enthalten 6–12 schwarze Samen.

4 Roter Puderquastenstrauch · *Calliandra haematocephala* · 3–10 m

Blüte

An frostfreien Standorten in Südeuropa entwickelt sich dieses südamerikanische Gehölz zu einem vielästigen Strauch oder kleinen Baum. Sein wissenschaftlicher Name leitet sich vom griechischen *kallos* = „Schönheit" und *andros* = „Mann" ab und bezieht sich auf die bis zu 5 cm langen Staubblätter.

1 Jerusalemdorn

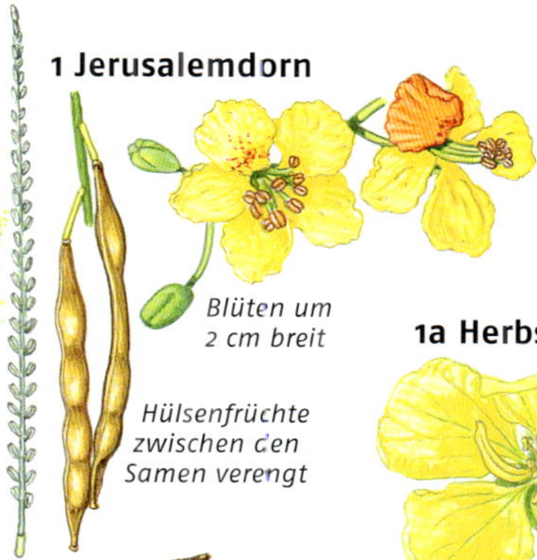

Fiederblättchen nur bis zu 5 mm lang

Hülsenfrüchte zwischen den Samen verengt

Blüten um 2 cm breit

1a Herbst-Kassie

Blüte um 5 cm breit, mit gekrümmtem Fruchtknoten

2 Seidenakazie

Hülsenfrucht flach, dünnwandig, oft wellig

Blatt doppelt gefiedert

2a Regenbaum

Hülsenfrucht dunkel gefärbt, bis zu 20 cm lang

Fiederblättchen bis zu 5 cm lang

3 Schirmakazie

Blütentraube 4–8 cm lang

Blatt bis über 20 cm lang, doppelt gefiedert

4 Roter Puderquastenstrauch

Blatt meist mit 1 Fiederpaar 1. Ordnung

Blütenstände sehr dicht

1 Weißfaden · Weißköpfige Mimose · *Leucaena leucocephala* · 5–18 m

Hülsenfrucht

Das mittelamerikanische, dornenlose Gehölz verbessert in frostfreien Trockengebieten den Boden, liefert Futter und Brennholz. In Europa wächst es als Zierpflanze. Die 12–18 cm langen Früchte springen am Baum auf und entlassen braune Samen. Die Pflanze enthält die giftige Aminosäure Mimosin. Rinder und Ziegen können die Blätter trotzdem fressen, da die Bakterien in ihren Mägen den Giftstoff abbauen. Nicht-Wiederkäuern wie Pferden und Schweinen fehlen diese Bakterien. Sie leiden deshalb an Haarausfall und Gewichtsverlust.

GATTUNG AKAZIEN, *Acacia*

In den Subtropen und Tropen wachsen rund 700–800 Akazien-Arten. Die meist immergrünen Blätter sind gefiedert oder zu verbreiterten Blattstielen (Phyllodien) reduziert. Die Nebenblätter sind oft zu Dornen umgewandelt. Die in Köpfchen oder Ähren sitzenden Blüten fallen durch lang herausragende Staubblätter auf.

2 Silber-Akazie · *Acacia dealbata* · *Acacia decurrens* var. *dealbata* · 4–20 m

Blütenköpfchen

Der australische Baum übersteht leichte Fröste. Er gehört im Süden Europas, besonders in Südfrankreich und Italien, zu den beliebtesten Zierbäumen, befestigt Dünen und Böden und bürgerte sich stellenweise ein. Er gedeiht auch gut in Südwestengland. Die um 6 mm dicken Blütenköpfchen öffnen sich vom Winter bis ins zeitige Frühjahr. Floristen schätzen diese „Mimosen“ für duftende Sträuße. Die 7–12 cm langen, silbrig behaarten Blätter tragen kleine Drüsen an der Basis der Fiedern. Die ähnliche Gerber-Akazie *(Acacia mearnsii, Acacia decurrens* var. *mollis)* **(2a)** ist besonders auf der Iberischen Halbinsel in Kultur und eingebürgert. Ihre Blätter sind meist zottig gelblich behaart.

3 Baileys Akazie · *Acacia baileyana* · 3 m

Blattnektarium

Diese südafrikanische Akazie erträgt keinen Kalk. Gärtner veredeln sie deshalb oft auf andere Arten wie die Wasser-Akazie (S. 126). Bei den Floristen löst sie im April die Silber-Akazie (oben) ab. Ihre hellen Blätter tragen große Nektardrüsen, die Ameisen anlocken. Für sie ist der süße Nektar eine wichtige Futterquelle. Der Baum profitiert von den Besuchern, indem diese Ungeziefer vertilgen und Fressfeinde vertreiben.

4 Antillen-Akazie · *Acacia farnesiana* · 6 m

Hülsenfrüchte

Der mittel- und südamerikanische Baum gilt als eine der am häufigsten kultivierten Akazien. Er eignet sich zur Aufforstung von Halbwüsten, als Windschutz und zur Befestigung von Sand. Im Mittelmeerraum spielen die ätherischen Öle der Blüten für Parfums eine große Rolle. Große Kulturen wachsen an der französischen Riviera zwischen Cannes und Grasse. Pflücker ernten dort ab September die 1–1,5 cm breiten Blütenköpfchen. Bienen sammeln den Pollen, jedoch keinen Nektar für Honig. Für „Akazienhonig“ besuchen sie die Blüten der Robinien (S. 112). Die bis zu 6 cm langen Früchte fallen ungeöffnet zu Boden.

1 Weißfaden
Blüten-
köpfchen
2–5 cm dick
Blatt doppelt gefiedert
Blatt mit
15–20 Fiedern
1. Ordnung
2 Silber-Akazie
Köpfchen in
großen Rispen
Hülsenfrucht
nicht einge-
schnürt
Blütenköpfchen
hellgelb oder
cremefarben
2a Gerber-
Akazie
Hülsen-
frucht zwi-
schen den Samen
etwas eingeschnürt
Blatt doppelt
gefiedert, nur
4–6 cm lang
3 Baileys Akazie
Blütenköpfchen in
achselständiger
Traube
Blütenköpfchen zu 1–5
in den Blattachseln
4 Antillen-Akazie
Zweig zickzackförmig
mit paarigen Dornen
Blatt
mit 2–6 Paar
Fiedern 1. Ordnung

1 Schwarzholz-Akazie · *Acacia melanoxylon* · 10–15 m

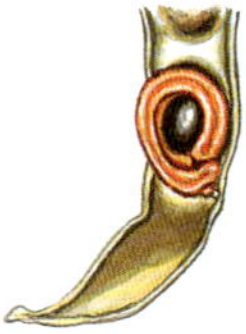
Same

Diese australische Akazie ziert Straßen in Spanien und Portugal und ist auch in Südwestengland beliebt. Ähnlich wie die Silber-Akazie (S. 124) übersteht sie leichte Fröste. An den dornenlosen Zweigen können zweierlei Blatttypen sitzen. Die säbelförmigen bis lanzettlichen Phyllodien werden 6–13 cm lang. Diese verdunsten nur wenig Feuchtigkeit und stellen eine Anpassung an trockene Standorte dar. Besonders junge Pflanzen besitzen zusätzlich doppelt gefiederte Blätter sowie Zwischenformen mit breitem Blattstiel und Fiedern. Die hellgelben, duftenden Blüten öffnen sich im April. Die Samen in den 5–10 cm langen Hülsenfrüchten sitzen auf einem auffällig roten, gewundenen Stiel. Entgegen dem Namen des Baumes ist sein Holz rotbraun und nicht schwarz. Es gilt in Australien als gutes Möbelholz und dient als Ersatz für Nussbaum und Mahagoni.

2 Küsten-Akazie · Rundäugige Akazie · *Acacia cyclops* · 1–10 m

Hülsenfrucht

Diese strauch- oder baumförmige Akazie von den Küsten West- und Südaustraliens stabilisiert Sand und erträgt Salz. In ihren bis zu 15 cm langen Hülsen sitzen die Samen ähnlich wie bei der vorigen Art auf einem verlängerten Stiel. Dieser ist meist orange- bis scharlachrot und liegt gefaltet um den Samen. In den aufgeplatzten Früchten fallen diese Gebilde schon von weitem auf und locken Vögel an. Diese fressen den Samenstiel, scheiden die Samen unverdaut aus und sorgen so für die Verbreitung. Im Gegensatz zur Schwarzholz-Akazie bildet dieses Gehölz keine gefiederten Blätter, sondern ausschließlich 4–9,5 cm lange Phyllodien. Die Blütenköpfe werden 5–7 mm dick.

3 Sydney Gold-Akazie · Langblättrige Akazie · *Acacia longifolia* · 5–9 m

Blütenähren

Der Baum oder Strauch stammt von den Küsten Ostaustraliens. Er erträgt leichten Frost und wächst vor allem in Südeuropa häufiger als Ziergehölz. An den kantigen Trieben sitzen 8–15 cm lange, 1–2 cm breite, grau- bis gelblich grüne Phyllodien. Die hellgelben, etwas streng riechenden Blüten stehen in 3–5 cm langen, zylindrischen Ähren in den Achseln der Phyllodien und öffnen sich im März. Bei dieser Akazie faltet und verdickt sich der Samenstiel so, dass er den Samen in der reifen Frucht teilweise als Samenmantel umschließt.

4 Wasser-Akazie · Immerblühende Akazie · *Acacia retinodes* · 6 m

Blattspitze

Das im Mittelmeergebiet häufig gepflanzte südaustralische Gehölz blüht fast das ganze Jahr. In Frankreich heißt es „Mimose de quatre saisons" (Mimose der 4 Jahreszeiten). Die ziemlich dicht stehenden Phyllodien werden 7–15 cm lang und haben nur 1 Längsnerv und Fiedernervatur. Im Gegensatz zur Blaublättrigen Akazie (S. 128) orientieren sie sich in alle Richtungen. Auffällig ist auch die oft hakig gebogene Blattspitze. Die hellgelben, duftenden Blütenköpfchen öffnen sich von Februar bis zum Herbst. Auch diese Art besitzt einen auffälligen Samenstiel. Er ist rotbraun bis schwärzlich gefärbt und umschließt den Samen ähnlich wie bei Schwarzholz- und Küsten-Akazien (oben).

1 Schwarzholz-Akazie

2 Küsten-Akazie

3 Sydney Gold-Akazie

4 Wasser-Akazie

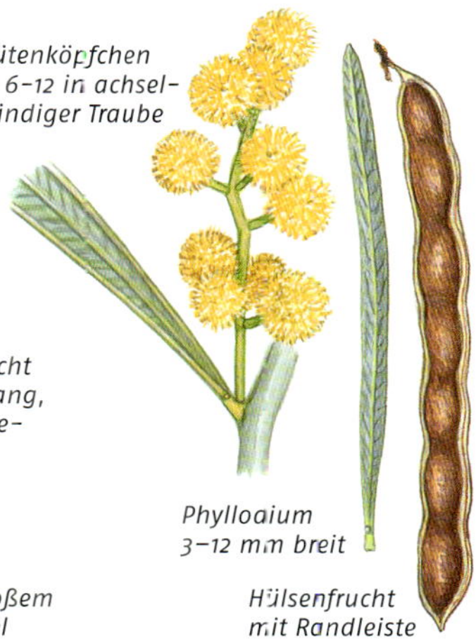

1 Blaublättrige Akazie · *Acacia cyanophylla* · 10 m

Blüten-stand

Diese westaustralische Akazie wächst im Mittelmeerraum oft als dicht verzweigter Zier- und Parkbaum. Ihre Stämme teilen sich oft schon weit unten. Die biegsamen Zweige hängen meist – ebenso wie die 10–25 cm langen, meist 4–20 mm breiten, geraden oder sichelförmig gebogenen Phyllodien. Diese sind blaugrün, besitzen einen auffallenden Mittelnerv und am Grund meist eine Drüse. Die hellgelben, 1–1,5 cm dicken Blütenköpfchen erscheinen zu 2–8 in hängenden Trauben. Die flachen Hülsenfrüchte werden 6–12 cm lang.

2 Gold-Akazie · *Acacia pycnantha* · 12 m

Blüten-stand

Das südaustralische Gehölz ist Nationalblume Australiens und ziert dessen Wappen. Gerber schätzen seine Rinde wie die einiger anderer Akazien als „Mimosarinde". In Südeuropa wächst der dünnstämmige Baum auch als Ziergehölz und für den Schnittblumenhandel. In Süditalien und Portugal ist er stellenweise eingebürgert. Die zu 20–30 cm langen Rispen vereinten, 0,8–1 cm breiten, duftenden, goldgelben Blütenköpfchen öffnen sich von März bis April. Ohne Blüten erinnert der Baum an einen Eukalpytus (S. 132). Mit seinen mehr oder weniger hängenden Zweigen ähnelt er auch der Blaublättrigen Akazie, hat aber meist breitere, 6–20 cm lange Phyllodien.

3 Quirl-Akazie · *Acacia verticillata* · 9 m

Blattquirle

Das Gehölz aus Ostaustralien und Tasmanien erträgt Frost bis zu –7 °C. Es unterscheidet sich von den vorigen Arten durch die bis zu 2 cm langen, nadelartigen Phyllodien, die meist zu 6 in Quirlen stehen. Die Blütentrauben überragen die Blätter oft nur wenig. Die Samen locken Ameisen und Vögel an. Bevor sie keimen, benötigen sie Hitze, wie sie in ihrer Heimat durch die häufigen Buschfeuer auftritt. Viele Akazien zeigen diese Anpassung an Feuer. Auf frisch abgebrannten Flächen finden die Keimlinge ausreichend Platz und Nährstoffe.

4 Granatapfel · *Punica granatum* · 2–8 m

Beeren-frucht

Lange Zeit stellten Botaniker das Gehölz in eine eigene Familie, einige ordnen es heute den Weiderichgewächsen *(Lythraceae)* zu. Wildformen wachsen von Persien bis zum Hindukusch. Bereits vor Jahrtausenden züchteten die alten Ägypter erste Kultivare. Sie gedeihen auch in versalzten Bewässerungskulturen. In Europa gilt heute Spanien als Hauptproduzent der bis zu 12 cm großen Beerenfrüchte. Die spanische Stadt und Provinz Granada tragen ihren Namen nach der Frucht. Sie diente auch als Vorlage für das bekannte „Zwiebelmuster" auf Porzellangeschirr. Die ersten, im Mittelalter entwickelten Hand"granaten" ähnelten vom Aussehen her Granatäpfeln. *Granatus* bedeutet „körnig, samenreich" und bezieht sich auf die vielen Samen. Die Fächer, in denen sie liegen, bilden 2 Stockwerke in der Frucht. Für den Genuss löffelt man die Samen mit den süß-säuerlich schmeckenden Mänteln aus den aufgebrochenen Früchten oder presst den Saft. Mit Zucker gekochter Saft ergibt „Grenadine", die Cocktails verfeinert. Die Fruchtschale liefert gelbe bis rotbraune Naturfarbe für Teppiche.

1 Blaublättrige Akazie

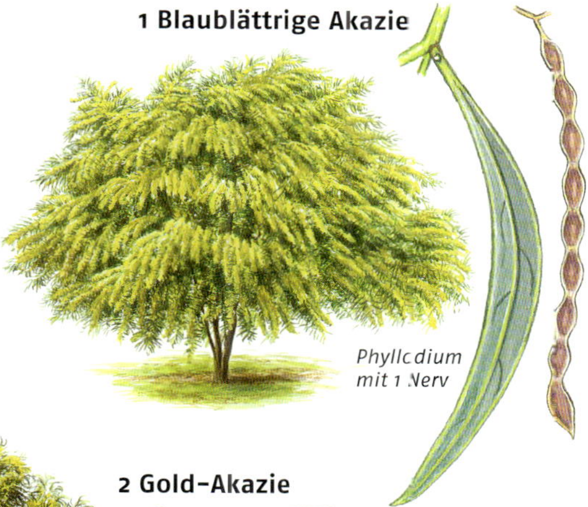

2 Gold-Akazie

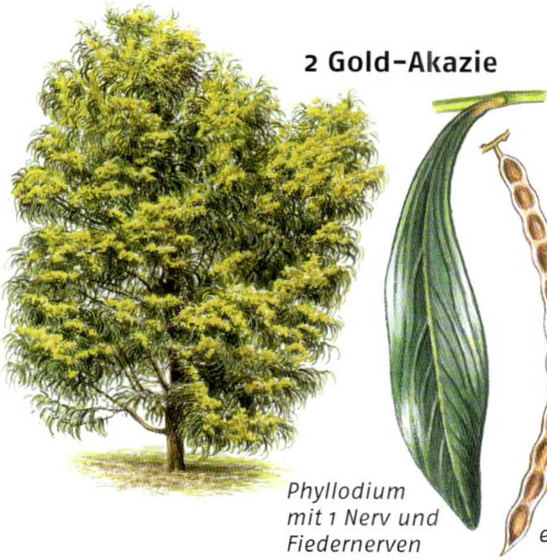

3 Quirl-Akazie

4 Granatapfel

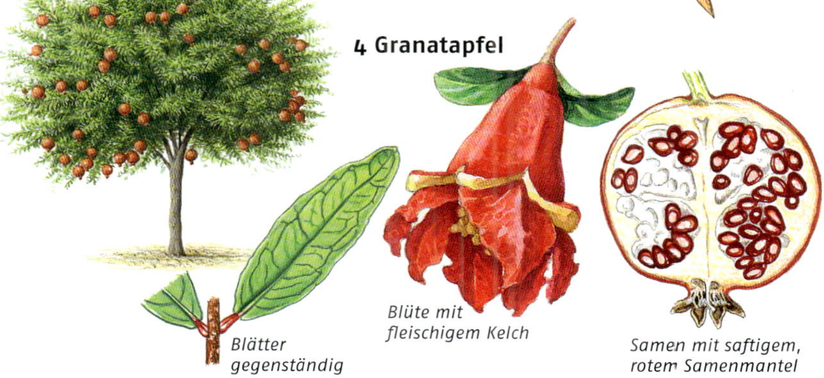

Proteusgewächse *(Proteaceae)*: 1, 2
Myrtengewächse *(Myrtaceae)*: 3, 4

1 Australische Silbereiche · *Grevillea robusta* · 20–35 m

Kapsel-frucht

Den immergrünen ostaustralischen Baum verbindet nur der Name mit den Eichen (S. 52). Er gehört zu den in Australien und Südafrika verbreiteten Proteusgewächsen. In warmen Klimazonen eignet sich das trockenheits- und salztolerante Gehölz als Windschutz sowie zur Aufforstung von Ödflächen. Im südlichen Europa beschattet es Straßen und Plätze und steht in Parks. Seine 10–35 cm langen Blätter schimmern jung auf beiden Seiten silbrig, später glänzt nur noch die Unterseite. Zur Blütezeit leuchten ganze Bereiche des Baumes orange. Die Blüten enthalten viel Nektar, der Nektarvögel anlockt. Obwohl diese Bestäuber in Europa fehlen, bilden die Bäume auch hier ihre um 2 cm langen Früchte aus. Sie entwickeln sich dann nach Insektenbesuchen. Meist rauben die Insekten jedoch den Nektar, ohne Pollen auf die Narben zu übertragen.

2 Nadelblättriges Nadelkissen · *Hakea sericea* · 7 m

Blätter

Das australische Gehölz erträgt Trockenheit und Wind. Es kam für Schutzhecken und als Zierpflanze nach Südeuropa. In einigen Gebieten Spaniens und Südfrankreichs, zum Beispiel an der Côte d'Azur, konnte es verwildern und sich einbürgern. In Portugal gilt es als invasiver Neubürger. Seine um 6 cm langen, immergrünen Blätter sind so steif und dornig, dass ein undurchdringliches Gestrüpp entsteht. Die Früchte bleiben jahrelang an den Zweigen und öffnen sich erst, wenn die Pflanze abstirbt oder ein Brand über sie hinweggeht. Ein weiteres Proteusgewächs, das in milden Gegenden Westeuropas, besonders in Großbritannien, gelegentlich in Gärten wächst, ist der bis zu 12 m hohe Chilenische Flammenbusch *(Embothrium coccineum)* **(2a)**. Seine Blüten stehen in Trauben.

3 Trauer-Zylinderputzer · *Callistemon viminalis* · 5–10 m

Kapsel-früchte

Das im Wuchs an eine Trauer-Weide (S. 184) erinnernde, immergrüne Myrtengewächs gedeiht wild an Wasserläufen Ostaustraliens. Im Mittelmeerraum ziert es viele Parks und Gärten. In Mitteleuropa verkaufen Gärtner es als dekorative Kübelpflanze. Die in flaschenbürstenartigen Ähren sitzenden Blüten öffnen sich vom späten Frühling bis Mitte Sommer. Sie bilden mit ihren langen Staubfäden „Pinselblumen", die in ihrer Heimat nektarfressende Vögel anlocken. Diese setzen sich auf die Zweige, trinken den Nektar und bestäuben dabei die Blüten. Die 5–6 mm dicken Früchte öffnen sich meist erst nach einem Buschbrand. Dessen Hitze erhöht gleichzeitig die Keimfähigkeit der Samen, die auf dem aschereichen Boden einen idealen Keimplatz finden.

4 Karminroter Zylinderputzer · *Callistemon citrinus* · 3–5 m

Einzelblüte

Die dichten Äste dieses Zylinderputzers hängen kaum. Da er Rückschnitte sehr gut erträgt, eignet er sich im Mittelmeerraum nicht nur als Zierpflanze, sondern auch für große Hecken. Als Kübelpflanze in Mitteleuropa blüht er mehrmals im Jahr, sofern er im Sommer einen sonnigen Platz im Freien erhält und im Winter in einem hellen Wintergarten steht. Die immergrünen Blätter duften beim Zerreiben angenehm nach Zitrone.

1 Australische Silbereiche

Rinde gefurcht

Blüten in einseitswendigen, waagerechten Trauben

Blatt farnartig gefiedert

2 Nadelblättriges Nadelkissen

Blüten sitzen in den Blattachseln

Kapselfrucht holzig, 3–4 cm groß

Blattform sehr variabel

Blüten 5–10 cm lang

2a Chilenischer Flammenbusch

3 Trauer-Zylinderputzer

Blatt schmal lanzettlich, 7–10 cm lang

Blütenähre 8–20 cm lang

Blütenähren 5–10 cm lang

Blatt 3–6 cm lang

Kapselfrüchte kugelig, um 6 mm groß

4 Karminroter Zylinderputzer

GATTUNG EUKALYPTUS, *Eucalyptus*

Die Heimat fast aller der rund 400 immergrünen Eukalyptus-Arten liegt auf dem australischen Festland und auf Tasmanien. Die Blütenkrone ist zu einer festen Haube umgebildet. Wenn diese abfällt, entfalten sich die zahlreichen Staubblätter. Häufig unterscheiden sich die Jugendblätter von den wechselständigen Altersblättern.

1 Blaugummibaum · Fieberbaum · *Eucalyptus globulus* · 10–55 m

geflügelter Zweig

Dieser Eukalpytus wächst in großem Umfang im Mittelmeergebiet, auf der Iberischen Halbinsel und den Kanaren. Da er sehr viel Wasser aufnimmt, kann er Sumpfgebiete trockenlegen. Außerdem liefert er viel Holz. In empfindlichen Gebieten wie auf den Kanaren können durch seinen Anbau Ökosysteme durcheinandergeraten. Dies geschieht nicht nur, weil die Böden austrocknen, sondern auch weil die Bäume Hemmstoffe abgeben, die andere Pflanzen unterdrücken. Auch andere Eukalyptus-Arten zeigen diese Eigenschaften. Sie werden aber in Europa nicht so großräumig gepflanzt. Das typisch duftende ätherische Öl dient als Hustenmittel.

2 Roter Eukalyptus · Rotgummibaum · *Eucalyptus camaldulensis* · 10–20 m

Knospenbüschel

In Australien beschattet der Baum Flüsse in Trockengebieten. Er befestigt die Ufer und erträgt Überflutung. Weltweit gehört er zu den am häufigsten kultivierten Eukalyptus-Arten. Auch rund um das Mittelmeer liefert er hartes, rot gefärbtes Holz, dient als Windschutz und verhindert Erosionen. Die Ureinwohner Australiens nutzten die Rinde für Kanus. Die in Büscheln zu 7–11 stehenden Knospen der blassgelben Blüten fallen durch ihre besonders lange Haube auf. Die Blätter duften ähnlich wie der Blaugummibaum.

3 Zitronen-Eukalyptus · *Eucalyptus citriodora* · 12–40 m

Blütenstand

Der Name weist auf das auffälligste Merkmal dieses Baumes hin: Der Duft seiner Blätter hat nichts mit dem Hustenbonbon-Geruch der meisten Eukalyptus-Arten zu tun, sondern gleicht dem von Zitronen. Wild wächst der Baum in Trockenwäldern Ostaustraliens. Australier schätzen ihn wegen seines gemaserten Holzes. In Europa pflanzen Förster und Gärtner ihn besonders im westlichen Mittelmeerraum und in Portugal. Von den Jugendblättern stehen nur die ersten 2–4 Paar gegenständig. Die Blütenrispen sitzen in den Blattachseln.

4 Purpur-Eukalyptus · Feigenblättriger Fieberbaum · *Eucalyptus ficifolia* · 10 m

Blüte

Dieser Eukalyptus bildet an der Küste Südwestaustraliens oft mehrstämmige, breitkronige Bäume. Sein auffälligstes Merkmal sind die um 2,5 cm breiten Blüten. Sie stehen im August in großen Rispen an den Zweigenden. Dank seines Zierwertes wächst der Baum auch in einigen südeuropäischen Städten. Floristen schätzen die großen, an einen Pfeifenkopf erinnernden Früchte für Trockengestecke. Australische Scouts durchbohren diese und fädeln ihre Halstücher hindurch. Die Blätter erinnern an die von immergrünen Feigen (S. 76).

Rinde
Jugendblätter
Altersblätter
Kapselfrucht
1 Blaugummibaum
löst sich in langen Streifen
sitzend, eiförmig bis breit lanzettlich
hängend, bis zu 30 cm lang
bis zu 3 cm lang, kegelförmig
2 Roter Eukalyptus
dunkel, löst sich in Streifen
bläulich grün, 6–9 cm lang
mit einigen schwarzen Drüsen, 8–30 cm lang
5–8 mm lang, mit spreizenden Klappen
3 Zitronen-Eukalyptus
glatt, gesprenkelt
behaart, genabelt
lanzettlich, grün, 7–23 cm lang
0,8–1,5 cm lang, eiförmig
4 Purpur-Eukalyptus
rau, längsfaserig
eiförmig, gestielt
unterseits hell, bis zu 15 cm lang
2–4 cm lang, urnenförmig

1 Rutenförmiger Eukalyptus · *Eucalyptus viminalis* · 10–30 m

Altersblatt

Die Blätter dieses in Australien weit verbreiteten Eukalyptus zählen zu den wichtigsten Futterquellen für Koalas. Der Beutelbär ernährt sich ausschließlich von den Blättern rund 70 verschiedener Eukalyptus-Arten. Der Pflanzensaft dieser Art enthält bis zu 15 Prozent Zucker, so viel, dass dieser zu manchen Zeiten aus den Blättern austritt und zu weißen Schuppen kristallisiert. Aborigines sammeln schon seit Jahrtausenden dieses „Australische Manna". Das Gehölz wächst auch in milden Gegenden Süd- und Westeuropas rasch zu einem geradstämmigen Baum. Förster pflanzen ihn dort als Windschutz und Holzlieferant. Die 10–18 cm langen, hängenden Altersblätter erinnern an die von Weiden (S. 184). Die Jugendblätter werden nur 5–10 cm lang. Die Stämme tragen auf den ersten 2–6 m eine raue Rinde, erst darüber löst sie sich ab.

2 Bangalay · Bastardmahagoni · *Eucalyptus botryoides* · 20 m

Rinde

Der stattliche Baum wächst in Trockenwäldern und auf älteren Sanddünen in Südostaustralien. In Südeuropa wird er gelegentlich angepflanzt. Sein gerader Stamm eignet sich als mahagoniähnliches Nutzholz. Die raue Rinde löst sich auch an älteren Stämmen nicht ab. Besonders leicht ist die Art an den 7–12 mm langen Früchten zu erkennen, die auffällig dicht beieinander stehen. Der Artname *botryoides* beschreibt die Fruchtstände als ähnlich dicht wie Weintraubenbüschel. Nah verwandt ist der Derbstielige Eukalyptus *(Eucalyptus robusta)* (2a), der in Ostaustralien in Salzmarschen und Brackwassergebieten wächst. Er liefert die Hauptnahrung für die dort lebenden Koalas. Seine Früchte sind größer und stehen auf kurzen, abgeflachten Stielen.

3 Tuart-Baum · *Eucalyptus gomphocephala* · 10–35 m

Kapselfrüchte

In Australien wächst der ausladende Baum besonders in Küstennähe. Der gegen Trockenheit und Wind resistente Pionier lässt sich auch rund um das Mittelmeer und auf der Iberischen Halbinsel kultivieren. Der Artname *gomphocephala* heißt „nagelköpfig" und bezieht sich auf die Blütenknospen mit den großen, dicken Deckeln. Die Dolden mit den 3–7 höchstens kurz gestielten Blüten stehen auf 2–4 cm langen, dicken, abgeflachten Stielen in den Blattachseln. Die 1,3–2 cm langen Kapselfrüchte wirken wie abgeschnitten. Die Jugendblätter sind eiförmig, bis zu 7 cm lang. Die Rinde ähnelt etwas der des Bangalay.

4 Schnee-Eukalyptus · *Eucalyptus pauciflora* ssp. *niphophila* · 10–15 m

Zweig im Winter

In Gebirgen Südostaustraliens gedeiht der Baum bis zur Baumgrenze. Er erträgt bis zu −20 °C und große Schneemengen. In Westeuropa, aber auch vielerorts in Mitteleuropa lässt er sich im Freien kultivieren und eignet sich als Exot für große Gärten und Parks. In Großbritannien testeten Förster ihn sogar als Forstbaum. Er erwies sich jedoch als wenig ertragreich. Die oft mehreren Stämme zeigen meist einen Drehwuchs und sind hin- und her gebogen. Die Zweige leuchten im Winter rot, sobald das neue Laub austreibt, färben sie sich bläulich weiß.

1 Rutenförmiger Eukalyptus
Kapselfrüchte in 3er-Gruppen, um 6 mm groß
Rinde hell, löst sich in langen Streifen
Blütenknospen mit halbkugeligen Deckeln
2 Bangalay
Altersblatt breit lanzettlich, 10–16 cm lang
Fruchtstand mit 7–11 fast sitzenden Kapselfrüchten
Altersblatt 12–17 cm lang, schmal zugespitzt
2a Derbstieliger Eukalyptus
Blütenknospen mit langspitzigem Deckel
Blütenknospen mit großem Deckel
3 Tuart-Baum
Kapselfrucht 1,2–1,5 cm lang
4 Schnee-Eukalyptus
Dolden mit 5–12 Blüten
Rinde bunt gestreift
Jugendblätter breit lanzettlich

1 Mostgummi-Eukalyptus · Tasmanischer Eukalyptus · *Eucalyptus gunnii* · 25 m

Blütenknospen

Gärtnereien bieten das Gehölz aus dem tasmanischen Hochland als Kübelpflanze an. Es kann mit Winterschutz in Weinbaugebieten auch dauerhaft im Freien wachsen. An weniger günstigen Standorten pflanzen Gärtner die Art als attraktives, einjähriges Grün in Blumenrabatten. Floristen schätzen die weißlichen Zweige mit den gegenständigen Jugendblättern als haltbares, dekoratives Schnittgrün. Die Blätter duften viel schwächer als die anderer Eukalyptus-Arten. Sie wirken deshalb weniger abschreckend auf Fraßfeinde. Abgefressene oder beschnittene Bäume können sich jedoch gut regenerieren. Der Baum produziert einen sehr süßen Pflanzensaft, der wie Ahornsaft (S. 156) nach Anbohren der Rinde ausfließt. Er lässt sich zu einem mostartigen Getränk vergären.

2 Urnen-Eukalyptus · *Eucalyptus urnigera* · 10–30 m

Jugendblätter

Dieser Eukalyptus besitzt eine ähnliche Frosthärte wie die vorige Art. Seine Heimat beschränkt sich auf ein kleines Gebiet in Südosttasmanien. Dort wächst er auf steinigen Hängen und in Bergwäldern. In vielen Gebieten spielt er als Zierbaum und als Windschutzgehölz eine Rolle. Die Jugendblätter ähneln der vorigen Art, werden aber bis zu 8 cm lang. Die 5–9 cm langen Altersblätter besitzen oft eine stumpfe Spitze. Der Artname bezieht sich auf die auffällige Form der um 15 mm langen Kapselfrüchte.

3 Guave · *Psidium guajava* · 10 m

Beere

Schon im 16. Jahrhundert dehnten die Spanier den Anbau der Guave von Zentralamerika auf Asien aus. Heute wächst der immergrüne, gegenständig beblätterte Baum auch in Südafrika und in frostfreien Gebieten am Mittelmeer. Unreif schmecken die 4–12 cm großen Früchte mit den 4–5 Kelchzipfeln zusammenziehend. Vollreif besitzen sie ein druckempfindliches, hellgrünes bis rosafarbenes Fruchtfleisch. Dieses duftet herrlich, schmeckt aromatisch, etwas quittenähnlich und enthält sehr viel Vitamin C. Viel kleinere Früchte, deren Fleisch auch bei Reife fest und sauer bleibt, besitzt die Araca oder Wild-Guave *(Psidium guineense)* (3a). Im tropischen Amerika dienen sie als Grundstoff für Getränke, Gelee und Speiseeis. In Europa wächst der niedrige Baum meist nur in Sammlungen.

4 Rosenapfel · Rosen-Jambuse · *Syzygium jambos* · *Eugenia jambos* · 7–12 m

Blüte

Der immergrüne Baum aus Indien, Sri Lanka und Malaysia gedeiht in Südeuropa im Freien. In Mitteleuropa eignet er sich als Kübelpflanze. Die bis zu 8 cm großen Blüten fallen durch bis zu 300 Staubblätter auf. Die Früchte, die sich schon an 3–4 Jahre alten Bäumchen entwickeln, werden 3–5 cm groß und tragen noch den vorstehenden 4-teiligen Kelch. Von außen betrachtet ähneln sie Guaven. Doch schon ein Schütteln der reifen Frucht zeigt den Unterschied: Im Rosenapfel klappern die großen, harten Samen im Innern, die Guave bleibt stumm. Das süße Fruchtfleisch entfaltet einen angenehmen, rosenähnlichen Duft.

1 Mostgummi-Eukalyptus

Rinde glatt, grau und weiß

Jugendblätter kreisrund, 2–5 cm breit

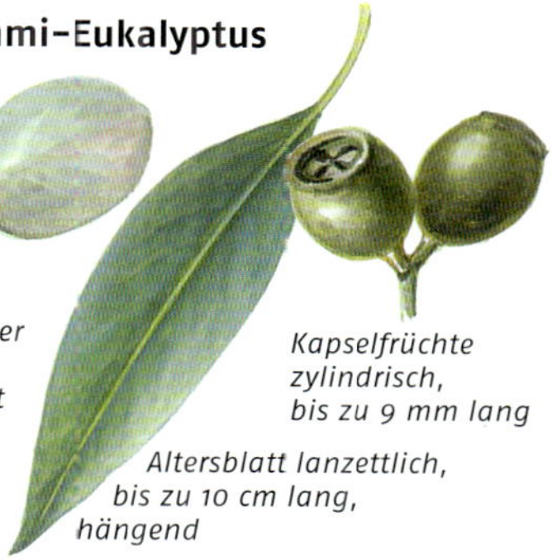

Kapselfrüchte zylindrisch, bis zu 9 mm lang

Altersblatt lanzettlich, bis zu 10 cm lang, hängend

2 Urnen-Eukalyptus

Kapselfrüchte urnenförmig

Altersblatt breitlanzettlich, graugrün

3 Guave

Blüte bis zu 5 cm breit

Blatt unterseits fein behaart

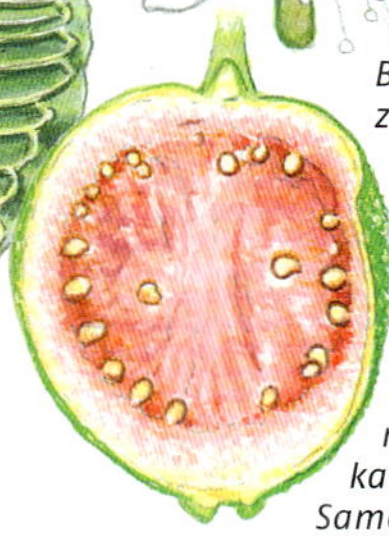

Beere mit vielen kantigen Samen

3a Araca

Blatt elliptisch, bis zu 12,5 cm lang

Beere 1–4 cm groß

4 Rosenapfel

Blatt schmal, bis zu 22 cm lang, gegenständig

Beeren mit 1–4 großen Samen

1 Braut-Myrte · Gewöhnliche Myrte · *Myrtus communis* · 3–5 m

Blatt

Das einzige in Europa heimische Myrtengewächs gedeiht wild in Macchien und den hartlaubigen Wäldern Vorderasiens und des Mittelmeergebiets. In Mitteleuropa gehört es zu den beliebtesten Kübelpflanzen. Die Zweige mit den immergrünen, ledrigen Blättern und den einzeln stehenden Blüten galten bei den Römern als Sinnbild für Jugend und Schönheit. Formen mit bis zu 5 cm großen Blättern lieferten Kränze für Verstorbene. Formen mit viel kleineren Blättern schmückten Hochzeiten, ein Brauch, der ab dem 16. Jahrhundert auch in Deutschland Einzug fand. Die durchscheinend punktierten, gegenständigen Blätter duften zerrieben stark aromatisch. Die Beeren sind essbar. Vor allem in Großbritannien kultivieren Gärtner die bis zu 12 m hohe Luma-Myrte *(Luma apiculata)* (1a). Das südamerikanische Gehölz mit der auffälligen Rinde und den würzigen Blättern wächst dort im Freien zu einem oft mehrstämmigen Baum.

2 Feijoa · Ananasguave · *Acca sellowiana* · 4 m

Beeren

Der immergrüne südamerikanische Baum mit den gegenständigen Blättern wächst als Obstgehölz in vielen subtropischen Ländern. Er erträgt jedoch Frost bis fast −10 °C und kann deshalb auch im Mittelmeerraum gedeihen. Dort steht er als Zier- und Obstgehölz, so in Südfrankreich, Italien und auf Korsika. Die 5–8 cm langen, stark duftenden, einer Guave (S. 136) ähnelnden Beeren enthalten 20–30 kleine, weiche Samen. Sie fallen meist noch hart vom Baum und müssen nachreifen. Dann erinnert ihr süßsäuerlicher und fast etwas parfümartiger, delikater Geschmack an eine Mischung aus Guave und Ananas. Köche dekorieren gelegentlich Salate und Süßspeisen mit den 2–4 cm breiten Blüten. Deren etwas fleischige Blütenblätter schmecken süßlich.

3 Einblütige Kirschmyrte · Surinam-Kirschmyrte · *Eugenia uniflora* · 3–7 m

Blüten

Portugiesen brachten das immergrüne Gehölz auf ihren Seereisen von Brasilien in viele subtropische und tropische Länder. Heute wächst es auch im Mittelmeerraum, auf den Kanaren und Madeira. Es blüht und fruchtet fast das ganze Jahr und eignet sich als Zier-, Hecken- und Obstgehölz. Die als „Pitangas" gehandelten, 2–4 cm dicken, saftigen Früchte schmecken säuerlich-aromatisch. Brasilianer lieben sie schon lange. In Europa gehören sie noch zum Geheimtipp des Südens. Außer zum Rohessen eignen sie sich für Gelee, Chutney und Getränke. Die gegenständigen Blätter duften zerrieben würzig-frisch.

4 Chinesische Kräuselmyrte · Kreppmyrte · *Lagerstroemia indica* · 2–8 m

Blatt

Das gegenständig beblätterte, langsamwüchsige Ziergehölz stammt aus Indien. Es benötigt viel Wärme und gedeiht in Mitteleuropa nur als Kübelpflanze. Im Süden dagegen steht es häufig in Gärten und ziert viele Straßen. Die um 3 cm großen Blüten zeigen je nach Sorte Farbschattierungen von weiß über orange, rosa bis purpurrot und erscheinen über viele Wochen hinweg. Da sie in großen Mengen an den Zweigenden stehen und so entfernt an einen Flieder (S. 214) erinnern, heißt das Gehölz auch „Flieder des Südens".

1 Braut-Myrte

1a Luma-Myrte

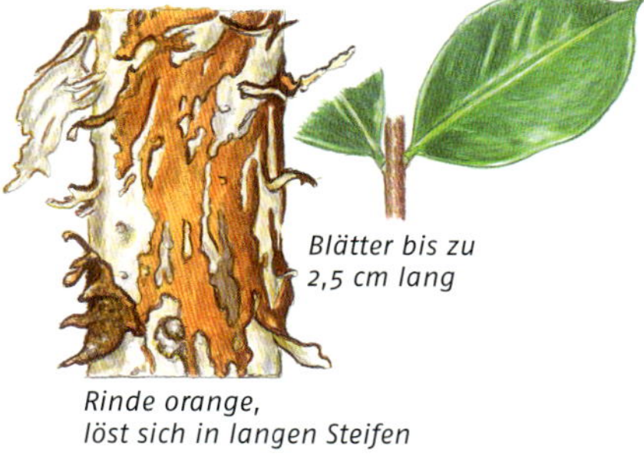

2 Feijoa

3 Einblütige Kirschmyrte

4 Chinesische Kräuselmyrte

GATTUNG ZITRUSFRÜCHTE, *Citrus*

Citrus-Arten besitzen immergrüne Blätter mit oft charakteristisch geflügeltem Stiel. Ihre Früchte sind besondere Beeren. Deren äußere Fruchtwand enthält Drüsen mit duftendem ätherischem Öl. Darunter liegt ein weißes, schwammiges Gewebe. Der innere Teil, das eigentliche Fruchtfleisch, besteht aus mehreren Fruchtfächern. Ihre dünne Haut stülpt nach innen prall gefüllte Saftschläuche ein.

1 Orange · Apfelsine · *Citrus sinensis* · 3–8 m

Frucht

Seit dem 16. Jahrhundert gibt es im Mittelmeerraum Orangen-Kulturen. Der Artname *sinensis* bedeutet „aus China stammend" und beschreibt die Heimat des Gehölzes. Es besitzt einzelne dünne Dornen in den Achseln junger Blätter. Die Früchte werden 8–12 cm groß, bei einigen der rund 400 Sorten auch größer. Blutorangen enthalten im Fruchfleisch rote Anthocyanfarbstoffe. Die Früchte bilden diese nur, wenn die Nächte kühl sind. Bleibt das Wetter warm oder wachsen die gleichen Sorten in den Tropen, bleiben die Früchte hell.

2 Bitterorange · Pomeranze · *Citrus aurantium* · 13 m

Blüte

Das Gehölz gelangte in der Antike von den Südhängen des Himalaya ans Mittelmeer. Die Früchte erinnern an Orangen, besitzen jedoch eine dickere, bittere Schale und ein sehr saures Fruchtfleisch. Oft hängen sie reif noch mehrere Monate am Baum. Ihre Schale liefert kandiert Orangeat, zusammen mit dem Fruchtfleisch gekocht Orangenmarmelade. Sie eignet sich auch für appetitanregende Magentees. Die ätherischen Öle der Blüten und Schalen können den Geschmack von Lebensmitteln korrigieren. Auch Parfumeure schätzen sie.

3 Zitrone · *Citrus limon* · *Citrus* x *limon* · 2–7 m

Blatt

Die Römer brachten den meist stark bedornten Baum von Indien ins östliche Mittelmeergebiet. Von dort breitete er sich insbesondere als Arzneipflanze aus. Die Früchte sollten sogar gegen die Pest helfen. Wissenschaftlich belegt ist der hohe Gehalt an Vitamin C, der viele Seeleute vor Skorbut bewahrte. Außerdem enthalten sie viel Zitronensäure. Dank ihr eignen sich Zitronen für spritzige Getränke. Das Gehölz blüht das ganze Jahr über.

4 Zitronat-Zitrone · *Citrus medica* · 4–5 m

Blatt

Der dornige Baum gelangte über das einst im Iran gelegene Königreich Medien und Persien in den Mittelmeerraum. Der Duft der Früchte erinnert an den von Zedernholz (S. 270). Die Schale nimmt rund 2/3 der Frucht ein und liefert Zitronat bzw. Sukkade. Dazu muss sie erst in Salzwasser fermentieren und dann in Zuckerlösung kochen. Makellose Früchte spielen eine Rolle beim jüdischen Laubhüttenfest. Eine kuriose Varietät ist die Gefingerte Zitrone oder Buddhas Hand *(Citrus medica* var. *sarcodactylis)* (4a). Sie duftet noch stärker als die reine Art. Buddhisten verwenden sie für Zeremonien und um Räume zu parfümieren. Beim chinesischen Neujahrsfest gilt sie als Glücksbringer.

1 Orange

Blatt mit schmal geflügeltem Stiel

Frucht mit Marksäule

2 Bitterorange

Frucht oft innen hohl

Frucht um 7,5 cm dick

Blatt mit geflügeltem Stiel

3 Zitrone

Blüten mit außen rosa Kronblättern

Frucht mit zitzenförmigem Ende

Fruchtfleisch zitronengelb

Blattstiel deutlich von der Spreite abgesetzt

4a Gefingerte Zitrone

Frucht mit fingerartigen Segmenten

4 Zitronat-Zitrone

Frucht bis zu 25 cm lang

Zweig mit kurzen, steifen Dornen

1 Bergamotte · Bergamott-Zitrone · *Citrus bergamia* · 4 m

Frucht quer

Sorten der Bergamotte wachsen schon seit Jahrhunderten im Mittelmeerraum. Genetiker konnten kürzlich zeigen, dass sie aus einer Kreuzung der Bitterorange mit der Zitronat-Zitrone (S. 140) entstanden und damit dieselben Eltern wie die Zitrone (S. 140) haben. Sie ordnen sie deshalb auch in eine „Bergamotte-Gruppe von *Citrus* x *limon*" ein. In Europa beschränkt sich heute der Anbau des dornenlosen Baums fast ausschließlich auf die Küstengebiete Kalabriens. Aus den Schalen fast reifer Früchte lässt sich das duftende ätherische Bergamott-Öl pressen. Dieses parfümiert seit dem 18. Jahrhundert das typische Kölnisch Wasser und ist heute in vielen Eaux de Toilette enthalten. Außerdem sorgt es für das Aroma des Earl-Grey-Tees, verschiedener Liköre und anderer Getränke.

2 Grapefruit · Paradiesapfel · *Citrus* x *paradisi* · 4,5–12 m

Blatt

Die natürliche Hybride zwischen Orange (S. 140) und Pampelmuse (unten) soll Anfang des 18. Jahrhunderts auf den Westindischen Inseln entstanden sein. Der britische Naturforscher Griffith Hughes beschrieb sie 1750 als „verbotene Frucht von Barbados". Möglicherweise galt sie bei den Einwohnern als nicht nutzbar. Ihr Fruchtfleisch schmeckt süß-sauer mit einer mehr oder weniger herb-bitteren Note. Wer Arzneimittel einnimmt, sollte den Saft oder die Früchte allerdings nur nach Rücksprache mit dem Arzt genießen. Ihre Inhaltsstoffe können verschiedene Arzneiwirkungen verstärken oder abschwächen. Der Name „Grapefruit" (englisch = Traubenfrucht) verweist darauf, dass bei einigen Sorten die Früchte ähnlich dicht wie bei Weintrauben hängen.

3 Pampelmuse · Pomelo · *Citrus maxima* · 5–15 m

Frucht

Der aus Thailand und Malaysia stammende, mit langen Dornen bewehrte Baum bildet die größten aller Zitrusfrüchte. Diese können bis über 1,5 kg schwer werden. Ihre Saftschläuche haben eine so feste Wand, dass sie sich voneinander trennen lassen, ohne zu platzen. In vielen Regionen heißen auch die Früchte der Grapefruit Pampelmusen, so dass es zu Verwechslungen kommen kann. Während die Grapefruit im südlichen Europa öfters zu finden ist, gibt es Pampelmusen-Plantagen am Mittelmeer fast nur in Israel.

4 Mittelmeer-Mandarine · Echte Mandarine · *Citrus deliciosa* · 4 m

Frucht quer

Seit Anfang des 19. Jahrhunderts wächst diese aus China stammende Mandarine am Mittelmeer. Ihre Blätter erinnern an die von Weiden (S. 184), weshalb sie auf Englisch „Willowleaf" (= Weidenblatt) heißt. Die dünne Schale sitzt nur locker auf dem Fruchtfleisch. Früher boten Märkte die schmackhaften Früchte häufig als Obst an. Heute ist das aus ihren Schalen gepresste, unverwechselbar duftende Mandarinen-Öl viel wichtiger. Es aromatisiert Getränke und Süßspeisen. Als Obst dagegen dienen meist die Früchte der Gewöhnlichen Mandarine oder Clementine *(Citrus reticulata)* **(4a)**. Ihre Schale hat einen anderen, typischen Duft und lässt sich etwas schwerer abschälen. Dank ihrer Popularität kultivieren Bauern sie im ganzen Mittelmeerraum.

1 Bergamotte

Blatt länglich, mit geflügeltem Stiel

Frucht meist mit bleibendem Griffel

2 Grapefruit

Blüten mit 4 Kronblättern, bis zu 5 cm groß

Blattstiel breit geflügelt

Frucht 10–15 cm groß

Fruchtfleisch auch rosa

3 Pampelmuse

Blüten meist mit 5 Kronblättern

Blattstiel mit bis zu 1 cm breiten Flügeln

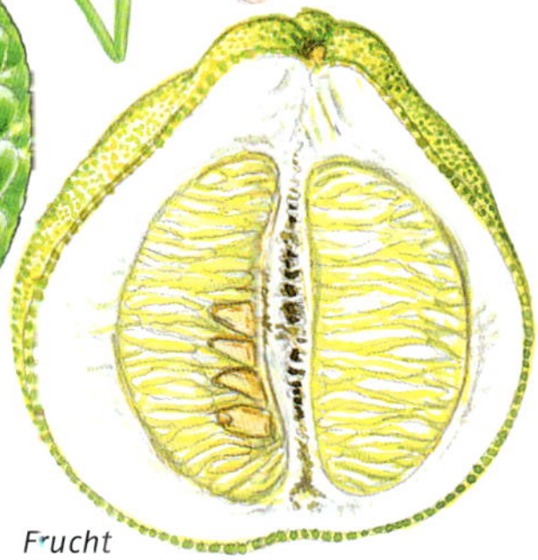

Frucht bis zu 25 cm groß, sehr dickschalig

4 Mittelmeer-Mandarine

Blatt schmalelliptisch, 4–5 cm lang

Früchte um den Stielansatz faltig, vorne eingebuchtet

4a Gewöhnliche Mandarine

Blatt vorne meist eingebuchtet

Frucht meist ziemlich glatt

1 Amur-Korkbaum · *Phellodendron amurense* · 14 m

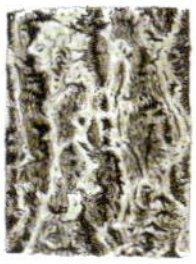
Rinde

Der zweihäusige, ostasiatische Baum ist auch in Mitteleuropa winterhart. Er steht gelegentlich in Parks und an Straßen, in Rumänien und Russland auch im Forst. Die Blättchen der gegenständigen, 25–40 cm langen Blätter zeigen bei Durchlicht drüsige Punkte. Zerrieben riechen sie, ebenso wie die Früchte, nach Terpentin. Der Baum bildet ähnlich wie die Kork-Eiche (S. 60) eine dicke Korkrinde. Sie dient als Isoliermaterial sowie als Flaschenkork. Schreiner verarbeiten das wertvolle, glänzend gelbbraune Holz zu Möbeln. Mit der gelben inneren Rinde lassen sich Wolle und Seide färben.

2 Samthaarige Stinkesche · *Tetradium daniellii* · *Euodia daniellii* · 6–20 m

Samen

Der Baum aus China und Korea steht ziemlich selten in Parks, obwohl er robust gegen Schädlinge und Krankheiten ist und eine wertvolle Bienenweide darstellt. Seine Blüten öffnen sich erst von Juli bis September, wenn es nicht viele andere blühende Gehölze gibt. Viele Menschen empfinden ihren Geruch als unangenehm. Der alte griechische Name *Euodia* bedeutet jedoch „angenehmer Duft". Er bezieht sich auf die etwas nach Zitrone riechenden, gegenständigen Blätter. Die Samen fallen nicht von selbst aus den 1,5–2 cm breiten Früchten, sondern sind auf die Hilfe von Vögeln angewiesen. Wenn diese an dem Samen ziehen, gleitet ein zweiter, kleinerer, weicher Samen mit heraus. Die Vögel verdauen nur diesen, der größere verlässt den Darm unbeschädigt.

3 Dreiblättriger Lederstrauch · Dreiblättrige Kleeulme · *Ptelea trifoliata* · 3–8 m

Herbstfärbung

Das frostharte Gehölz aus dem Osten Nordamerikas eignet sich für Parks und Gärten. In Südeuropa bürgerte es sich stellenweise ein. Die unangenehm riechenden Blüten locken besonders Aasfliegen an. Die Früchte ähneln denen von Ulmen (S. 70), bleiben jedoch bis in den Winter am Baum hängen. Die drüsig punktierten Blätter und unreifen Früchte duften zerrieben aromatisch. Sie enthalten Furanocumarine, die bei Hautkontakt und Sonne verbrennungsähnliche Reaktionen auslösen. Nordamerikanische Bierbrauer verwendeten die Pflanze früher als Hopfenersatz. Hierauf geht ihr englischer Name „Hoptree" zurück.

4 Drüsiger Götterbaum · *Ailanthus altissima* · 20–25 m

Drüsen

Das Gehölz aus China erträgt Trockenheit und Abgase, braucht aber viel Licht. Es steht häufig als Solitärbaum in Parks und ist dort oft von Wurzelbrut umgeben. Seine Samen keimen in Mitteleuropa oft in Teerritzen, an Mauern und auf Schutt, so dass sich der Baum als Neubürger in Städten, Bahnhöfen und Häfen ansiedeln konnte. In Südeuropa bürgerte er sich auch außerhalb der Städte ein. Die zerrieben unangenehm riechenden Blättchen tragen 1–2 Zähnchen mit je einer charakteristischen Drüse auf der Unterseite. Die 3,5–5 cm langen Früchte hängen oft bis ins Frühjahr am Baum. Reißt der Wind sie los, drehen sie sich schraubenartig und fliegen bis über 100 m weit. In China und Teilen Europas fressen die Raupen des Ailanthusspinners *(Samia cynthia)* von den Blättern. Die Kokons des Schmetterlings liefern eine Naturseide.

1 Amur-Korkbaum

2 Samthaarige Stinkesche

3 Dreiblättriger Lederstrauch

4 Drüsiger Götterbaum

1 Echte Mango · *Mangifera indica* · 6–30 m

Einzelblüte

Inder kultivierten den immergrünen Baum schon vor über 4000 Jahren. Heute pflegen ihn Bauern weltweit in den Tropen und Subtropen. Auch in Spanien und anderen Ländern rund um das Mittelmeer gibt es Mango-Haine. Die Blütenstände bestehen aus vielen männlichen und wenigen zwittrigen Blüten. Nur ein paar davon entwickeln sich zu Früchten. Je nach Sorte ist deren oranges Fruchtfleisch saftig-weich oder faserig und schmeckt fruchtig oder terpentinartig. Inder ließen früher ihre Kühe Mangoblätter fressen und fingen den Urin auf. Daraus gewannen sie den Naturfarbstoff „Indischgelb" für Malereien. Heutige Malkästen enthalten unter dieser Bezeichnung eine synthetische Farbe. Das Holz des Baumes ähnelt dem Teakholz und eignet sich für Möbel.

2 Mastixbaum · *Pistacia lentiscus* · 1–5 m

♀ Blüte

In den Macchien und Trockengehölzen des Mittelmeerraumes fällt der immergrüne Strauch oder Baum besonders im Sommer auf. Während andere Gewächse braun werden, präsentiert er seine dunkelgrünen Blätter. Diese fühlen sich ledrig an und besitzen eine breit geflügelte Spindel. Aus der Rinde fließen kleine Tropfen Mastix-Harz, die an der Luft erhärten. Einschnitte in die Rinde erhöhen die Ausbeute. Griechen geben mit Mastix dem Mastika-Schnaps und Retsina-Wein seinen Geschmack. Märkte im Orient bieten es als Kaumittel an. In der Medizin hilft es gegen Magenbeschwerden. Kunsthandwerker schätzen es als Klebemasse für Glas und Edelsteine. Früher schützten auch Maler ihre Ölgemälde mit einem Firnis aus Mastix, das jedoch stark vergilbt.

3 Terpentin-Pistazie · *Pistacia terebinthus* · 2–6 m

Gallen

Das Gehölz wächst in Macchien und lichten Wäldern des Mittelmeergebiets. Nördlich kommt es bis zum Gardasee vor. Aus angeschnittenen Stämmen fließt duftendes Harz, das „Terpentin" des Altertums. Heute versteht man unter Terpentin ein ätherisches Öl aus dem Harz von Kiefern (S. 258). Das Gehölz trägt oft mehrere Zentimeter lange Gallen. Sie bilden sich nach dem Stich der Blattlaus *Aphis pistaciae*. Im Orient dienen sie zum Färben von Seide und Wein.

4 Echte Pistazie · *Pistacia vera* · 10 m

Steinkern mit Same

Bauern im Mittelmeerraum kultivieren den zentralasiatischen Baum wegen seiner Früchte. Er verwildert nur sehr selten. Seine harten Blättchen sind mit bis 10 cm Länge größer als bei den anderen Pistazien. Sie erinnern an die eines Johannisbrotbaums (S. 118), fallen aber im Winter ab und sind unpaarig gefiedert. Im Gegensatz zur Terpentin-Pistazie ist die Blattspindel behaart. Die Steinkerne der Früchte öffnen sich bei der Reife und geben die Samen mit den grünen Keimblättern frei. Geröstet schmecken diese „Pistazien" pur, als Eiskreme oder in Backwaren. Sie liefern auch eine wichtige Zutat für italienische Mortadella. Die Früchte der Atlantischen Pistazie *(Pistacia atlantica)* **(4a)** bleiben kleiner. Für die ländliche Bevölkerung im östlichen Mittelmeergebiet und in Nordafrika sind sie jedoch eine wichtige Nahrung.

1 Echte Mango

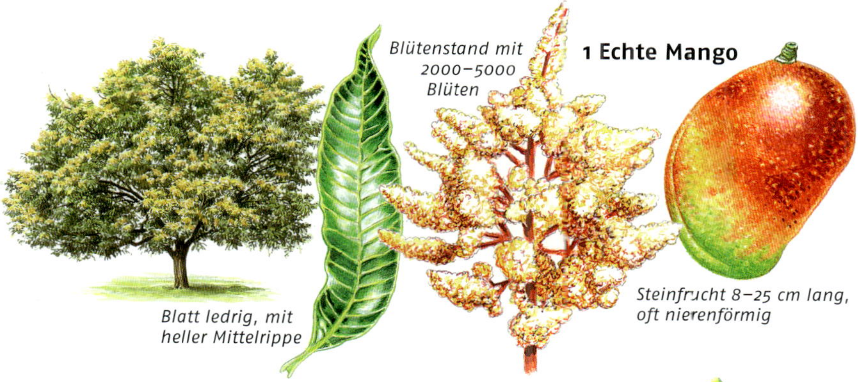

2 Mastixbaum

3 Terpentin-Pistazie

4a Atlantische Pistazie

4 Echte Pistazie

1 Essigbaum · Kolben-Sumach · *Rhus typhina* · *Rhus hirta* · 3–10 m

Frucht-stand

Der nordamerikanische Baum fällt besonders durch seine Herbstfärbung auf. Er steht häufig in Gärten und konnte sich vielerorts in Europa einbürgern. Oft besiedelt er dann Straßenränder, Schuttplätze und Bahndämme. Da er Wurzelbrut bildet und aus Wurzelstücken austreibt, kann er sich zu einem aggressiven Neubürger entwickeln. Der Baum ist zweihäusig. Weibliche Pflanzen lassen sich auch im Winter an den bleibenden, 15–20 cm langen Fruchtständen erkennen. Die Früchte verstärken den sauren Geschmack von Essig und eignen sich für eine erfrischende Limonade. Die Indianer verwendeten ausgehöhlte Zweige für Pfeifen. Europäische Siedler zapften mit diesen Rohren den Zucker-Ahorn (S. 156) an. Baumschulen haben auch den Schlitzblättrigen Essigbaum (*Rhus typhina* 'Dissecta') **(1a)** im Sortiment. Diese Zuchtform besitzt farnartig wirkende Blätter. Der Scharlach- oder Kahle Sumach *(Rhus glabra)* **(1b)** ähnelt dem Essigbaum, lässt sich aber an den Zweigen unterscheiden. Der Gerber-Sumach *(Rhus coriaria)* **(1c)** steht im Mittelmeergebiet im Unterwuchs lichter Wälder und Gebüsche. Gerber verwendeten seine Rinde früher sehr häufig. Heute bietet besonders die Türkei noch solches Leder an. Türkische Händler verkaufen auch „Sumak", die getrockneten Früchte des Gehölzes. Sie schmecken säuerlich-erfrischend und sind dort ein übliches Tischgewürz.

2 Lack-Sumach · *Rhus verniciflua* · 20 m

Blüten-stand

Der raschwüchsige Baum aus China, Japan und dem Himalaya wächst in Europa nur selten in großen Parks. Die überhängenden Blütenrispen werden 15–20 cm lang. Japaner kultivieren ihn als Nutzgehölz. Aus Rindeneinschnitten quillt ein weißlicher Saft, der an der Luft verharzt und einen schwarzen Lack bildet. Dieser emailleartige „Japanlack" überzieht japanische Dosen und Möbel. Allerdings sind Saft und alle anderen Pflanzenteile sehr giftig. Sie enthalten als Urushiole oder Rhusgift bezeichnete Stoffe, die zu den stärksten Kontakt-Allergenen der Natur gehören. Wer eine Rhus-Allergie entwickelt, zeigt schon beim geringsten Kontakt mit der Pflanze heftige Hautreaktionen. Das talgartige Fett der Früchte eignet sich für Kerzen und als Politurmittel.

3 Gewöhnlicher Pfefferbaum · *Schinus molle* · 5–10 m

Blüten

Der immergrüne Baum aus den warmen Trockengebieten Südamerikas ist dürrefest und erträgt kurze, milde Fröste. Er eignet sich zur Aufforstung von trockenen Hängen und steht als Schattenspender in vielen Städten des Mittelmeerraums. In manchen südlichen Gegenden konnte er verwildern. Mit seinen dünnen, hängenden Zweigen erinnert er etwas an eine Trauer-Weide (S. 184). Die zweihäusig verteilten Blüten bilden lockere Rispen. Die 10–30 cm langen Blätter und die Früchte verströmen zerrieben einen typischen, stark würzigen, scharfen Geruch. Ihre ätherischen Öle halten Schadinsekten fern. Die Früchte liefern wie die des Brasilianischen Pfefferbaums *(Schinus terebinthifolius)* **(3a)** den besonders in Pfeffermischungen verwendeten „Rosa Pfeffer" oder „Roten Pfeffer". Dieses Gewürz schmeckt pfefferartig mit einer aromatischen Note.

1 Essigbaum
♂ Blüten in aufrechten Rispen
Steinfrüchte rot behaart
junger Zweig samtig behaart
Blatt bis zu 40 cm lang, mit 11–31 gesägten Blättchen
1a Schlitzblättriger Essigbaum
Blättchen tief fiederschnittig
1b Scharlach-Sumach
junger Zweig kahl, bläulich bereift
1c Gerber-Sumach
Blatt mit 9–15 Blättchen, zottig behaart
Blattspindel geflügelt
2 Lack-Sumach
Blatt mit 7–19 ganzrandigen Blättchen
Steinfrüchte 6–8 mm dick, strohgelb
3 Gewöhnlicher Pfefferbaum
Blatt mit 19–41 schmalen Blättchen
Steinfrüchte 6–8 mm dick
3a Brasilianischer Pfefferbaum
Blatt mit schmal geflügelter Blattspindel
Steinfrüchte um 4,5 mm groß

GATTUNG AHORNE, *Acer*

Die rund 110 Ahorn-Arten besitzen typische Spaltfrüchte, die bei Reife in 2 einsamige, geflügelte Nüsschen zerfallen. Die Blätter sind gegenständig angeordnet. Ihre Form ist sehr variabel, wobei häufig handförmig gelappte Spreiten auftreten.

1 Gewöhnlicher Spitz-Ahorn · *Acer platanoides* · 15–25 m

Winterknospen

Der Baum mit den an eine Platane (S. 36) erinnernden, 12–18 cm breiten Blättern wächst in Laubwäldern von Südschweden über Mitteleuropa östlich bis zum Kaukasus. In Süd- und Südosteuropa gedeiht er vor allem in Gebirgen. Vielerorts verwilderte er aus Forst- und Straßenpflanzungen. Im Frühjahr fällt er schon von Weitem auf, da sich unzählige Blüten vor dem Laub öffnen. Als Ende des 18. Jahrhunderts in Deutschland die Preise für Zucker aus Zuckerrohr anstiegen, zapften Forscher die Stämme an. Der Zuckergehalt des Blutungssaftes liegt bei 3–4 Prozent. Neu gepflanzte Bäume brauchen jedoch zu lange, bis sie Saft liefern. So setzte sich Zucker aus Zuckerrüben durch. Vom Spitz-Ahorn gibt es viele Sorten wie zum Beispiel den Blut-Ahorn 'Crimson King' (*Acer platanoides* 'Crimson King') **(1a)** mit dunklem Laub.

2 Kolchischer Ahorn · *Acer cappadocicum* ssp. *cappadocicum* · 20–25 m

Spaltfrucht

Die Heimat dieses Ahorns reicht von Kleinasien bis Westchina. In Europa steht er häufig in großen Gärten. Der Stamm ist oft gebogen und um die Astnarben stark verdickt. An seiner Basis tritt meist Wurzelbrut auf. Aus der Basis eines abgerissenen Blattstiels tritt wie bei den anderen Arten aus der Verwandtschaft der Spitz-Ahorne etwas Milchsaft aus. Die 8–15 cm breiten Blätter färben sich im Herbst goldgelb.

3 Italienischer Ahorn · *Acer cappadocicum* ssp. *lobelii* · *Acer lobelii* · 30 m

Spaltfrucht

Dieser ebenfalls zu den Spitz-Ahornen gezählte Baum wächst endemisch im südlichen Apennin. Dort steht er in Buchen- und Zerr-Eichen-Beständen, wobei er reichlich Wurzelbrut ausbildet. Gärtner pflanzen ihn nur selten als Ziergehölz. Er ähnelt dem Gewöhnlichen Spitz-Ahorn. Seine Blätter sind jedoch nur 7–13 cm breit und fühlen sich leicht ledrig an. Die Spaltfrüchte mit den nur 1,5–1,8 cm langen Teilfrüchten reifen im September.

4 Berg-Ahorn · *Acer pseudoplatanus* · 25–30 m

Winterknospen

Der Baum ist typisch für mitteleuropäische Gebirge. Nördlich endet sein natürliches Areal im Harz, im Südosten im Kaukasus. Auch in den Pyrenäen und auf dem Apennin wächst er in kühlen, luftfeuchten Lagen. Förster kultivieren ihn in und außerhalb seiner Heimat wegen seines wertvollen Holzes. Es eignet sich für Möbel, Furniere und Musikinstrumente. Die Blüten öffnen sich etwa gleichzeitig mit den Blättern. Die Teilfrüchte werden etwa 3 cm lang. Nah verwandt ist der Griechische Ahorn *(Acer heldreichii)* **(4a)**, der in den Bergwäldern Griechenlands, Bulgariens und Südserbiens beheimatet ist.

1 Gewöhnlicher Spitz-Ahorn

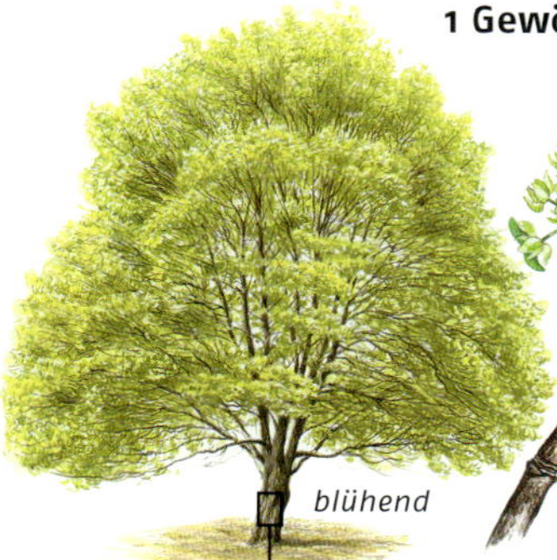

blühend

Rinde nur sehr flach gefurcht

Blüten in kurzen, aufrechten Schirmrispen

Spaltfrucht stark gespreizt

Blatt mit wenigen großen spitzen Zähnen

1a Blut-Ahorn 'Crimson King'

Blätter auch im Sommer rotbraun

2 Kolchischer Ahorn

Blatt mit lang ausgezogenen Lappen

4 Berg-Ahorn

Rinde blättert schuppig ab

Blattlappen bis zur Mitte eingeschnitten

Spaltfrucht mit etwa rechtwinkelig stehenden Flügeln

Blütentraube hängend

3 Italienischer Ahorn

Blatt mit nach vorne gerichteten Spitzen

junger Zweig stark bereift

4a Griechischer Ahorn

Blattlappen fast bis zur Basis eingeschnitten

1 Feld-Ahorn · Maßholder · *Acer campestre* · 5–15 m

Korkleisten

Das Verbreitungsgebiet dieses Ahorns umfasst große Teile Europas und Kleinasien. Im Süden gedeiht er bis in mittlere Berglagen, sonst bevorzugt er Tief- und Hügelländer. Er wächst in Wäldern und an Waldrändern und bildet ein wichtiges Element in Feldgehölzen des Kulturlandes. Landschaftsgärtner schätzen ihn für Hecken und als kleinkronigen Straßenbaum mit meist gelber Herbstfärbung. Die Zweige besitzen häufig auffallende Korkleisten. Bei den 5–12 cm breiten Blättern sind die beiden unteren Lappen kleiner als die übrigen. Der mittlere Lappen teilt sich meist nochmals in 3 stumpfe Lappen. Die Teilfrüchte werden 2,5–3 cm lang. Der Name „Maßholder" leitet sich vom germanischen „Mat" = Speise ab. Die Blätter dienten als Viehfutter und bereicherten – ähnlich vergoren wie Sauerkraut – auch den menschlichen Speisezettel.

2 Kretischer Ahorn · *Acer sempervirens* · 5–10 m

Blattvariante

Das halbimmergrüne, frostempfindliche Gehölz wächst wild nur in Griechenland, auf Kreta und den ägäischen Inseln. In höheren Lagen gedeiht es in Wäldern, in tieferen in Macchien. Es bildet meist krummstämmige Bäume. Ziegen verbeißen den Jungwuchs oft bis zur Höhe von Zwergsträuchern. Das Gehölz regeneriert sich jedoch daraus wieder. Biologen stufen es als ökologisch wertvoll ein, da es im beweideten Buschland vielen krautigen Pflanzen Schutz bietet, die sonst abgefressen würden. Außerdem können seine kräftigen, tiefen Wurzeln steinige Hänge stabilisieren. Im Mittelmeerraum pflanzen Gärtner diesen Ahorn dank seiner auffällig gefärbten Früchte auch als Ziergehölz.

3 Französischer Ahorn · Felsen-Ahorn · *Acer monspessulanum* · 5–11 m

Herbstfärbung

Vom Mittelmeerraum bis in das südliche Mitteleuropa wächst dieser kleine Baum oder große Strauch auf trockenen, warmen Felshängen und in lichten Wäldern. Heutige Vorkommen in der Nähe von Burgen an Rhein, Mosel und Main lassen darauf schließen, dass das Gehölz früher auch in Burggärten stand, was ihm den weiteren Namen „Burgen-Ahorn" einbrachte. Heute kultivieren Gärtner das anspruchslose Gehölz mit der schönen goldgelben bis rotorangen Herbstfärbung als Stadt- und Straßenbaum. Die etwas ledrigen Blätter ähneln denen der vorigen Art. Sie sind aber 3–6 cm breit, haben einen bis zu 4 cm langen Stiel und fallen im Winter immer ab. Die Früchte bestehen aus 2–2,5 cm langen Teilfrüchten.

4 Grüner Balkan-Ahorn · *Acer hyrcanum* · 16 m

Spaltfrucht

Die bis zu 10 cm langen Blätter dieses Baumes ähneln denen des Feld-Ahorns. Bei diesem werden die 3 größeren Lappen jedoch meist nach vorn langsam schmäler. Außerhalb seines natürlichen Verbreitungsgebiets auf der Balkanhalbinsel und im Kaukasus steht der Baum nur selten in Parks. Die Blütenstände mit den wenigen gelblich grünen Blüten öffnen sich vor dem Laubaustrieb. Die Flügel der um 1,5 cm langen Teilfrüchte stehen spitzwinkelig oder neigen sich sichelartig zusammen.

1 Feld-Ahorn

Blüten in aufrechten bis überhängenden Doldenrispen

Spaltfrucht mit waagerechten Flügeln

Blatt mit 3–5 stumpfen Lappen

2 Kretischer Ahorn

Blatt 1–4 cm lang, kurz gestielt

Blüten aufrecht, grünlich

Spaltfrucht mit parallelen Flügeln

3 Französischer Ahorn

Blüten in überhängenden Doldenrispen

Blatt mit 3 eiförmigen Lappen

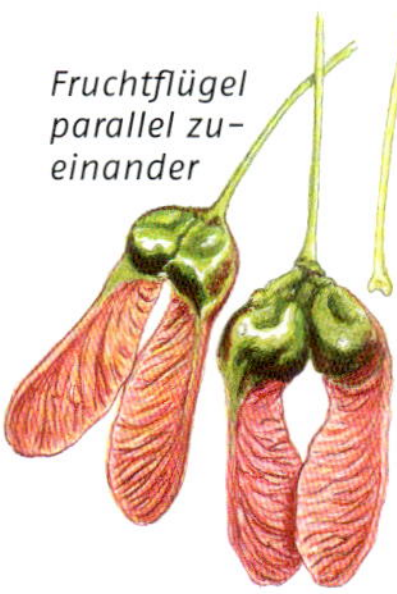

Fruchtflügel parallel zueinander

4 Grüner Balkan-Ahorn

vorderer Blattlappen mit parallelen Seiten

1 Schneeballblättriger Ahorn · *Acer opalus* ssp. *opalus* · 8–20 m

Spaltfrucht

Dieser Ahorn wächst in trockenen, lichten Wäldern und an warmen Felshängen Südeuropas. Am Rheinknie in Deutschland erreicht er die Nordgrenze seiner natürlichen Verbreitung. In Kultur gedeiht er noch weiter nördlich, reagiert aber empfindlich auf Spätfröste. Die Blüten erscheinen vor oder mit den Blättern. Zur Blütezeit fällt der Baum, ähnlich wie der Spitz-Ahorn (S. 150), schon von Weitem auf. Die Blätter verkahlen ziemlich früh. Im Herbst färben sie sich orange bis rot. Botaniker stuften früher den Bosnischen Ahorn *(Acer opalus* ssp. *obtusatum, Acer obtusatum)* **(1a)** als eigene Art ein, heute gilt er meist als Unterart. Seine Heimat liegt in Bosnien, Italien und Nordafrika. Bei ihm bleibt die Blattunterseite behaart. Eine weitere Unterart ist der Granada-Ahorn *(Acer opalus* ssp. *hispanicum, Acer granatense)* **(1b)**. Er kommt wild nur in Südspanien, auf Mallorca und in Nordafrika vor. Seine kleinen Blätter sind unterseits und auf den jungen Stielen fein behaart.

2 Rot-Ahorn · *Acer rubrum* · 10–20 m

Herbst-färbung

Baumschulen bieten verschiedene Sorten dieses Ahorns als Ziergehölze an. Er stammt aus dem östlichen Nordamerika. Seinen Namen trägt er nach den auffälligen Blüten. Doch auch seine Herbstfärbung ist eindrucksvoll. Erste Blätter färben sich bereits im Juli, der Höhepunkt liegt jedoch von September bis Oktober. Dann können in der Krone gleichzeitig grüne, gelbe, orange und rote Blätter leuchten und für einen Farbenrausch im „Indian Summer" sorgen. Die 1–1,5 cm langen Früchte reifen schon beim Laubaustrieb.

3 Tataren-Ahorn · Mongolischer Steppen-Ahorn · *Acer tataricum* · 7–10 m

Blatt

Die Heimat dieses Ahorns reicht von Österreich und Ungarn über Südost- und Osteuropa bis zum Kaukasus. Er gedeiht meist im Unterwuchs trockener, lichter Wälder. Außer als Ziergehölz eignet er sich für Windschutzpflanzungen. Die 6–10 cm langen Blätter sind ungelappt oder besitzen 1–2 undeutliche, stumpfe Seitenlappen. Sie färben sich im Herbst gelb bis orange, jedoch weniger leuchtend als beim Feuer-Ahorn *(Acer tataricum* ssp. *ginnala)* **(3a)**. Diese Unterart macht mit ihrem ab August roten Laub dem Namen alle Ehre. Sie ist besonders beliebt als Ziergehölz für Gärten und als Bonsai. Wild wächst sie von der Mongolei bis nach Japan.

4 Oregon-Ahorn · Großblättriger Ahorn · *Acer macrophyllum* · 10–30 m

Blatt-ansätze

Obwohl dieser Ahorn von der Pazifikküste Nordamerikas als einer der schönsten Ahorne gilt, steht er in Europa, im Gegensatz zu den USA, nur selten in Parks. Er ist in Mitteleuropa weitgehend winterhart. Seine Blätter sind die größten aller Ahorn-Arten. Ihr roter Blattstiel besitzt eine auffällig verdickte Basis. Im Herbst färben sie sich hellgelb oder hellorange. Der zuckerreiche Blutungssaft des Baumes eignet sich für Ahorn-Sirup. Die Ausbeute ähnelt der des Zucker-Ahorns (S. 156). Indianer in Oregon flochten früher Seile aus der Rinde und schnitzten Paddel aus dem Holz.

1 Schneeballblättriger Ahorn

Blatt 6–10 cm breit, mit breiten, stumpfen Lappen

Doldenrispen überhängend

1a Bosnischer Ahorn

Blatt bis zu 12 cm breit

1b Granada-Ahorn

Blatt nur 2,5–7 cm lang

2 Rot-Ahorn

Blatt 6–10 cm lang, unterseits silbergrau

Spaltfrucht mit V-förmigen Flügeln

Blüten rot, vor dem Laubaustrieb

3 Tataren-Ahorn

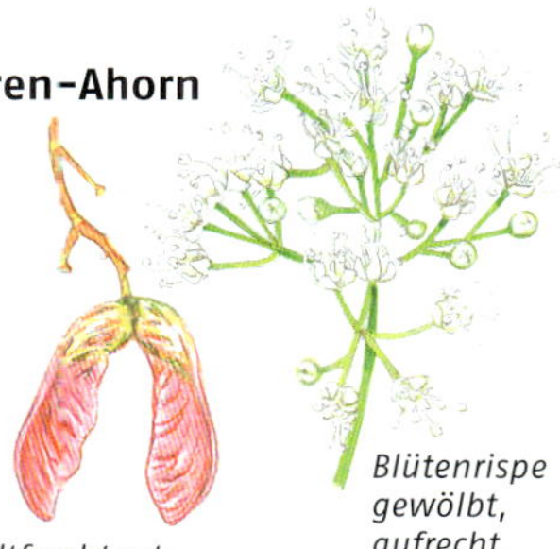

Spaltfrucht rot, mit parallelen Flügeln

Blütenrispe gewölbt, aufrecht

3a Feuer-Ahorn

Blatt meist 3-lappig

4 Oregon-Ahorn

Blatt bis zu 30 cm breit

Spaltfrucht mit behaarten Nüsschen

1 Silber-Ahorn · *Acer saccharinum* · 20–40 m

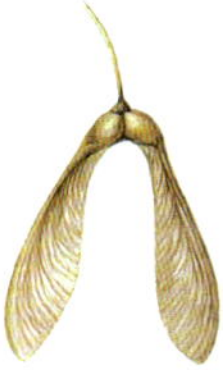
Spaltfrucht

Der nordamerikanische Baum entwickelt sich in europäischen Parks, Gärten und an Straßen rasch zu einem eindrucksvollen, nur licht belaubten Baum. Wenn der Wind durch den Baum bläst, leuchten die hellen Blattunterseiten schon von Weitem. Im Herbst färben sich die Blätter gelb, ihre Unterseiten bleiben heller. Die eingeschlechtlichen, jedoch auf demselben Baum sitzenden Blüten öffnen sich schon ab Februar. Ihre Bestäubung übernimmt der Wind. Die Früchte reifen ab Mai. Häufig verkümmert eine der zwei Teilfrüchte, die bis zu 6 cm lang werden. Der aus dem Stamm gezapfte Blutungssaft enthält Zucker, worauf der wissenschaftliche Name Bezug nimmt. Die Ausbeute ist jedoch viel geringer als bei folgender Art.

2 Zucker-Ahorn · *Acer saccharum* · 10–15 m

Spaltfrucht

Das Blatt dieses nordamerikanischen Ahorns ziert die kanadische Flagge. Mit seiner leuchtenden Herbstfärbung spielt er in seiner Heimat eine wichtige Rolle im „Indian Summer". In Mitteleuropa steht er nur selten in Parks und Sammlungen. Die 8–15 cm breiten Blätter erinnern an die des Spitz-Ahorns (S. 150). Ihre Spitzen enden jedoch nicht haarartig, sondern sind fein abgrundet. Außerdem führt ihr Stiel im Gegensatz zum Spitz-Ahorn keinen Milchsaft und die Spreite fühlt sich hautartig dünn an. Nordamerikaner bohren im Frühjahr die Stämme an und fangen den Blutungssaft auf. Dieser enthält 5–7 Prozent Zucker und lässt sich zu Ahornsirup oder -zucker einkochen. Diese gehören zu den gesündesten Süßungsmitteln, da sie wertvolle Mineralstoffe enthalten.

3 Eschen-Ahorn · *Acer negundo* · 10–20 m

♀ Blüten

Wer nur die Blätter betrachtet, könnte diesen nordostamerikanischen Ahorn mit einer Esche (S. 212) verwechseln. Er kam im 17. Jahrhundert als Ziergehölz nach Europa. Heute begrünt er als Pionierbaum Müllkippen und Schutthalden. Da er unempfindlich gegen Luftverschmutzung und Trockenheit ist, eignet er sich auch gut als Stadtbaum. Vielerorts verwilderte er und besiedelt als Neubürger Bahndämme und dringt in Auen ein. Alte Bäume neigen zu Windbruch. Die zweihäusigen Blüten öffnen sich schon ab Anfang März. Die Bestäubung erfolgt durch den Wind. Für Gärten gibt es Sorten mit gemusterten Blättern wie der Bunte Eschen-Ahorn *Acer negundo* 'Variegatum' **(3a)**. Ebenfalls zweihäusig ist der aus Japan stammende Cissusblättrige Ahorn *(Acer cissifolium)* **(3b)**. Seine Blüten erscheinen jedoch erst mit dem Laub. Gärtner schätzen ihn wegen seiner gelben, seltener roten Herbstfärbung.

4 Nikko-Ahorn · *Acer maximowiczianum* · *Acer nikoense* · 10–12 m

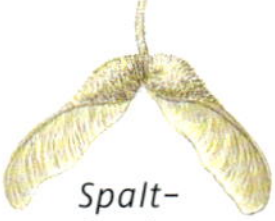
Spaltfrucht

Dieser Ahorn kam im 19. Jahrhundert aus Japan und Mittelchina nach Europa. Er steht gelegentlich in Gärten und Parks. Die 5–12 cm langen, unterseits meist dicht behaarten Blätter fühlen sich etwas lederartig an. Erst Ende Oktober, wenn die meisten Bäume bereits kahl sind, färben sie sich karmin- bis dunkelrot. Die Teilfrüchte werden mit fast 4,5 cm Länge recht groß.

1 Silber-Ahorn
♀ Blüten
in Büscheln
Blattunterseite
silbergrau
Rinde
grau
2 Zucker-Ahorn
Blatt
3–5-lappig
mit wenigen
spitzen Zähnen
3 Eschen-Ahorn
♂ Blüten
sehr lang
gestielt
blühend
Blatt
meist mit
5 Blättchen
Spaltfrüchte
mit ge-
winkelten
Flügeln
Blatt
unregelmäßig
weiß be-
randet
3a Bunter
Eschen-Ahorn
4 Nikko-Ahorn
3b Cissusblättriger
Ahorn
Spaltfrucht
spitzwinkelig,
Nüsschen länglich
Blatt 3-zählig,
mit drahtartigem, rotem Stiel
Blatt 3-zählig, mit
dicht behaartem Stiel
Blüten
zu dritt

1 Zimt-Ahorn · Papierrinden-Ahorn · *Acer griseum* · 5–12 m

Spaltfrucht

Dieser aus China stammende Ahorn riecht nicht nach Zimt. Vielmehr nimmt dieser Name Bezug auf die Farbe der Rinde, die sich beim Reiben auch auf die Finger überträgt. Das Gehölz kam erst 1901 nach Europa und steht nur ziemlich selten in Gärten und Sammlungen. Dabei ist es insbesondere wegen der Rinde ein sehr attraktives Ziergehölz, das auch im Winter noch Farbe in die Gärten bringt. Im Herbst färben sich die 3–8 cm langen Blättchen orange bis rötlich. Die Teilfrüchte sind um 3,5 cm lang und bleiben oft über den Winter am Baum hängen.

2 Rotnerviger Ahorn · Rostnerviger Schlangenhaut-Ahorn · *Acer rufinerve* · 12–15 m

Blatt-nerven

Schlangenhaut- oder Streifen-Ahorne zeichnen sich ebenfalls durch eine ungewöhnliche Rinde aus: Diese bleibt mehrere Jahre grün oder rötlich grün und bildet etwa ab dem zweiten Jahr auffällige weiße bis hellgraue Längsstreifen. Ähnlich wie bei der vorigen Art sorgt diese dafür, dass die Gehölze auch im Winter auffallen. Der aus Japan stammende Rotnervige Ahorn unterscheidet sich von den folgenden Arten durch die unterseits rostbraune Behaarung der Blattnerven und deren Winkel. Zumindest in den Winkeln bleibt sie erhalten und findet sich auch noch an den orange bis rot gefärbten Herbstblättern.

3 Roter Schlangenhaut-Ahorn · *Acer capillipes* · 12–15 m

Achseln der Seiten-nerven

Dieser Ahorn aus den Bergwäldern Japans gilt als der schönste der Streifen-Ahorne, insbesondere, weil seine Blätter im Herbst über längere Zeit gelborange bis karminrot bleiben. Er wächst als großer Strauch oder Baum mit lockerer Krone, wobei die Zweige aus kurzem Stamm im spitzen Winkel ansteigen. Typisch sind der kräftig rote Blattstiel und die beiderseits von Anfang an kahle Spreite. Auf der weißlich grünen Unterseite sitzen kleine gelbliche Höcker in den Nervenwinkeln. Der Amerikanische Streifen-Ahorn *(Acer pensylvanicum)* **(3a)** besitzt mit einer Blattlänge von 13–22 cm die größten Blätter dieser Ahorn-Gruppe. Seine gelbe Herbstfärbung beginnt früh. In Nordamerika fressen Elche im Winter an der Rinde. Deshalb heißt das Gehölz dort „Moosewood" (Elchholz). Während die vorigen Arten Blätter mit charakteristisch ausgebildeten Seitenlappen besitzen, fehlen diese bei dem aus Mittelchina stammenden Davids-Ahorn oder Davids Schlangenhaut-Ahorn *(Acer davidii)* **(3b)**. Der Name des Gehölzes ehrt den französischen Missionar Père Armand David.

4 Hainbuchen-Ahorn · *Acer carpinifolium* · 5–10 m

Spaltfrucht

Die bis zu 17 cm langen Blätter dieser japanischen Ahorn-Art erinnern an die von Hainbuchen (S. 46). An der gegenständigen Anordnung lassen sie sich jedoch leicht von diesen unterscheiden. Das Gehölz entwickelt sich in europäischen Parks oft nur zu einem großen Strauch, seltener zu einem kleinen Baum. Die um 1 cm breiten Blüten wirken wie kleine Sterne.

1 Zimt-Ahorn

2 Rotnerviger Ahorn

3 Roter Schlangenhaut-Ahorn

3b Davids-Ahorn

3a Amerikanischer Streifen-Ahorn

4 Hainbuchen-Ahorn

1 Japanischer Ahorn · *Acer japonicum* · 8–10 m

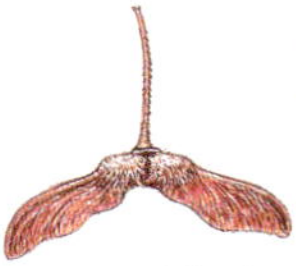
Spaltfrucht

Die Wildform dieses Ziergehölzes steht nur selten in Parks und Gärten, obwohl auch sie eine hübsche Blattform besitzt und sich im Herbst früh rot färbt. Einige Züchtungen zeichnen sich dadurch aus, dass ihr Laub bereits von Anfang an gelblich oder dunkelrot ist. Andere besitzen abweichende Blattformen. Vom Wein-Ahorn und den Sorten des Fächer-Ahorns lassen sich diese Sorten jedoch immer an den bleibend behaarten Blattstielen und den behaarten Nüsschen unterscheiden. Der Japanische Ahorn 'Aconitifolium' (*Acer japonicum* 'Aconitifolium') **(1a)** besitzt 15–20 cm breite Blätter, deren Form etwas denen des Eisenhuts *(Aconitum)* ähneln. Der Japanische Ahorn 'Vitifolium' (*Acer japonicum* 'Vitifolium') **(1b)** trägt 8–15 cm breite Blätter. Er entwickelt eine besonders spektakuläre Herbstfärbung, bei der sich die Blätter über längere Zeit von Grün über Gelb und Orange nach Weinrot verfärben.

2 Wein-Ahorn · *Acer circinatum* · 5–12 m

Spaltfrucht

Der große Strauch oder kleine, meist mehrstämmige Baum wächst wild an feuchten Standorten von Alaska bis Kalifornien. Gärtner pflanzen ihn nur selten, obwohl er schön geformte Blätter, die sich im Herbst intensiv gelb bis rot färben, sowie attraktive, um 1,2 cm breite Blüten besitzt. Seine Blätter ähneln stark dem Japanischen Ahorn 'Vitifolium'. Sie haben aber 7 oder höchstens 9 Lappen und werden nur um 10 cm breit. Außerdem besitzen sie im Gegensatz zur vorigen Art schon zur Blütezeit kahle Blattstiele. Bei den Früchten, die sich schon während ihrer Entwicklung leuchtend rot färben, spreizen die um 3,5 cm langen Teilfrüchte fast waagerecht. Ihre Nüsschen sind kahl. Wie bei allen Ahorn-Arten trennen sie sich bei der Reife und fliegen im Wind mit schraubigen Drehungen davon.

3 Fächer-Ahorn · *Acer palmatum* · 8–10 m

Blatt

Der in den Bergwäldern Japans und Koreas beheimatete Baum gehört in Japan zu den wichtigsten Gartengehölzen. Es gibt zahllose Formen, die sich im Wuchs sowie in der Blattform und -farbe unterscheiden. Mit ihnen lassen sich die typischen japanischen Gärten gestalten und aparte Bonsais formen. Auch in Europa integrieren Gärtner sie gerne als auffälligen Blickfang in Parks und Gärten. Die Grundform der meist 5–10 cm breiten Blätter zeichnet sich durch 5–7, selten bis zu 9 Lappen aus. Diese sind immer bis über die Mitte eingeschnitten. Zu den in der Farbe abweichenden Sorten gehört der Fächer-Ahorn 'Atropurpureum' (*Acer palmatum* 'Atropurpureum') **(3a)**. In seinen Blättern überlagern Anthocyan-Farbstoffe das Grün des Chlorophylls. Im Herbst baut sich das Blattgrün ab und die leuchtend roten Anthocyane bleiben übrig. In der „Dissectum-Gruppe" fassen Züchter Sorten mit fast bis zur Basis eingeschnittenen, fiederteiligen Abschnitten zusammen. Beim Fächer-Ahorn 'Dissectum' (*Acer palmatum* 'Dissectum') **(3b)** kommen wiederum verschiedene Blattfarben vor. Er wächst meist schirmförmig und eignet sich mit bis zu 5 m Höhe auch für kleine Gärten. Die schmalen Lappen des Fächer-Ahorns 'Linearilobum' (*Acer palmatum* 'Linearilobum') **(3c)** besitzen einen fast glatten Rand.

1 Japanischer Ahorn
Blattlappen maximal bis zur Mitte eingeschnitten
Krone rosa, Kelch dunkelrot
1a Japanischer Ahorn 'Aconitifolium'
Blatt mit tief fiederspaltigen Lappen
Blüten hängend
Spaltfrucht behaart
1b Japanischer Ahorn 'Vitifolium'
Blatt mit 7–11 Lappen
2 Wein-Ahorn
Herbstfärbung auffällig
Blüte mit weißen Kron- und roten Kelchblättern
3 Fächer-Ahorn
Spaltfrucht kahl
Blütenstand hängend, ausgebreitet, mit roten Blüten
3a Fächer-Ahorn 'Atropurpureum'
Blatt im Sommer dunkelrot
3b Fächer-Ahorn 'Dissectum'
Blatt mit tief fiederspaltigen Lappen
3c Fächer-Ahorn 'Linearilobum'
Blatt mit linealischen Lappen

GATTUNG ROSSKASTANIEN, *Aesculus*

Rosskastanien lassen sich an den gefingerten Blättern und den aufrechten Blütenrispen gut erkennen. Die meisten der um 25 Arten stammen aus Nordamerika. Botaniker stellen die Gattung neuerdings auch zu den Seifenbaumgewächsen (Sapindaceae).

1 Gewöhnliche Rosskastanie · *Aesculus hippocastanum* · 30 m

Winterknospe

Der in Albanien und den Gebirgen Nordgriechenlands beheimatete Baum gehört heute in ganz Europa zu den beliebtesten Straßen- und Parkbäumen. Das gelbe Saftmal der Blüten färbt sich nach einiger Zeit über Orange nach Rot. Wie eine rote Ampel signalisiert es so den Insekten, dass kein Nektar mehr zu holen ist. Seit den 1990er-Jahren zeigen die Blätter oft braune Flecken, in denen kleine Larven zu sehen sind. Es handelt sich um die Rosskastanien-Miniermotte *(Cameraria ohridella)*, einen Kleinschmetterling, der sich über Mazedonien in ganz Europa ausbreitete. Die Samen enthalten viel Stärke. Die Türken verfütterten sie früher an ihre Pferde. Beim Menschen können sie durch Saponine zu Übelkeit und Atemlähmung führen. Um in Notzeiten Brat-Öl und Mehl daraus zu gewinnen, musste man sie deshalb zuerst auslaugen. Arzneimittel gegen Venenschwäche in den Beinen enthalten oft Auszüge aus Rosskastanie.

2 Rote Rosskastanie · *Aesculus* x *carnea* · 10–25 m

Blatt

Diese Rosskastanie ist eine im 19. Jahrhundert in Frankreich entstandene Hybride aus der Gewöhnlichen Rosskastanie und der Echten Pavie. Die Blüten vereinen die Form der einen mit der Farbe der anderen Art. Die Hybride besitzt dunklere, rauere Blätter als die Gewöhnliche Rosskastanie. Einige Sorten bilden kaum Früchte aus. Gärtner pflanzen sie mittlerweile recht gerne, da sie nicht oder kaum anfällig für die Rosskastanien-Miniermotte ist.

3 Gelbe Rosskastanie · *Aesculus flava* · 15–25 m

Blüte

Der aus den südöstlichen USA stammende Baum wächst relativ selten in großen Parks und Gärten, obwohl er gut mit städtischen Umweltbedingungen zurechtkommt. Er bildet sehr schöne, dicht belaubte Kronen mit oranger Herbstfärbung. Seine bis zu 4 cm langen, röhrenförmigen Blüten stehen in 10–15 cm langen, samtig behaarten Rispen. Die Indianer Nordamerikas wässerten und rösteten früher die Samen, um sie zu entgiften und als Nahrungsmittel zu nutzen.

4 Echte Pavie · Rote Pavie · *Aesculus pavia* · *6–8 m*

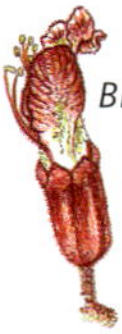

Blüte

Dieser Baum aus den östlichen USA steht nur selten als reine Art in Parks und Gärten. Wichtiger ist seine Rolle als Kreuzungspartner für Hybriden wie die Rote Rosskastanie (oben). Die Blüten besitzen einen röhrigen Kelch und 4 ungleiche, zusammenneigende Kronblätter. Auch diese Art enthält giftige Saponine, die sich bei Wasserzusatz wie Seife verhalten. Indianer setzten ein Pulver aus Samen und Rinde deshalb beim Fischfang ein. Die europäischen Siedler nutzten die Wurzeln als Seifenersatz.

1 Gewöhnliche Rosskastanie
Blüten in bis zu 30 cm hoher Rispe
Blatt mit 5–7 sitzenden, bis zu 25 cm langen Blättchen
Kapselfrucht 5–6 cm dick
2 Rote Rosskastanie
Blüten rosa bis purpurfarben
Blatt ziemlich fest, unterseits heller
Kapselfrucht ohne oder mit wenigen Stacheln
Winterknospe meist matt graugrün
3 Gelbe Rosskastanie
Blatt mit 5–7 gestielten Blättchen
Same mit kleinem Nabel
Kapselfrucht schief-kugelig, ohne Stacheln
Blatt nur 8–12 cm im Durchmesser
Kapselfrucht eirund bis birnenförmig
Blütenstand mit wenigen Blüten
4 Echte Pavie

1 Rispiger Blasenbaum · Blasenesche · *Koelreuteria paniculata* · 5–10 m

offene Frucht

Gärtner schätzen den Baum aus China, Japan und Korea als Solitärgehölz für Gärten und Parks. Er ist winterhart, erträgt trockene Böden und Stadtklima. Im Hochsommer schmücken ihn bis zu 35 cm lange, aufrechte Blütenrispen. Bald danach wachsen die 4–5 cm langen Früchte heran. Der russische Naturforscher Laxmann benannte den Baum nach dem Karlsruher Botaniker Joseph Gottlieb Koelreuter, der im 18. Jahrhundert lebte. Dieser wies endgültig nach, dass sich Pflanzen auch sexuell vermehren. Außerdem untersuchte er die Bestäubung und erkannte, wie wichtig Insekten hierfür sind. Laxmann wählte für die Ehrung prompt einen blütenökologisch interessanten Baum. Ähnlich wie bei der Gewöhnlichen Rosskastanie (S. 162) signalisieren die Blüten mit einer „roten Ampel", wenn sie ihre Nektarproduktion eingestellt haben.

2 Chinesischer Surenbaum · *Toona sinensis* · *Cedrela sinensis* · 10–20 m

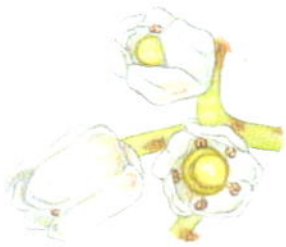
Blüten

Dieses Zederachgewächs wächst nur selten in europäischen Parks. Dabei erträgt es selbst die Umgebung von Industrieanlagen und ist nur jung etwas frostempfindlich, ansonsten aber auch in Mitteleuropa winterhart. Die Blätter ähneln denen des Götterbaums (S. 144), allerdings fehlen ihnen die Drüsenzähne. Außerdem sind sie im Austrieb rosa und riechen zerrieben nach Zwiebeln. Chinesen kennen das Gehölz nicht nur als dekorativen Baum, sondern auch als Nutzpflanze. Sie kochen die jungen Blätter und Triebe zu einem Gemüse, das herzhaft – etwas lauchähnlich – schmeckt. Sein hartes, rötliches Holz duftet frisch aromatisch und eignet sich für Möbel. Die Traditionelle Chinesische Medizin verwendet die Pflanze gegen Blutungen und Entzündungen.

3 Indischer Zederachbaum · Paternosterbaum · *Melia azedarach* · 5–15 m

Steinkerne

Die Heimat dieses Baumes liegt im Süden und Südosten Asiens. Im Mittelmeergebiet steht er häufig als Zierbaum in Anlagen und an Straßen. Die Früchte bleiben oft bis zur nächsten Blühperiode am Baum hängen. Der Artname *azedarach* leitet sich vom persischen *azad dirakht* = „prächtiger Baum" ab. Die um 2 cm großen Blüten erinnern in Farbe und Duft an Flieder (S. 214), weshalb der Baum auch „Persischer Flieder" heißt. In Persien und Indien gilt der Baum als heilig. Mönche südeuropäischer Klöster fädelten früher die Steinkerne zu Rosenkränzen. Das Fruchtfleisch ist für Mensch, Schwein und Ziegen giftig.

4 Japanischer Rosinenbaum · Quaffbirne · *Hovenia dulcis* · 10 m

Blüte

Das Kreuzdorngewächs aus China, Korea und Japan fällt durch die ungewöhnlich dicken, essbaren Achsen unter den Kapselfrüchten auf. Sie färben sich nach Frost rot und schmecken süßlich, etwas nach Birne. Getrocknet lassen sie sich wie Rosinen verwenden. Während das Gehölz in Europa nur selten als Zierbaum steht, pflanzen es besonders Japaner und Inder als Nutzbaum. Dabei stehen nicht die essbaren Achsen im Vordergrund, sondern das Holz, das als „Japan-Mahagoni" in den Handel kommt. Die Traditionelle Chinesische Medizin empfiehlt Zubereitungen aus den Samen nach übermäßigem Alkoholgenuss.

1 Rispiger Blasenbaum

2 Chinesischer Surenbaum

3 Indischer Zederachbaum

4 Japanischer Rosinenbaum

1 Gewöhnlicher Faulbaum · *Frangula alnus* · *Rhamnus frangula* · 2–7 m

Steinfrüchte

In fast ganz Europa und bis Sibirien wächst der lichte Baum oder Strauch in Auen, Wäldern und Gebüschen mit feuchten bis nassen Böden. Im Sommer trägt er oft gleichzeitig Blüten und verschieden reife Früchte. Verletzte Rinde riecht faulig. Das Gehölz enthält stark abführend wirkende Anthranoide. Die 7–8 mm dicken Früchte können Brechdurchfall auslösen. Präparate aus der Rinde führen, korrekt dosiert, nach einigen Stunden zuverlässig zum Stuhlgang. Die Holzkohle verwendete man früher bei der Herstellung von Schießpulver, weshalb das Gehölz auch „Pulverholz" heißt.

2 Echter Kreuzdorn · Purgier-Kreuzdorn · *Rhamnus cathartica* · 2–8 m

Steinfrüchte

Das krummstämmige Gehölz gedeiht in fast ganz Europa sowohl auf feuchten als auch trockenen Böden an Hecken und Waldrändern. Die Blätter stehen teils gegen-, teils wechselständig und an älteren Zweigen gebüschelt. Die Zweige laufen oft in einen Dorn aus. Die Raupen des Zitronenfalters *(Gonepteryx rhamni)* fressen auf diesem Gehölz sowie auf dem vorigen. Unreife Früchte lieferten früher den Naturfarbstoff „Saftgrün" für Malerfarben. Auch Kreuzdorne enthalten abführende Anthranoide. Der Drüsige Kreuzdorn *(Rhamnus glandulosa)* **(2a)** ist ein immergrüner Endemit der Kanaren und Madeiras mit bis zu 10 cm langen Blättern. Der Lebensraum des Immergrünen Kreuzdorns *(Rhamnus alaternus)* **(2b)** umfasst Buschland und Wälder im Mittelmeergebiet und auf den Kanaren. Er ist zweihäusig und bleibt meist strauchförmig. Wie bei seinen Verwandten locken seine um 5 mm dicken, reif schwarzen Früchte Vögel an.

3 Gewöhnlicher Christdorn · *Paliurus spina-christi* · 2–6 m

Blatt

Das Gehölz wächst in Laubwäldern und Gebüschen vom Mittelmeerraum bis nach Zentralasien. Bei seinen typischen Dornen handelt es sich um umgebildete Nebenblätter. Mit ihnen verhakt es sich an anderen Bäumen und kann so trotz nur dünner Zweige dem Licht entgegenwachsen. Die 2–4 cm großen 3-nervigen Blätter stehen 2-zeilig. Die an fliegende Untertassen erinnernden, bis zu 3,5 cm breiten Früchte bleiben lange haften. Erst Winter- und Frühjahrsstürme reißen sie los. Die Pflanze gilt als eines der möglichen Gewächse, aus denen römische Soldaten die Dornenkrone für Christus gewunden haben.

4 Jujube · Indische Brustbeere · Chinesische Dattel · *Ziziphus jujuba* · 9 m

Steinfrucht

Dieses ostasiatische Gehölz ähnelt der vorigen Art im Aussehen und in der Blattform. Es bildet jedoch 1,5–3 cm lange, angenehm süßlich schmeckende Steinfrüchte mit großem Steinkern. In China zählt es zu den wichtigsten Obstgehölzen. Bereits zur Zeit des Kaisers Augustus gelangte es in die Gärten des Mittelmeerraums. In der Provence und anderen Gegenden Südeuropas bürgerte es sich auch ein. Obwohl es Frost bis unter −10 °C erträgt, steht es in Weinbaugebieten nördlich der Alpen fast nur in Sammlungen. Seine Früchte reifen dort nur in sehr warmen Jahren. Früher empfahlen Heilkundige einen Tee aus den „Brustbeeren" als schleimlösendes Hustenmittel.

1 Gewöhnlicher Faulbaum
Blatt
jederseits
mit 6–9 bogigen Nerven
Blüten 5-zählig
Blatt jederseits
mit 3–4 bogigen
Nerven
Blüten meist 4-,
seltener 5-zählig
2 Echter
Kreuzdorn
2a Drüsiger Kreuzdorn
Blatt mit hervor-
tretenden
Drüsen
2b Immergrüner
Kreuzdorn
Blüten
meist 5-zählig
Blätter
1–6 cm lang,
unterseits hellgrün
3 Gewöhnlicher Christdorn
Blüte
3–6 mm groß,
gelblich
Früchte
mit großem,
flachem
Flügelrand
Zweig mit Zickzack-Wuchs
und ungleichen Dornen
4 Jujube
Zweig mit
ungleichen
Dornen
Blatt
2–7 cm lang,
mit 3 Längsnerven
Blüten
grünlich gelb

Ölweidengewächse *(Elaeagnaceae)*: 1, 2, 3
Buchsbaumgewächse *(Buxaceae)*: 4

1 Schmalblättrige Ölweide · *Elaeagnus angustifolia* · 8 m

Blüten

Bereits in der Antike gelangte das Gehölz von Westasien in den Mittelmeerraum. Dort verwilderte es und bürgerte sich an Ufern und in Auenwäldern ein. Oft steht es mit Sanddorn (unten) und Tamarisken (S. 174) zusammen. Bis nach Skandinavien und Russland gedeiht es als frosthartes Ziergehölz. Seine Blätter erinnern an die einer Silber-Weide (S. 184), Blüten und Früchte etwas an die eines Ölbaumes (S. 216). Kräftige, oft mehrere Zentimeter lange Dornen treten jedoch nur bei der Ölweide auf. Die stark duftenden Blüten besitzen keine Krone, aber einen glockigen Kelch mit 4 Zipfeln. Sie liefern Duftstoff für die Parfümindustrie. Im Orient gibt es Sorten mit bis zu 2 cm langen Früchten. Sie schmecken süßlich und entwickeln als Gelee, Likör oder in Gebäck ein gutes Aroma. In Mitteleuropa reifen sie meist nicht aus.

2 Doldige Ölweide · *Elaeagnus umbellata* · 4–9 m

Früchte

Diese Ölweide stammt aus China, Korea und Japan. Sie ist weniger frosthart und seltener in Kultur. Ihre Blütengruppen stehen doldenartig zusammen. Die 6–8 mm dicken Früchte sind durch die familientypischen Schuppenhaare gesprenkelt. Ihre Farbe erhalten sie durch das Carotinoid Lycopin, das Krebs vorbeugen soll. Sie können bis zu 17-mal mehr Lycopin als Tomaten enthalten.

3 Sanddorn · *Hippophae rhamnoides* · 2–10 m

Schuppenhaar

Wild wächst der dornige Strauch oder Baum auf Fluss-Schottern und Küstendünen, in Kiesgruben und lichten Kiefernwäldern. Seine Heimat erstreckt sich von der Nord- und Ostsee bis nach Südosteuropa. Da er Salz erträgt, eignet er sich zur Begrünung von Straßenböschungen und steht deshalb an vielen Autobahnen. Er bildet jedoch unterirdische Ausläufer, die Teer durchbrechen können. Bauern kultivieren ihn wegen der bis zu 1 cm großen Früchte. Diese enthalten Fruchtsäuren, fettes Öl und viel Vitamin C. Sie eignen sich für aromatischen Saft, Marmelade und Likör. Das Öl fördert die Wundheilung.

4 Gewöhnlicher Buchsbaum · *Buxus sempervirens* · 8 m

offene Kapselfrucht

Der immergrüne Strauch oder kleine Baum mit den gegenständigen Blättern wächst wild von Nordspanien über Mittel- und Südfrankreich, die Südalpen und den Balkan bis zum Kaukasus. In Deutschland gibt es die Art wild nur an der Mosel und im Naturschutzgebiet Buchswald in Südbaden. Das anspruchslose, schnittverträgliche Gehölz lässt sich in ganz Europa bis hinauf nach Norwegen und Schweden kultivieren. Schon seit Jahrhunderten steht es in den Gärten von Mönchen, Königen und Bauern als Beeteinfassung und Formschnitt. In Mitteleuropa dienen die Zweige am Palmsonntag als Ersatz für Palmwedel (S. 230). Buchs wächst als „Schnecke unter den Laubgehölzen" sehr langsam, kann aber bis 600 Jahre alt werden. Drechsler stellen aus seinem harten Holz Büchsen, Pfeifenköpfe und Instrumente her. Der Balearen-Buchsbaum *(Buxus balearica)* **(4a)** kommt nur auf Sardinien, den Balearen sowie vereinzelt in Süd- und Ostspanien vor.

1 Schmalblättrige Ölweide
Blatt schmal lanzettlich, 4–8 cm lang
Früchte olivenähnlich um 1 cm lang
Blattunterseite mit hellen und braunen Schuppenhaaren
Rinde reißt netzartig auf
2 Doldige Ölweide
Blüten in 3-er Gruppen
3 Sanddorn
Blatt auf beiden Seiten silberweiß
♀ Blüte mit Kelchröhre
♂ Blüte mit 2 Kelchblättern
Frucht orange mit silbrigen Schuppenhaaren
4 Gewöhnlicher Buchsbaum
Blüten in sitzenden Knäueln
Blatt 1–2,5 cm lang, ledrig, glänzend
Früchte mit 3 Hörnern
4a Balearen-Buchsbaum
♂ Blüte gestielt
Blatt bis zu 5 cm lang

Spindelstrauchgewächse *(Celastraceae)*: 1, 2, 3
Klebsamengewächse *(Pittosporaceae)*: 4

1 Gewöhnliches Pfaffenhütchen · *Euonymus europaeus* · 6 m

junger Zweig

Die attraktiven Früchte leuchten fast in ganz Europa im Herbst an Waldrändern und in Hecken. Ihre Form erinnert an ein Birett, die Kopfbedeckung von katholischen Geistlichen. Reif öffnen sie sich mit vier Spalten und geben Samen frei, die von einem orangen, fleischigen Samenmantel umgeben sind. Vögel schälen diesen ab oder verschlucken ihn mitsamt den Samen, die sie wieder ausscheiden. Im späten Frühjahr überziehen oft dichte Gespinste das Gehölz. Die darin lebenden Raupen der Gespinstmotte *Yponomeute cognatellus* fressen die Zweige kahl. Sobald sie sich verpuppen, treiben jedoch wieder neue Blätter aus. Das Gehölz enthält für den Menschen giftige, herzwirksame Glykoside. Gepulverte Früchte dienten früher als Insektenpulver gegen Läuse und Krätzmilben. Drechsler drehten aus dem harten Holz Spindeln für die Weberei. Junge Zweige sind 4-kantig und durch Korkleisten schwach geflügelt.

2 Breitblättriger Spindelstrauch · *Euonymus latifolius* · 4–6 m

Kapselfrucht

Dieser Strauch oder kleine Baum wächst wild vor allem in Südeuropa und in den südlichen Kalkalpen. Selten kommt er auch im Allgäu und Alpenvorland wild vor. Gärtner schätzen ihn wie die vorige Art, der er stark ähnelt, als Ziergehölz. Zur Unterscheidung eignen sich die meist 5-zähligen Blüten, die zu 6–15 in lockeren Ständen hängen sowie die 5-flügeligen Kapselfrüchte. Außerdem sind die jungen Zweige nicht oder nur sehr schwach 4-kantig und ungeflügelt. Gelegentlich kultivieren Gärtner in milden Gegenden Europas auch den immergrünen Japanischen Spindelstrauch *(Euonymus japonicus)* (2a). In seiner Heimat bildet er bis zu 7 m hohe Bäume, in Europa wächst er eher strauchförmig. Es gibt auch buntblättrige Sorten. Im südlichen Tessin und in Südeuropa bürgert sich das Gehölz zunehmend ein.

3 Kanaren-Maytenus · *Maytenus canariensis* · 3–8 m

unreife Kapselfrucht

Der immergrüne Strauch oder kleine Baum wächst endemisch in den warmen Buschwäldern der Kanaren. Seine Früchte zeigen die Verwandtschaft zu den obigen Arten. Unreif haben sie 6 schwache Rippen, reif springen sie mit 3 Klappen auf. Die Samen sind am Grund von einem weißlichen, fleischigen Samenmantel umgeben.

4 Orangen-Klebsame · Krausblättriger Klebsame · *Pittosporum undulatum* · 5–20 m

Blüten

Seefahrer verschleppten das Gehölz vom Südosten Australiens in viele Regionen der Tropen und Subtropen. Besonders auf Hawaii stellt es heute als Neubürger ein Problemgehölz dar, das zu einem Wandel der ursprünglichen Flora auf vulkanischen Böden führt. In Süd- und Westeuropa steht der Baum als Ziergehölz häufig in Parks und Gärten und konnte sich stellenweise einbürgern. Auf den Azoren pflanzten Bauern den Baum gerne als Windschutzhecke um Orangenkulturen. Er verwilderte auch dort und prägt in vielen Küstengegenden das Landschaftsbild. An diesen Standorten bedroht er die ursprünglichen Vorkommen des Makaronesischen Gagelbaums (S. 32).

1 Gewöhnliches Pfaffenhütchen

Blatt 3–8 cm lang

Kapselfrüchte 1–2 cm breit

Blüten mit 4 schmalen Kronblättern

2 Breitblättriger Spindelstrauch

Blatt bis über 12 cm lang

Blüten mit 5 breiten Kronblättern

2a Japanischer Spindelstrauch

Kapselfrüchte mit rundlichen Ecken

Blatt glänzend, derb ledrig

3 Kanaren-Maytenus

Blatt ledrig, 4–7 cm lang

Kapselfrucht mit dunkelbraunen Samen

4 Orangen-Klebsame

Blatt lanzettlich, mit welligem Rand

unreife Früchte kugelig, orangerot

Kapselfrucht mit 2 Klappen und roten Samen

Klebsamengewächse *(Pittosporaceae)*: 1, 2
Araliengewächse *(Araliaceae)*: 3, 4, 5

1 Chinesischer Klebsame · Pechsame · *Pittosporum tobira* · 2–7 m

♀ *Blüte*

Das immergrüne Gehölz aus China und Japan steht im Mittelmeergebiet häufig als Zierbaum und Heckenstrauch. Es kann bis nach Südtirol und in den wärmeren Gegenden Englands im Freien gedeihen. In Mitteleuropa eignet es sich als Kübelpflanze. Die um 2,5 cm breiten Blüten öffnen sich von März bis August. Sie duften nach Orangen oder Zitronen und färben sich von weiß nach gelblich. Die Samen sind in eine klebrige Flüssigkeit eingebettet. Sie bleiben an Mensch und Tier haften und werden so verbreitet.

2 Karo-Klebsame · Dickblättriger Klebsame · *Pittosporum crassifolium* · 6–10 m

offene Kapselfrucht

Ursprünglich stammt der immergrüne Baum von den Küsten der neuseeländischen Nordinsel. Er toleriert Wind und Salz und eignet sich gut als Windschutz in Meeresnähe. In Europa steht er besonders in südenglischen Gärten und konnte dort stellenweise verwildern. Seine Früchte geben in einer klebrigen Masse liegende Samen frei. Auch die Heimat des Schmalblättrigen Klebsamens *(Pittosporum tenuifolium)* **(2a)** liegt in Neuseeland. Er ziert englische und irische Gärten und hat ebenfalls dunkelrote Blüten.

3 Baumaralie · Baumkraftwurz · *Kalopanax septemlobus* · 7–20 m

Ausschnitt Fruchtstand

Der wenig verzweigte Baum aus Ostasien wächst nur selten als Ziergehölz in Europa. Seine Blätter ähneln denen eines Ahorns (S. 150), stehen aber wechselständig. Die Blüten öffnen sich von Juli bis August und bieten leicht zugängigen Nektar. Ähnlich wie die Blüten des verwandten Efeus *(Hedera)* locken sie Fliegen, Wespen und Bienen als Bestäuber an. Vögel fressen die um 5 mm dicken Steinfrüchte und scheiden die 2–3 Kerne unverdaut aus. Asiatische Schreiner schätzen das hellbraune Holz für Möbel und den Innenausbau.

4 Chinesische Aralie · *Aralia chinensis* · 2–7 m

Ausschnitt Fruchtstand

Das auffällige Ziergehölz mit den wenig bestachelten Zweigen heißt auch „Chinesischer Angelikabaum". Dieser Name nimmt Bezug auf die auch als „Angelika" bezeichnete Engelwurz. Tatsächlich ähneln die großen Blätter etwas denen dieser Staude aus der nah verwandten Familie der Doldenblütengewächse. Die bis zu 40 cm hohen Blütenstände sind aus vielen Dolden zusammengesetzt. Die beerenartigen Steinfrüchte werden 2–3 mm groß.

5 Queensland-Strahlenaralie · *Schefflera actinophylla* · 12 m

Blüten

Der Baum aus Nordaustralien, Neuguinea und Java kann sich in subtropischen Gebieten zu einem invasiven Neubürger entwickeln. In Europa findet er geeignete Bedingungen nur auf den Kanaren und Madeira, wo er manche Hotelanlage ziert. Gärtnereien bieten ihn auch als Zimmerpflanze an. In den Regenwäldern seiner Heimat entwickelt er sich oft als Aufsitzerpflanze. Die Beeren locken Vögel und in Ostasien auch Flughunde an. In Australien gehören die Blätter zum Speisezettel des Bennett-Baum-Känguruhs.

1 Chinesischer Klebsame

Kapselfrucht mit 3 Klappen und roten Samen

Blattrand nach unten gerollt

2 Karo-Klebsame

Blatt ledrig, unterseits hellgrau behaart

Blüten dunkelrot

2a Schmalblättriger Klebsame

Blatt nicht ledrig, Rand wellig

3 Baumaralie

Zweig stark bestachelt

Blatt 10–30 cm breit, mit 5–7 Lappen

Blütenstand bis über 30 cm breit

4 Chinesische Aralie

Blatt doppelt gefiedert, bis zu 80 cm lang

5 Queensland-Strahlenaralie

Beeren rot, um 7 mm groß

Blatt gefingert, bis über 60 cm lang

GATTUNG TAMARISKEN, *Tamarix*

Tamarisken haben kleine Schuppenblätter, die von einer Wachsschicht überzogen sind. Sie verdunsten nur wenig Wasser, so dass die Gehölze Trockenheit gut ertragen. In den Blättern sitzen versenkte Drüsen. Diese scheiden aktiv Salz aus und ermöglichen es den Gehölzen, auch Salzstandorte zu besiedeln.

1 Kleinblütige Tamariske · Frühlings-Tamariske · *Tamarix parviflora* · 4–6 m

Blütentrauben

Das Gehölz besiedelt Salzwiesen, Dünen und Flussufer im östlichen Mittelmeerraum. Im ganzen Mittelmeergebiet dient es häufig als Schutzgehölz, das den Boden von Ufern und Dünen festigt und den Wind bremst. Im übrigen Europa wächst es oft als Zierelement in Gärten. Die 3–5 cm langen und 3–5 mm breiten Blütentrauben erscheinen an vorjährigen Zweigen und öffnen sich im Frühjahr. Die ähnliche Viermännige Tamariske *(Tamarix tetrandra)* **(1a)** wächst wild im feuchten Bergland von Südosteuropa bis Westasien, gelegentlich steht sie auch in Gärten. Außer der dunklen Rinde unterscheidet sie sich durch breitere Trauben (6–7 mm) mit weißen Blüten. Beide Arten haben immer 4-zählige Blüten. Bei der Dalmatischen Tamariske *(Tamarix dalmatica)* **(1b)** treten sowohl 4- als auch 5-zählige Blüten auf. Sie besitzt die breitesten Trauben der vorgestellten Arten. Ihre Heimat liegt im östlichen Mittelmeerraum.

2 Kaspische Tamariske · *Tamarix ramosissima* · 1–6 m

Blüte

Das Verbreitungsgebiet dieser Tamariske reicht von Südosteuropa bis Mittelchina. Sie gehört zu den häufig als Ziergehölz kultivierten Arten. Ihre bis zu 7 cm langen, bis zur Basis mit Blüten besetzten Trauben erscheinen im Sommer an diesjährigen Zweigen. Die Blüten haben gezähnte Kelchblätter und Kronblätter, die noch an der Frucht haften. Die ähnliche Griechische Tamariske *(Tamarix smyrnensis)* **(2a)** gedeiht in Salzmarschen und an Gebirgsflüssen in Südosteuropa von der Ägäis bis in die Südukraine.

3 Französische Tamariske · Gallische Tamariske · *Tamarix gallica* · 8 m

Blüte

Diese Tamariske gedeiht wild von Nordfrankreich bis Nordafrika besonders in Atlantiknähe. Sie dient häufig als Küstenschutz und wächst auch in Gärten. In Großbritannien bürgerte sie sich ein. Ihre um 4,5 cm langen und 4–5 mm breiten Trauben öffnen sich erst im Spätsommer. Sie haben eine glatte Achse. Die Kelchblätter sind ganzrandig, die Krone fällt früh ab. Ähnliche Trauben besitzt die Kanarische Tamariske *(Tamarix canariensis)* **(3a)**. Sie wächst auf den Kanaren, den Kapverden und an den Küsten Portugals und des westlichen Mittelmeers. Sie blüht meist im Sommer, in Spanien zum Teil im Frühjahr. Ihre Kelchblätter sind gezähnt. Die Spanische oder Afrikanische Tamariske *(Tamarix africana)* **(3b)** bildet ihre 3–6 cm langen und 5–8 mm breiten Trauben meist im Frühjahr auf vorjährigen Ästen. Sie besiedelt Flussläufe und Salzmarschen im westlichen und zentralen Mittelmeergebiet sowie auf den Kanaren und den Azoren. Entlang des Atlantiks ist sie zum Teil eingebürgert. Ihre Kronblätter bleiben noch an der Frucht erhalten.

1 Kleinblütige Tamariske

1a Viermännige Tamariske

1b Dalmatische Tamariske

2 Kaspische Tamariske

2a Griechische Tamariske

3 Französische Tamariske

3a Kanarische Tamariske

3b Spanische Tamariske

1 Papaya · Melonenbaum · *Carica papaya* · 6 m

♀ *Blüte*

In Europa gedeiht der immergrüne Schopfbaum aus dem tropischen Amerika nur in frostfreien Gegenden wie auf den Kanaren. Er wird kaum älter als 7 Jahre. Da der Stamm weich bleibt, bezeichnen Botaniker die Pflanze auch als baumförmiges Kraut. Die Früchte werden bis zu 9 kg schwer und 80 cm lang. Unreif eignet sich ihr Fruchtfleisch als Gemüse. Reif entwickelt es nur wenig Eigenaroma und wird deshalb meist mit Zitronensaft verfeinert. Zerkaute Samen schmecken kresseartig scharf. Sie gelten in den Tropen als Mittel gegen Darmparasiten. Der Milchsaft der Pflanze enthält das Enzym Papain, das die Verdauung fördert und Fleisch zart macht.

2 Japanische Kamelie · *Camellia japonica* · 2–8 m

Blatt

Von dem immergrünen Ziergehölz aus den feuchten Bergwäldern Japans, Taiwans und Koreas gibt es über 2000 Sorten. Es braucht Weinbauklima und kalkfreien Boden und gedeiht besonders gut in Südengland und im Tessin. Die 5–12 cm langen Blätter sind schwach gesägt. Die Blüten besitzen ursprünglich 5–7 Kronblätter. Bei gefüllten Sorten haben sich viele Staubblätter zu Kronblättern umgebildet. Schwarz- und Grüntees stammen vom verwandten Teestrauch *(Camellia sinensis)*, der in Europa nicht angebaut wird.

3 Echter Mocanbaum · *Visnea mocanera* · 6–15 m

Beere

Das Teestrauchgewächs gedeiht endemisch in den Lorbeerwäldern der Kanaren und Madeiras. Besonders auf El Hierro kann es sich zu einem kräftigen Baum entwickeln. Die Blätter stehen in zwei Zeilen. Jüngere Zweige tragen Korkleisten und wirken dadurch fast geflügelt. Die anfangs braunroten, später schwarzen Früchte schmecken frisch und in Mischgetränken. Heilkundige auf den Kanaren empfehlen sie gegen Durchfall und als Wundheilmittel.

4 Orangenkirsche · *Idesia polycarpa* · 15 m

Blattstiel

Der ostasiatische Baum gehört zu den auffälligen, jedoch seltenen Parkbäumen. In Mitteleuropa braucht er Weinbauklima. Die 12–25 cm langen Blätter tragen am Stiel 1–8 Nektardrüsen. Die meist zweihäusig verteilten, lilienartig duftenden Blüten erscheinen von Mai bis Juni in hängenden Rispen. Die Früchte besitzen ein mehliges, bitteres Fruchtfleisch und viele Samen. Sie hängen oft bis zum Frühjahr am Baum. Neuerdings laufen in Asien erfolgversprechende Versuche, aus dem Frucht-Öl Biodiesel zu gewinnen.

5 Buchsblättriger Azarabaum · *Azara microphylla* · 8 m

Beere

In Chile wächst dieser immergrüne Baum als Unterwuchs in Wäldern mit der Pellin-Scheinbuche (S. 48) und an gestörten Standorten. Er erträgt Frost bis −12 °C. In wärmeren Gebieten Europas eignet er sich als Ziergehölz, in Mitteleuropa als Kübelpflanze. Die Blüten öffnen sich im Spätwinter und duften vanilleartig. Bei jedem Blatt steht ein blattähnliches Nebenblatt.

1 Papaya

♂ Blüten mit verwachsener Kronröhre

Blatt 20–60 cm breit, handförmig gelappt

Beere enthält viele Samen

2 Japanische Kamelie

Blüte bis zu 12 cm groß

3 Echter Mocanbaum

Blatt immergrün, 2–6 cm lang

Blüte glockig

4 Orangenkirsche

Blattspreite herz- bis eiförmig mit deutlichen Nerven

Beeren 7–10 mm groß, kugelig

♂ Blüten 1,5 cm groß, mit vielen Staubblättern

5 Buchsblättriger Azarabaum

Blätter unter 1 cm groß

Blüten klein, gelb

GATTUNG PAPPELN, *Populus*

Pappeln wachsen meist rasch. Oft besitzen sie lang gestielte Blätter. Ihre zweihäusig verteilten Blüten erscheinen vor den Blättern in hängenden Kätzchen. Sie bilden keinen Nektar und werden im Gegensatz zu Weiden (S. 184) vom Wind bestäubt. Die Kapselfrüchte enthalten viele Samen, die einen Haarschopf tragen und oft in dichten weißen Flocken auf dem Boden liegen. Sie bleiben nur wenige Tage keimfähig.

1 Silber-Pappel · *Populus alba* · 35 m

Blatt

Das Heimatgebiet des recht frostharten Baumes reicht vom Mittelmeerraum bis Südwestasien. Die natürliche Nordgrenze liegt in Deutschland im mittleren Rheinland, in Osteuropa in Russland. Jedoch pflanzen ihn Förster auch weiter nördlich zur Befestigung von Ufern, Hängen und Dünen. Auf trockenen Böden wächst er eher strauchig, in Auen als mächtiger Baum. Die Blätter tragen keine Drüsen. An Langtrieben sind sie handförmig 3-5-lappig. Die Samenhaare der Pappeln bestehen wie Baumwolle aus Zellulose. Mit einer Dicke von nur 0,008 mm sind sie jedoch fast 4-mal dünner. Sie gelten als die feinsten und wärmsten natürlichen Textilfasern. Sie lassen sich nicht verspinnen, eignen sich aber als Füllung für leichte Decken. Eine Mischung des Pappelflaums mit Baumwolle, Seide oder Wolle sorgt für die nötige Stabilität.

2 Grau-Pappel · *Populus* x *canescens* · 30 m

Tragblatt der Blüte

Diese Pappel entstand als natürliche Hybride aus Silber- und Zitter-Pappel in Gebieten, in denen beide Eltern vorkommen. Dies sind die Flussauen in Mittel- und Südosteuropa sowie Südwestasien. Der Baum bildet ein ausgedehntes Wurzelwerk und reichlich Wurzelbrut. Er eignet sich als Windschutz und zur Uferbefestigung. In den Merkmalen steht er zwischen seinen Eltern. Im Gegensatz zur Silber-Pappel sind die 6-12 cm langen Blätter jedoch nie tief 3-5-teilig und unterseits weniger dicht behaart. Die Tragblätter der Blüten sind zerschlitzt. Im Unterschied zur Zitter-Pappel verkahlen die Blätter unterseits nicht vollständig.

3 Zitter-Pappel · Espe · Aspe · *Populus tremula* · 10-30 m

Fruchtkätzchen

Das natürliche Areal dieses Baumes reicht von Europa bis nach Nordafrika und ostwärts durch ganz Sibirien bis an den Pazifik. Er wächst von der Ebene bis ins Gebirge auf trockenen und feuchten Böden. Als lichtbedürftiger Pionier gedeiht er an Wald- und Straßenrändern ebenso gut wie auf Waldschlägen und Schutthalden. Da er sehr kalte Winter und Rauch aushält, pflanzen Finnen und Schweden den Baum gerne zur Stadtbegrünung. Der Ausdruck „wie Espenlaub zittern" hängt mit der Länge und Form der Blattstiele zusammen. Schon ein Lufthauch lässt Blätter unruhig rascheln. Das leichte, weiche Holz eignet sich hauptsächlich als Brennholz sowie zur Herstellung von Papier. Da es nicht rußt, ist es außerdem der wichtigste Rohstoff für Zündhölzer.

1 Silber-Pappel

Rinde oft mit Rautenmuster

2 Grau-Pappel

3 Zitter-Pappel

Rinde lange ziemlich glatt, oft mit „Augen"

1 Schwarz-Pappel · *Populus nigra* · 35 m

♀ *Kätzchen*

Das natürliche Areal dieser Pappel reicht von Südengland bis Zentralasien und Nordafrika. Sie wächst hauptsächlich entlang von Flüssen und in Auen. Begradigte Flüsse, zerstörte Auen und der Anbau von Bastard-Schwarz-Pappeln führten zu einem starken Rückgang der Art. Nationale und internationale Schutzprogramme versuchen mittlerweile, diesen aufzuhalten. Die Bäume bilden einen oft krummen Stamm und eine unregelmäßige Krone. Die Äste wachsen teils bogig, teils übergeneigt. Die Blätter werden 5–10 cm, ihr Stiel 2–6 cm lang. Der Blattrand ist kahl, die Spreitenbasis ohne Drüsen. Bei der Pyramiden-Pappel oder Italienischen Pappel (*Populus nigra* 'Italica') **(1a)** handelt es sich um eine Varietät, deren Anbau sich von Italien und Frankreich aus durchsetzte. Napoleon ordnete an, sie an große Straßen zu pflanzen, damit sich das Heer und die Post besser orientieren konnten.

2 Karolina-Pappel · Virginische Pappel · *Populus deltoides* · 40 m

Blatt

Diese Pappel gehört zu den größten und raschwüchsigsten Bäumen Nordamerikas. Sie wächst dort in Flussniederungen und toleriert längere Überflutungen. Förster pflanzen sie gelegentlich auch in Europa, stellenweise konnte sie sich einbürgern. Der Baum ähnelt der Schwarz-Pappel, lässt sich aber anhand des Blattrandes und der Drüsen unterscheiden. Die Blätter sind außerdem 8–12 cm lang und haben einen 6–10 cm langen Stiel. In Amerika gilt der Baum als die wichtigste Pappel für die Holzgewinnung.

3 Bastard-Schwarz-Pappel · Kanada-Pappel · *Populus* x *canadensis* · 30 m

Winterknospe

Diese Bezeichnung vereint Kreuzungen der Schwarz-Pappel mit der Karolina-Pappel. Baumschulen vermehren sie vegetativ. Förster pflanzen sie in vielen Ländern Europas. Dabei setzt sich immer mehr ein plantagenartiger, monoton wirkender Anbau von erbgleichen Bäumen durch. Diese wachsen rasch, liefern eine gute Holzqualität und sind widerstandsfähig gegenüber Krankheiten. Die Blätter werden 7–10 cm lang. Ihr kerbig gesägter Rand ist zumindest anfangs bewimpert. An der Spreitenbasis sitzen 1–2 Drüsen. An den Knospen vieler Pappel-Arten sitzen klebrige Tröpfchen. Bienen sammeln diese und mischen sie mit Speichel und Wachs zu Propolis. Mit diesem duftenden Kittharz dichten sie ihren Bau ab und hüllen Fremdkörper ein. Die Volksheilkunde empfiehlt es bei Hautkrankheiten und Erkältungen. Es kann jedoch Allergien auslösen.

4 Großblatt-Pappel · *Populus lasiocarpa* · 20 m

Blatt

Der langsam wachsende Baum stammt aus feuchten Laubmischwäldern in China. Er ist auch in Mitteleuropa winterhart. Gärtner pflanzen ihn gelegentlich wegen seiner attraktiven Blätter. Mit einer Länge von bis zu 30 cm sind sie die größten aller Pappeln. Im Gegensatz zu den anderen Pappeln ist diese Art einhäusig. In China zählt sie zu den wichtigsten Holzlieferanten.

1a Pyramiden-Pappel

alte Rinde mit netzartigem Muster

1 Schwarz-Pappel

♂ Kätzchen mit roten Staubbeuteln

Blatt rhombisch-eiförmig bis 3-eckig

2 Karolina-Pappel

Blattrand kerbig gesägt, bewimpert

Spreitenbasis mit 2–4 Drüsen

Kapselfrüchte 2–4-klappig

3 Bastard-Schwarz-Pappel

alte Rinde tief längs gefurcht

Blatt 3-eckig, lang zugespitzt

4 Großblatt-Pappel

junger Zweig kantig, filzig behaart

♂ Kätzchen vorne oft mit einigen ♀ Blüten

1 Balsam-Pappel · Großblättrige Balsam-Pappel · *Populus balsamifera* · 30 m

Blattvariante

Die Heimat des schmalen Baumes erstreckt sich über die nördlichen USA und Kanada. Er ist der Laubbaum der neuen Welt, der noch am weitesten im Norden wächst. In Europa gedeiht er in Parks, Alleen sowie im Forst. Er lässt sich wie die folgende Art auch auf Island kultivieren. Die jungen Zweige sind rundlich. Die Blätter werden 5-12 cm lang. Balsam-Pappeln zeichnen sich durch sehr klebrige, aromatisch duftende Winterknospen aus. Im Frühjahr erfüllt der Duft ihrer ätherischen Öle den Luftraum rund um den Baum. Schon die Indianer nutzten den desinfizierenden Knospenbalsam gegen Erkältungen und bei Wunden. Die Volksheilkunde verwendet ihn auch gegen Rheuma.

2 Haarfrüchtige Balsam-Pappel · *Populus trichocarpa* · 40 m

unreife Frucht

Die raschwüchsigste der Balsam-Pappeln stammt aus dem pazifischen Nordamerika. In Europa gedeiht sie im Forst. Von der vorigen Art unterscheidet sie sich durch 8-25 cm lange, derbere Blätter und leicht kantige Zweige. Typisch ist auch die dichte Behaarung der Früchte. Balsam-Pappelholz gehört zu den leichtesten Hölzern. Es eignet sich zur Herstellung von Sperrholz, Spankörben und Streichhölzern. Zunehmend setzen sich auf stillgelegten landwirtschaftlichen Flächen auch „Energieholzkulturen" mit Balsam-Pappeln und Pappel-Hybriden durch. Die Bäume wachsen hier maximal 15 Jahre, bevor die Bauern sie als nachwachsenden Rohstoff abernten. Die Stümpfe schlagen wieder aus, so dass mehrere Zyklen pro Baum möglich sind.

3 Simons Pappel · Birken-Pappel · *Populus simonii* · 12-15 m

Rinde

Diese in China heimische Pappel gehört ebenfalls zu den Balsam-Pappeln. Sie zeichnet sich durch überhängende Zweige aus, die an eine Hänge-Birke (S. 38) erinnern. Ihre 4-12 cm langen Blätter haben einen nur 0,4-2 cm langen, oft rötlichen Stiel. Die Lorbeerblättrige Pappel *(Populus laurifolia)* **(3a)** wächst wild von Sibirien bis Ostasien. In Europa steht sie selten als reine Art. Landschaftsgärtner schätzten lange Zeit die Berliner Pappel *(Populus* x *berolinensis)* **(3b)**, eine in Berlin entstandene Hybride mit der Pyramiden-Pappel (S. 180), von der es nur männliche Exemplare gibt. Sie pflanzten die säulenförmigen, nahe der flachen Spitze am breitesten Bäume oft an Straßen und in Parks. Da sie sich als ziemlich brüchig und anfällig gegen Krankheiten erwiesen, spielen Nachpflanzungen heute keine Rolle mehr.

4 Charab-Pappel · Euphrat-Pappel · *Populus euphratica* · 10-30 m

Herbstfärbung

Der Pionierbaum mit den variablen Blättern wächst wild in Trockengebieten entlang von Flüssen in Spanien, Nordafrika, Vorder-, Süd- und Zentralasien. Er erträgt extreme Temperaturen, wie sie in Wüsten auftreten. Außerdem toleriert er als einzige Pappel salzhaltigen Boden. Wissenschaftler studieren an ihm die Anpassungen an den Stress, der durch Salz als Zellgift entsteht. Ihr Ziel ist es, über genetische Veränderungen auch andere Bäume toleranter gegen Salz zu machen.

1 Balsam-Pappel

Blattunterseite
oft rostfarben

♀ Blüte mit 2 Narben

Frucht eiförmig,
öffnet sich mit 2 Klappen

2 Haarfrüchtige Balsam-Pappel

Blatt meist
rhombisch-
länglich,
unterseits
weißlich

Frucht öffnet sich
mit 3–4 Klappen

3 Simons Pappel

Blatt
in oder oberhalb
der Mitte am breitesten

junger Zweig
stark kantig
bis geflügelt

3a Lorbeerblättrige Pappel

junger Zweig
scharfkantig

Blatt an
Langtrieben
lanzettlich

3b Berliner Pappel

Blatt unter-
halb der Mitte
am breitesten

4 Charab-Pappel

Blatt
am Langtrieb
teils linealisch

Blatt am Kurztrieb
teils breit eiförmig

GATTUNG WEIDEN, *Salix*

Weiden wachsen meist rasch, sind aber ziemlich konkurrenzschwach. Neben den hier vorgestellten Arten gibt es viele weitere, die ausschließlich als Sträucher oder Zwergsträucher wachsen. Die meisten Weiden neigen stark zur Bastardierung. Die in Kätzchen stehenden Blüten sind zweihäusig verteilt. Sie locken Insekten als Bestäuber an. Die Samen tragen Haarschöpfe und fliegen mit dem Wind davon.

1 Silber-Weide · *Salix alba* · 25–35 m

♀ *Blütenkätzchen*

Das Verbreitungsgebiet dieser Weide umfasst Europa mit Ausnahme von Island, Schottland und Nordskandinavien und reicht bis Nordafrika und Zentralasien. In Mitteleuropa gehört sie zu den häufigsten Weiden-Arten. Sie gedeiht in Auen- und Uferwäldern. An Wiesen und Bachrändern stehen oft zu Kopfweiden mit dickem Stamm gestutzte Exemplare, die Insekten und Vögeln als wertvolle Lebensräume dienen. Ihre abgeschnittenen, biegsamen Zweige eignen sich als Bindematerial und für Flechtarbeiten. Der von der Ferne silbrig schimmernde Baum erträgt wochenlange Überflutung. Seine Zweige halten Strömungen stand und können nach Verletzungen rasch neu austreiben. Die Goldene Trauer-Weide *(Salix alba* 'Tristis', *Salix* x *chrysocoma)* **(1a)** ist als Kreuzung einer Unterart der Silber-Weide mit der Babylonischen Trauer-Weide entstanden. Bei Trauer-Weiden, die in Mitteleuropa zur Landschaftsgestaltung in Parks, Gärten und an Flüssen stehen, handelt es sich meist um diese Züchtung.

2 Bruch-Weide · Knack-Weide · *Salix fragilis* · 25 m

Abbruchstelle

Der Baum steht in Fluss- und Bachauen von Süd- über Mittel- und Osteuropa bis zum Kaukasus, tritt jedoch seltener als die Silber-Weide auf. Seine 1–3-jährigen Zweige brechen bei leichtem Druck mit einem hörbaren Knacken ab. Auch Wind und Wasserströmungen reißen sie los. Wenn das Hochwasser oder der Wind sie an günstigen Stellen ablagern, wurzeln sie rasch und wachsen zu neuen Bäumen heran. Nach der Silber-Weide ist diese Art die für die Holzgewinnung interessanteste Weide. Das Holz eignet sich für Sperrholz, Span- und Faserplatten sowie für Zellstoff. Bei der Fahl-Weide oder Hohen Weide *(Salix* x *rubens)* **(2a)** handelt es sich um einen häufigen natürlichen Bastard der Silber- mit der Bruch-Weide mit ebenfalls brüchigen Zweigen. Er lässt sich nicht immer eindeutig von seinen Eltern unterscheiden. Seine Blätter sind unterseits meist locker anliegend behaart.

3 Babylonische Trauer-Weide · *Salix babylonica* · 20 m

Blatt

Diese asiatische Weide ist seit dem 18. Jahrhundert in Europa bekannt. Landschaftsgärtner pflanzen den attraktiven Zierbaum besonders häufig in Süd- und Westeuropa. In den meisten Gegenden Mitteleuropas hat er sich dagegen als nicht ausreichend winterhart erwiesen, so dass er hier durch die Goldene Trauer-Weide (oben) vertreten wird. Die 8–16 cm langen Blätter haben eine blaugrüne, kahle Unterseite. Die männlichen Blütenkätzchen werden bis zu 4, die weiblichen nur bis zu 2 cm lang.

1 Silber-Weide

1a Goldene Trauer-Weide

2 Bruch-Weide

2a Fahl-Weide

3 Babylonische Trauer-Weide

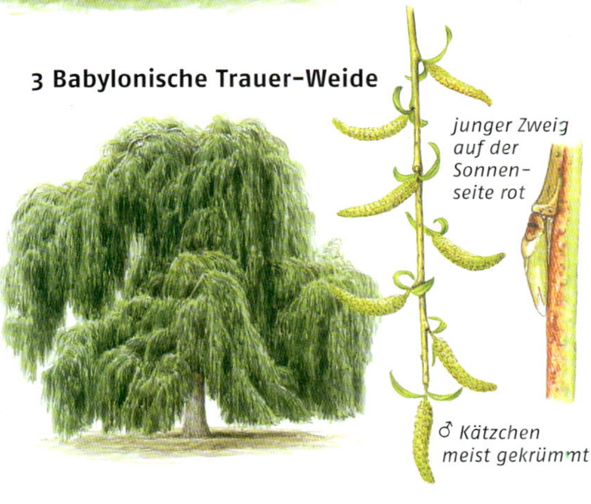

1 Sal-Weide · *Salix caprea* · 10 m

Frucht-kätzchen

Der Großstrauch oder Baum wächst von Europa bis Nordostasien. Im Süden Europas steht er in den höheren Lagen, sonst bis ins Flachland. Sal-Weiden gedeihen auch auf Island. Im Gegensatz zu anderen baumförmigen Weiden besiedelt diese Art auch trockene Standorte. Häufig entwickelt sie sich als Pioniergehölz auf Waldschlägen, an Waldrändern, in Kiesgruben und an Dämmen. Besonders bei strauchförmigem Wuchs kann sie mit der Grau-Weide verwechselt werden. Sie unterscheidet sich jedoch außer in der Farbe der Staubbeutel und der Struktur der Blätter auch in Merkmalen der Zweige. Diese sind nur anfangs behaart, später ebenso wie die Knospen glänzend kahl. Die geschälten Zweige sind glatt. In Mitteleuropa blüht das Gehölz von März bis April. Es bietet viel Nektar und Pollen und gehört zu den wichtigsten Bienenpflanzen im Frühjahr. Am Palmsonntag dienen die Zweige in manchen Gegenden als Ersatz für Palmwedel (S. 230). Baumschulen haben eine Hänge-Sal-Weide (*Salix caprea* 'Pendula') **(1a)** im Sortiment. Die hochstämmig veredelten Bäumchen zieren Haus- und Vorgärten.

2 Grau-Weide · *Salix cinerea* · 3–6 m

Blatt

Diese Weide kommt von Europa bis Nordafrika und in den Iran vor. In Westeuropa und im Mittelmeerraum ist sie sehr selten. Im Norden gedeiht sie bis nach Lappland. Sie erträgt hohen Grundwasserstand und wächst bevorzugt auf Moorwiesen, in Quellsümpfen sowie in Verlandungszonen von Seen. Deren Charakter prägt sie als oft fast halbkugeliges Gebüsch, das Vögeln einen willkommenen Brutplatz bietet. Selten bildet sie kleine Bäume. Die grauhaarigen Blätter sind im Gegensatz zu denen der Sal-Weide nicht runzelig. Die Rostrote Weide *(Salix cinerea* ssp. *oleifolia, Salix atrocinerea)* **(2a)** ist eine häufige Art an Gewässern und in Mooren von England bis nach Portugal. Sie ähnelt der Grau-Weide, lässt sich aber an der Blattbehaarung unterscheiden.

3 Schwarzwerdende Weide · *Salix myrsinifolia* · *Salix nigricans* · 4 m

♀ *Kätzchen*

Der Strauch oder seltener kleine Baum wächst im nordöstlichen Mitteleuropa, in Nord- und Osteuropa sowie in Westsibirien. Außerdem kommt er in Schottland, den Alpen, ihrem Vorland sowie im Apennin und in den Pyrenäen vor. Er bevorzugt nasse, auch zeitweise überschwemmte Kiesbänke, schlickige Ufer und Auenwälder. Typisch ist die weißliche, später graugrüne Blattunterseite mit andersfarbiger Spitze. Die Blätter färben sich beim Trocknen schwarz. Die Blüten öffnen sich kurz vor oder mit den Blättern. Die Nördliche Weide *(Salix borealis, S. myrsinifolia* ssp. *borealis)* **(3a)** gilt oft nur als Unterart. Sie wächst jedoch häufig baumförmig und blüht meist erst nach dem Laubaustrieb. Ihre Vorkommen beschränken sich auf die Feuchtgebiete Skandinaviens und Nordrusslands. Dort stehen in den Tundren entlang von Gewässern auch Sträucher oder seltener Bäume der Woll-Weide *(Salix lanata)* **(3b)**. Einzelne Vorkommen dieser Art in Schottland gelten als Relikte der letzten Eiszeit. Gärtner pflanzen das attraktive, wollhaarige Gehölz gerne in Stein- und Heidegärten. Es reagiert im Sommer jedoch empfindlich auf Trockenheit.

1 Sal-Weide

Rinde reißt netzartig auf

Blatt oval bis rundlich, oberseits runzelig

Kätzchenknospen dick, braun glänzend

♂ Blütenkätzchen mit gelben Staubbeuteln

1a Hänge-Sal-Weide

2 Grau-Weide

Zweig und Knospen grauhaarig

♂ Blütenkätzchen mit anfangs orangen Staubbeuteln

geschälter Zweig mit erhabenen Linien

2a Rostrote Weide

Blattunterseite mit rostbraunen Haaren

3 Schwarzwerdende Weide

Blattunterseite gegen die Spitze grün

Nebenblätter an Langtrieben groß

3a Nördliche Weide

junger Zweig dicht weißlich behaart

3b Woll-Weide

Blatt grauwollig behaart

1 Mittelmeer-Weide · *Salix pedicellata* · 10 m

♂ Kätzchen

Manche Botaniker halten diesen im westlichen Mittelmeerraum an schattigen Flussufern verbreiteten Strauch oder kleinen Baum für eine Unterart der Schwarzwerdenden oder der Grau-Weide (S. 186). Ihre geschälten Zweige zeigen ähnlich wie die Grau-Weide zahlreiche Leisten und Rippen, die Blätter sind jedoch viel schwächer behaart. Ihnen fehlt auch die andersfarbige Blattspitze, wie sie die Schwarzwerdende Weide besitzt. Bei der Salbeiblättrigen Weide *(Salix salviifolia)* **(1a)** handelt es sich um einen auf der Iberischen Halbinsel verbreiteten, bis zu 6 m hohen Strauch oder Baum. Die linealen Blätter mit den vielen Seitennerven ähneln denen von Echtem Salbei *(Salvia officinalis)*. Die bis zu 10 m hohe Kanaren-Weide *(Salix canariensis, S. pedicellata* ssp. *canariensis)* **(1b)** wächst endemisch an besonders feuchten Stellen auf den Kanaren und Madeira. Sie blüht bereits von Januar bis April.

2 Korkenzieher-Weide · *Salix matsudana 'Tortuosa'* · 8 m

Blatt

Diese Sorte der aus Ostasien stammenden Peking-Weide *(Salix matsudana)* gehört zu den beliebtesten Zierweiden. Ihre Zweige haben das räumliche Orientierungsvermögen verloren, das bei den Pflanzen gewöhnlich für ein gerichtetes Wachstum sorgt. So schlängeln sie sich bizarr durch die Krone. Auch die 5–10 cm langen Blätter sind verbogen. Bei der Drachen-Weide (*Salix udensis* 'Sekka') **(2a)** handelt es sich um eine weitere eigenartige Zierweide. Von dieser Sorte der ebenfalls in Ostasien beheimateten Amur- oder Sachalin-Weide *(Salix udensis)* gibt es nur männliche Exemplare. Typisch sind die bis zu 5 cm breiten, teils gewundenen oder verdrehten Zweige, die zur Blütezeit von April bis Mai dicht mit Kätzchen besetzt sind.

3 Korb-Weide · Hanf-Weide · *Salix viminalis* · 10 m

♂ Kätzchen

Diese Weide wächst wild in Auen sowie an Fluss- und Bachufern von West- über Mittel- und Osteuropa bis nach Sibirien und in die Mongolei. In Mitteleuropa beschränken sich ihre natürlichen Vorkommen auf die Auen großer Flüsse. Da jedoch Korbmacher sie schon lange als Flechtweide pflanzen, konnte sie sich auch an anderen feuchten Standorten ausbreiten. Regelmäßig gekappte Bäume bilden lange, biegsame, unverzweigte Ruten, die sich sehr gut für Körbe und andere Flechtwaren eignen. Solche als Kopfweiden gezogenen Exemplare unterscheiden sich durch dünnere, oft verdrehte Stämme von Kopfformen der Silber-Weide (S. 184). In letzter Zeit nutzen Landwirte Korb-Weiden und Hybriden zunehmend in Energieholzplantagen (siehe Balsam-Pappel, S. 182). Die Korb-Weide hat sich dabei als besonders ertragreich erwiesen. Schon nach 1–2 Jahren haben ihre Ruten eine ausreichende Größe erreicht und lassen sich mit einem Gehölzhäcksler für Hackschnitzelheizungen ernten. Die Kübler-Weide *(Salix* x *smithiana)* **(3a)** ist einer der häufigsten Weiden-Bastarde. Sie entstand als Kreuzung der Grau- mit der Korb-Weide. Gärtner schätzen sie als Kätzchenschmuck, Imker als Bienenweide. Sie eignet sich auch für Gehölzstreifen in Industriegebieten und an Straßenböschungen. Die Blätter stehen in der Form zwischen den Eltern.

1 Mittelmeer-Weide

Blatt unterseits dünn flaumhaarig

1a Salbeiblättrige Weide

Blatt auf beiden Seiten behaart

1b Kanaren-Weide

Blattrand meist glatt und leicht gewellt

2 Korkenzieher-Weide

Zweig korkenzieherartig gewunden

2a Drachen-Weide

Zweig bandartig abgeflacht

Blatt oberseits stark glänzend

3 Korb-Weide

Blatt 10–25 cm lang, schmal-lanzettlich

als Kopfweide

Blattunterseite mit anliegenden Haaren

♀ Kätzchen fast sitzend, 2–4 cm lang

Winterknospe länglich

3a Kübler-Weide

Blatt 5–7-mal so lang wie breit

1 Lavendel-Weide · *Salix elaeagnos* · 6–15 m

♂ *Kätzchen*

Wild wächst der Strauch oder seltener Baum in Mittel-, Süd- und Südosteuropa sowie Kleinasien. Als Pionier besiedelt er Ufer, Auen und Schotterbänke von Gebirgsflüssen oder aus den Gebirgen kommenden Flüssen. Dort treibt er selbst dann wieder aus, wenn er von Schmelzwasser überflutet oder von Schotter begraben wird. Im Gewässerbau spielt er deshalb eine wichtige Rolle bei der Befestigung von Schotterfluren. Gärtner schätzen ihn auch als Ziergehölz. Die 5–15 cm langen Blätter sind noch schmaler als bei der Korb-Weide (S. 188) und lassen sich auch an der Behaarung von dieser unterscheiden. Da die dünnen Kätzchen oft stark gekrümmt sind, wirken sie schon zur Blütezeit etwas verwelkt.

2 Großblättrige Weide · Gebirgs-Weide · *Salix appendiculata* · 6–9 m

♂ *Kätzchen*

Die Vorkommen dieser sehr schattenverträglichen Weide beschränken sich auf das Bergland oberhalb von 500 m. Sie wächst in den Alpen und deren Vorland, im Schweizer Jura, im Südschwarzwald, im Bayerischen Wald sowie im Apennin und in Nordkroatien. Wichtig für sie sind kühle, luftfeuchte Standorte, wie sie Nordhänge und Schluchten bieten. Der Baum heißt deshalb auch Schlucht-Weide. Durch oben vertiefte Nerven wirken die Blätter runzelig. Sowohl die Blattspreiten wie auch die immer vorhandenen Nebenblätter sind auffallend groß.

3 Lorbeer-Weide · *Salix pentandra* · 12 m

♂ *Kätzchen*

Der rundliche Strauch oder Baum wächst selten von den Pyrenäen bis nach Sibirien. Er steht in Sümpfen, Moorwäldern und an Flussufern. Seine Blütenkätzchen öffnen sich erst im Mai oder Juni. Er ist damit die am spätesten blühende baumförmige Weide. Die Früchte reifen im Herbst. Oft bleiben die offenen Kapseln mit den Samen über den Winter am Gehölz hängen und wirken dann sehr dekorativ. Das Gehölz trägt seinen deutschen Namen nach den derben Blättern, die an Lorbeerblätter (S. 28) erinnern. Jung fühlen sie sich ebenso wie die jungen Zweige etwas klebrig an. Der wissenschaftliche Artname bedeutet „fünfmännig" und weist auf die typischen männlichen Blüten hin. Gewöhnlich besitzen Weidenblüten nur 2 Staubblätter.

4 Mandel-Weide · *Salix triandra* · 10 m

♂ *Kätzchen*

Der Strauch oder seltener Baum ist in fast ganz Europa beheimatet und kommt ostwärts bis nach Japan vor. Das Pioniergehölz braucht den nassen Boden von Ufern und Auenwäldern. Dabei erträgt es Überflutungen ebenso gut wie stehende Nässe und Schatten, reagiert aber empfindlich auf späte Fröste. Korbmacher bauen die Art schon seit langem für grobe Körbe an. Darüber hinaus spielt sie eine Rolle zur Uferbefestigung. Wie die vorige Art ist auch diese durch die Anzahl der Staubblätter gut charakterisiert. Junge Äste haben eine glatte Rinde, bei älteren löst sich diese auf typische Weise ab. Die Form der Blätter ähnelt etwas denen einer Mandel (S. 84).

1 Lavendel-Weide

2 Großblättrige Weide

3 Lorbeer-Weide

4 Mandel-Weide

1 Reif-Weide · *Salix daphnoides* · 10–20 m

Blätter

Diese Weide wächst von Nord- und Mitteleuropa bis nach Mittelasien. Sie besiedelt Ufer und Kiesbänke in Flussauen der Gebirge sowie Küstendünen an der Ostsee. Da sie auf nassem Sand gedeiht, eignet sie sich auch für Küstenschutzgehölze. Ihre Blüten öffnen sich von Februar bis März, teils sogar noch früher. Sie ist damit die erste Weide im Jahr, die Bienen Nahrung bietet. Besonders gut lässt sie sich an den bereiften Zweigen erkennen, die an der Basis leicht abbrechen. Die Nebenblätter sind im Gegensatz zu anderen Weiden mit dem Blattstiel verwachsen.

2 Purpur-Weide · *Salix purpurea* · 3–10 m

♂ Kätzchen

Das natürliche Areal dieser strauch- oder seltener baumförmigen Weide reicht von Europa bis Westasien. Meist steht sie auf Kies- und Sandbänken von Bächen und Flüssen, in Kiesgruben und Auenwäldern. Typisch sind die zum Teil gegenständigen Blätter sowie die anfangs roten Staubbeutel und Narben. Korbflechter schätzen die zähen, biegsamen Zweige als Flechtmaterial, Winzer zum Anbinden der Weinreben. Blätter und Rinde schmecken durch den für Weiden typischen, in dieser Art besonders reichlich vorhandenen Inhaltsstoff Salicin stark bitter. Das Gehölz schützt sich damit vor Wildfraß. Heilkundige entdeckten schon in der Antike, dass Weidenrinde gegen Schmerzen und Fieber hilft. Auch hierfür ist das Salicin verantwortlich. Im 20. Jahrhundert verlor der Naturstoff zunehmend an Bedeutung, da es Chemikern gelang, synthetische Abkömmlinge der Salicylsäure wie Acetylsalicylsäure (ASS) herzustellen.

GATTUNG LINDEN, *Tilia*

Linden besitzen meist herzförmige, an der Basis etwas unsymmetrische Blätter. Die Achsen der Blüten- und Fruchtstände sind bis etwa zur Hälfte mit einem zungenförmigen, trockenhäutigen Hochblatt verwachsen. Dieses dient als Flügel, wenn der Wind den gesamten Fruchtstand mit den Nussfrüchten davonbläst.

3 Winter-Linde · *Tilia cordata* · 40 m

Achselbärte

Die Heimat des Baumes liegt in sommerwarmen Mischwäldern von Nordspanien bis zum Kaukasus. Besonders häufig tritt er in Polen und im Baltikum auf. Auf der bläulich grünen Blattunterseite fallen die großen, braunen Achselbärte auf. In diesen leben oft kleine Milben. Die Blattoberseite ist glatt und glänzend. Bildhauer und Schnitzer schätzen das feine, aber wenig dauerhafte Holz, da es sich gut bearbeiten lässt. Die Art reagiert empfindlicher auf Luftverschmutzung und Streusalz als die Holländische Linde *(Tilia* x *vulgaris)* (3a). Gärtner pflanzen deshalb als Stadt- und Straßenbaum meist diesen natürlichen Bastard der Winter- mit der Sommer-Linde (S. 194). Sie bildet eine eiförmige Krone. Auf der Blattunterseite trägt sie nur vereinzelt weiß-gelbe Achselbärte. Die 4–10 Blüten hängen unter dem 7–10 cm langen Hochblatt. Die fast kugeligen Früchte sind mehr oder weniger zerbrechlich und filzig behaart.

1 Reif-Weide

♂ Kätzchen bis zu 4 cm lang und 1,5 cm dick

Zweig mit abwischbarem blauweißen Reif

2 Purpur-Weide

Blätter teils gegenständig

Blätter unterseits blaugrün bis grau

Fruchtkätzchen dicht

3 Winter-Linde

Blatt meist 4–7 cm lang

Blüten zu 5–10, nach allen Seiten abstehend

Rinde alt längsrissig, kräftig gefurcht

Nussfrucht kahl, höchstens mit schwachen Kanten

3a Holländische Linde

Blatt 6–10 cm lang, oben matt

Blattstiel kahl

Winterknospen rötlich

1 Sommer-Linde · *Tilia platyphyllos* · 40 m

Blattstiel

Das Verbreitungsgebiet dieser Linde umfasst West-, Mittel-, Süd- und Südosteuropa. Der bis zu 1000 Jahre alt werdende Baum wächst in Laub-, Schlucht- und Bergwäldern. Er treibt früher aus als die Winter-Linde (S. 192) und blüht rund 2 Wochen eher. Von der Holländischen Linde (S. 192) unterscheidet er sich durch die bis zu 15 cm langen Blätter mit behaarten Stielen. Im Mittelalter spielte er eine wichtige Rolle als Dorflinde, unter der die Menschen feierten, sowie als Gerichtsbaum, unter dem sie Urteile fällten. Lindenbast dient seit langem als Flecht- und Bindematerial. Heute ersetzen ihn meistens Kunstbast oder afrikanischer Naturbast aus der Raffiapalme *(Raphia farinifera)*. Lindenblüten liefern einen schweißtreibenden Tee.

2 Silber-Linde · *Tilia tomentosa* · 30 m

Nussfrüchte

Die Heimat dieses Baumes liegt in Südosteuropa und Kleinasien. Er erträgt trockene Sommer und Luftverschmutzung. Deshalb gehört er im Süden und in Mitteleuropa zu den häufigen Park- und Straßenbäumen. Die Blüten öffnen sich erst etwa 2 Wochen nach der Winter-Linde (S. 192). Unter abblühenden Bäumen liegen oft tote Hummeln und in geringerer Zahl auch Bienen. Als ein Grund hierfür gilt der Nahrungsengpass, der im Spätsommer für nektarsuchende Insekten herrscht. Sobald die Linden keinen Nektar mehr bilden, würden die Insekten deshalb verhungern. Allerdings torkeln sie auch sterbend unter Bäumen, die in blühenden Naturgärten stehen. Deshalb vermuten Biologen weitere Faktoren. Der Blütenduft könnte die Tiere ungewöhnlich stark an den Baum binden, so dass diese dort noch gierig nach Nektar suchen, wenn keiner mehr vorhanden ist. Bei der Hänge-Silber-Linde (*Tilia tomentosa* 'Petiolaris') **(2a)** handelt es sich um eine Sorte mit stark überhängenden Ästen und sehr langen Blattstielen.

3 Krim-Linde · *Tilia* x *euchlora* · 20 m

Rinde

Dieser häufige Bastard aus Winter-Linde (S. 192) und Kaukasischer Linde erträgt Hitze und Staub. Er wird außerdem kaum von Blattläusen befallen. So bleiben unter ihm geparkte Autos sauber. Von anderen Linden dagegen tropft oft klebriger, von Blattläusen ausgeschiedener Honigtau. Da dieser ein idealer Nährboden für Kleinpilze ist, verwandelt er sich durch deren Fäden auch zu schwarzem Rußtau. Der Baum lässt sich an der schmalen Krone und der recht glatten Rinde gut erkennen. Er blüht ähnlich spät wie die Silber-Linde. Die Blätter tragen große, braune Achselbärte. Die Kaukasische Linde *(Tilia dasystyla)* (3a) steht nur selten in Parks. Ihre Blätter besitzen weiße Achselbärte und leicht abbrechende Grannenspitzen.

4 Amerikanische Linde · *Tilia americana* · 25 m

Blüten

Diese Linde aus dem östlichen Nordamerika steht gelegentlich in europäischen Parks und an Straßen. Sie ist in Mitteleuropa gut winterhart. Ihre Blüten besitzen zwischen den Kron- und den Staubblättern einen Kranz aus 5 schmalen Blättchen, bei denen es sich um sterile Staubblätter handelt.

1 Sommer-Linde
Blüten hängend, meist zu 3–4
Blatt-unterseite behaart mit hellen Achsel-bärten
Nussfrüchte behaart, hart, deutlich 3–5-kantig
2 Silber-Linde
2a Hänge-Silber-Linde
Blattstiel 3–12 cm lang
Blüten hängend, zu 5–10
Blatt unterseits dicht hellgrau filzig
3 Krim-Linde
Blatt 8–16 cm lang
3a Kaukasische Linde
Blatt 6–10 cm lang, oft stark unsymmetrisch
Nussfrucht kugelig, dickschalig
Blatt bis zu 20 cm lang, beiderseits gelblich grün, kahl
Blattzähne mit aufgesetzten Grannenspitzen
Früchte an beiden Enden zugespitzt
4 Amerikanische Linde

Sterkuliengewächse *(Sterculiaceae)*: 1
Wollbaumgewächse *(Bombacaceae)*: 2
Malvengewächse *(Malvaceae)*: 3, 4

1 Kurrajong-Flaschenbaum · *Brachychiton populneus* · 10–14 m

Blattvarianten

Der frostempfindliche Baum steht in Städten der Iberischen Halbinsel, zum Beispiel in Lissabon und Malaga, als Schattenbaum oder als Ziergehölz. In Australien wächst er wild an Küsten und in Halbwüsten. Der Stamm kann Wasser speichern und schwillt dabei an. Die Sammelfrüchte mit den bis zu 10 cm langen Balgfrüchtchen eignen sich für Trockengestecke. Die Samen erinnern frisch an Maiskörner, später färben sie sich braun. Die Aborigines rösteten sie als Nahrung. Die feinen Haare, die sie umgeben, können Haut und Augen reizen. Während diese Art nach dem Blattaustrieb blüht, entfalten sich die Blüten des Flammenden Flaschenbaums *(Brachychiton acerifolius)* (1a) vor den Blättern am Ende der Trockenzeit. Er gilt als einer der spektakulärsten Bäume Australiens.

2 Brasilianischer Florettseidenbaum · *Chorisia speciosa* · 9–18 m

Blüte

Die Naturforscher Alexander von Humboldt und Aimé Bonpland brachten Anfang des 19. Jahrhunderts diesen attraktiven Baum aus den Trockenwäldern Südamerikas mit. Wie bei der vorigen Art dient auch sein Stamm als Wasserreservoir. Die kräftigen Stacheln wehren kletternde Säugetiere ab. Die bis über handtellergroßen Blüten öffnen sich in frostfreien Gegenden Südeuropas im Herbst nach dem Laubfall. Bis zum Frühjahr entwickeln sich die bis zu 20 cm langen Kapselfrüchte. Die Haare, zwischen denen die Samen liegen, entspringen der Innenseite der Kapselwand. Die Früchte ähneln denen des verwandten Kapokbaums *(Ceiba pentandra)*, dem es in Europa zu kalt ist. Kapokfasern dienen als Füllmaterial für Kissen, Matratzen und Schlafsäcke.

3 Echter Roseneibisch · *Hibiscus syriacus* · 4 m

Kapselfrucht

Dieses Gehölz aus Süd- und Ostasien gilt in Südkorea als Nationalblume. Dank seiner prachtvollen Blüten, die sich an warmen, sonnigen Standorten ab dem Spätsommer über viele Wochen hinweg entfalten, erfreut es sich auch in Europa zunehmender Beliebtheit. Im Süden konnte es sich stellenweise bereits einbürgern. Neben trichterförmigen Sträuchern mit ungefüllten und gefüllten weißen, rosa bis violettblauen Blüten setzen sich in letzter Zeit Exemplare durch, die als Bäumchen oder sogar als Straßenbaum gezogen werden. Die Säule mit den Staubblättern bleibt deutlich kürzer als die Kronblätter.

4 Chinesischer Roseneibisch · *Hibiscus rosa-sinensis* · 5 m

Blatt

Das ursprünglich wohl aus den Tropen Asiens stammende Gehölz gehört weltweit zu den häufigsten Zierpflanzen in warmen Gebieten. Auch in Südeuropa schmückt es viele Gärten und eignet sich für blühende Hecken. In Mitteleuropa ist es nicht winterhart und lässt sich nur als Zimmer- oder Kübelpflanze kultivieren. Die Blüten erscheinen von Frühjahr bis zum Herbst. Bei der Wildform leuchten sie rot, bei vielen Sorten weiß, gelb oder rosa. 1960 ernannte die Regierung von Malaysia die Pflanze zur Nationalblume. Seither prägen sie die Blüten auf Banknoten. Auf Hawaii stecken sich die Mädchen die Blüten ins Haar. Dort gründeten Züchter 1911 die erste Hibiskusgesellschaft.

1 Kurrajong-Flaschenbaum

Blüten glockig, weißlich, innen gefleckt

Frucht aus 5 bootartigen, holzigen Teilen

1a Flammender Flaschenbaum

Blüten feuerrot

Blatt um 25 cm lang, oft ahornartig gelappt

2 Brasilianischer Florettseidenbaum

Blatt lang gestielt, gefingert

Kapselfrucht mit baumwollartiger Füllung

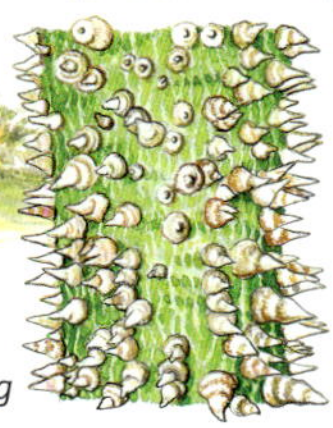

Stamm stark stachelig

3 Echter Roseneibisch

Blüte 6–10 cm groß

Blatt 3-lappig, grob gezähnt

4 Chinesischer Roseneibisch

Blüte bis zu 15 cm breit

Staubfäden zu langer Säule verwachsen

Myrsinengewächse *(Myrsinaceae)*: 1
Breiapfelgewächse *(Sapotaceae)*: 2
Ebenholzgewächse *(Ebenaceae)*: 3, 4

1 Pleiomeris · *Pleiomeris canariensis* · 15 m

Blütenstand

Dieser Kanaren-Endemit steht ziemlich selten in den Lorbeerwäldern. Er bildet die größten Blätter aller dort zu findenden immergrünen Gehölze. Sie erinnern etwas an die von Magnolien (S. 22), haben aber durchscheinende Drüsenpunkte, die im Gegenlicht zwischen den Nerven leuchten. Die 5-7-zipfeligen Blüten sitzen auf kleinen Kurztrieben. Aus ihnen entwickeln sich erbsengroße Früchte. Wissenschaftler meinen, dass das Gehölz schon im Tertiär wuchs und dort zur so genannten „Tethys-Flora" gehörte. Bei seinen heutigen Vorkommen handelt es sich demnach um Relikte. Kein Wunder, dass das Gehölz zu den bedrohten Arten gehört. Auch die Heberdenie *(Heberdenia excelsa, Ardisia excelsa)* **(1a)**, ein weiterer Endemit der Kanaren und Madeiras gilt als gefährdet. Schreiner schätzten sein „Adernoholz" früher für Möbel. Die Blätter besitzen dunkelrote, nicht durchscheinende Punkte.

2 Marmulan · *Sideroxylon marmulano* · 15 m

Früchte

Durch den Rückgang der Lorbeerwälder verlor auch dieser Endemit Madeiras, der Kanaren und Kapverden viel von seinem Lebensraum. Heute wächst er nur noch an schwer zugänglichen Felsstandorten. Typisch für den immergrünen Baum sind der weiße Milchsaft, der aus Verletzungen fließt, sowie die rostbraunen Haare. Die beerenartigen Früchte werden 14-18 mm lang.

3 Kakipflaume · *Diospyros kaki* · 6-15 m

Blatt

Ursprünglich stammt dieses Obstgehölz aus China, Südkorea und Japan. Rund um das Mittelmeer liefern heute Spanien, Südfrankreich, Italien, die Türkei und Israel Früchte für den europäischen Markt. Diese reifen im Herbst und Winter. Oft hängen sie noch lange nach dem Fall der 10-20 cm langen, ledrigen Blätter an den Bäumen. Reife Früchte besitzen ein geleeartiges Fleisch, in dem bis zu 8 Kerne sitzen. Einige Sorten schmecken zuerst herb und zusammenziehend und entwickeln erst vollreif ein angenehm süßliches Aroma. Anderen Sorten fehlen die für das pelzige Gefühl im Mund verantwortlichen Gerbstoffe. Leider lässt sich der Geschmack erst beim ersten Biss feststellen. Bei der israelischen „Sharonfrucht" handelt es sich um eine Sorte, die ein schnittfestes Fleisch besitzt. Kakifrüchte enthalten sehr viel Vitamin A. Die ähnliche Persimone *(Diospyros virginiana)* **(3a)** ist im Südosten der USA heimisch. Sie kommt auch mit dem Klima Mitteleuropas gut zurecht.

4 Lotuspflaume · Dattelpflaume · *Diospyros lotus* · 10-12 m

Blatt

Der von Westasien bis Korea heimische Baum wächst schon seit der Antike im Mittelmeergebiet. Auf dem Balkan konnte er sich einbürgern. In Mitteleuropa reifen die Früchte nur nach langen, warmen Sommern vollständig aus. Sie sind kaum lagerfähig und schmecken selbst vollreif noch stark zusammenziehend. Kurzes Tauchen in heißes Wasser mildert dies. In Ostasien kommen sie roh, getrocknet sowie zu Sirup und Wein verarbeitet auf den Markt. Außerdem eignet sich das Gehölz als frostharte Pfropfunterlage für die Kakipflaume.

1a Heberdenie

Blüten in kurzen stammblütigen Trauben

Blatt stumpf, bis zu 12 cm lang

1 Pleiomeris

Frucht beerenartig, mit bleibendem Griffel

Blatt derb-ledrig, bis zu 20 cm lang

2 Marmulan

Blatt ledrig, mit rötlicher Mittelrippe

Blüten auf rostbraun behaarten Stielen

3 Kakipflaume

fruchtend

Blüte um 3 cm breit, mit 4 großen Kelchblättern

Beere bis zu 12 cm groß

3a Persimone

Beere orange, 2,5–3 cm groß

Blatt bis zu 14 cm lang, glänzend

4 Lotuspflaume

Blüte um 1,2 cm breit, glockig

Beere gelb bis purpurn, 1–3 cm groß

1 Japanischer Storaxbaum · *Styrax japonicum* · 5–7 m

Blätter

Der recht frostharte Baum aus Ostasien eignet sich als dekoratives Gehölz für mitteleuropäische Parks und Gärten. Im Juni öffnet er an hellen Standorten zahlreiche zarte, etwa 2 cm große Blüten. Diese haben eine tief 5-lappige Krone. Im Gegensatz zu den drüsig gezähnten Blättern dieser Art sind die des Gewöhnlichen Storaxbaumes (*Styrax officinalis*) **(1a)** ganzrandig. Dieses wärmebedürftige Gehölz wächst wild von Italien bis Syrien, in Frankreich ist es eingebürgert. Schon Moses soll das aus Rindeneinschnitten gewonnene, duftende Harz, den „Echten Styrax", als Räuchermittel verbrannt haben. Styraxrauch riecht süßlich und wirkt entspannend und beruhigend. Heute ist als Styraxharz meist das sehr ähnliche Harz des Amberbaumes (S. 34) im Handel.

2 Carolina-Schneeglöckchenbaum · *Halesia carolina* · 6 m

Steinfrüchte

Der Strauch oder kleine Baum gilt als eines der schönsten Blütengehölze, die aus Nordamerika nach West- und Mitteleuropa kamen. An einem geschützten Platz öffnet er von April bis Mai hängende Büschel mit 1,5–2 cm langen Blüten. Sie erscheinen etwa gleichzeitig mit den Blättern und wirken am schönsten, wenn man unter dem Baum steht und nach oben blickt. Die 2,5–3,5 cm langen Steinfrüchte besitzen 4 Längsflügel. Sie sind jedoch zu schwer, als dass der Wind sie weit tragen könnte. In ihrer Heimat sorgen besonders Eichhörnchen für ihre Verbreitung. In Amerika schätzen Schnitzer das weiche, sehr feine „Bellwood" (= Glockenholz) für Kunsthandwerk.

3 Gewöhnliche Stechpalme · Hülse · *Ilex aquifolium* · 3–15 m

♀ Blüte

Die Heimat des immergrünen Gehölzes reicht von den Atlantikländern Europas bis nach Westdeutschland, Südnorwegen und Österreich, sowie entlang des Mittelmeers bis in die Gebirge des Balkans. In Gegenden mit milden Wintern wächst es baumförmig, in den Alpen nur als Strauch. Der Name *Ilex* bezieht sich auf die Stein-Eiche (S. 62), die ähnliche Blätter besitzt. Die Stacheln der 5–9 cm langen Blätter schützen vor Fressfeinden. Meistens treten am gleichen Exemplar auch ganzrandige Blätter auf. Die Blüten sind zweihäusig verteilt. Die Früchte sitzen noch im Winter zwischen den Blättern. Für den Menschen sind sie giftig. Amseln fressen sie und scheiden die Steinkerne unverdaut aus. In manchen Gegenden tragen Gläubige die Zweige am Palmsonntag als Ersatz für Palmwedel (S. 230) in die Kirche. Besonders in England gehören sie zum Weihnachtsschmuck. Das harte Holz eignet sich für Drechselarbeiten. Die auf den Kanaren und Madeira endemische Kanaren-Stechpalme *(Ilex canariensis)* **(3a)** steht vor allem im Baumheide-Buschwald und im Lorbeerwald. Bei der Azoren-Stechpalme *(Ilex perado)* **(3b)** werden die Blätter bis zu 15 cm lang. Ihre Unterarten wachsen endemisch auf Madeira, den Kanaren und Azoren. Züchter kreuzten sie mit der Gewöhnlichen Stechpalme. Die Sorten dieser Großblättrigen Stechpalme *(Ilex* x *altaclarensis)* **(3c)** sind auch in Mitteleuropa winterhart. Sie wachsen kräftig und haben bis zu 10 cm lange Blätter mit kleineren Stacheln. In Gärten steht auch die aus China stammende Rautenblättrige Stechpalme *(Ilex pernyi)* **(3d)** mit nur 1,5–2,5 cm langen Blättern.

1 Japanischer Storaxbaum

1a Gewöhnlicher Storaxbaum

2 Carolina-Schneeglöckchenbaum

3a Kanaren-Stechpalme

3 Gewöhnliche Stechpalme

3b Azoren-Stechpalme

3c Großblättrige Stechpalme

3d Rautenblättrige Stechpalme

1 Taubenbaum · Taschentuchbaum · *Davidia involucrata* · 20 m

unreife Steinfrucht

Dieser Baum gehört zu den auffälligsten Blütengehölzen aus China. In West- und Mitteleuropa ziert er Parks in Regionen mit milden Wintern und warmen Sommern. Von Mai bis Anfang Juni erweckt er den Eindruck, als ob ein weißer Taubenschwarm durch seine Krone flattert oder Taschentücher an den Ästen hängen. Dieses eigenartige Aussehen entsteht durch die bis zu 16 cm langen Hochblätter. Die um 2 cm breiten Blütenköpfe enthalten viele pinselartige männliche sowie eine weibliche Blüte. Die 3–3,5 cm langen Steinfrüchte hängen an einem langen Stiel, der unterhalb der Frucht verdickt ist. Die 8–15 cm langen Blätter erinnern etwas an die von Linden (S. 192).

2 Wald-Tupelobaum · *Nyssa sylvatica* · 20–30 m

Herbstfärbung

Der Baum aus dem östlichen Nordamerika ist winterhart bis zu −20 °C. Bevorzugt wächst er auf feuchten Böden, kommt aber auch mit kurzer Trockenheit zurecht. In den Sumpfwäldern seiner Heimat steht eine Varietät (var. *biflora*) oft gemeinsam mit der Sumpfzypresse (S. 256) den größten Teil des Jahres im Wasser. Als Anpassung daran besitzt er ein locker schwammiges Wurzelholz, das für eine gute Durchlüftung sorgt. Chirurgen und Gynäkologen verwendeten dieses früher für „Tupelostifte". Diese Holzzylinder lassen sich bis auf ein Viertel ihres Volumens zusammendrücken. In Körperöffnungen eingeführt, quellen sie wieder auf und erweitern so die Kanäle.

3 Dichte Griseline · Kapuka · *Griselinia littoralis* · 10 m

Beere

Der immergrüne Strauch oder Baum aus Neuseeland lässt sich in Westeuropa und in milden Lagen Mitteleuropas kultivieren. Besonders Gärtner an den Küsten der Britischen Inseln pflanzen ihn als Hecke oder Windschutz, da er salzige Winde toleriert. Stellenweise konnte er sich dort auch einbürgern. Der Zierwert beruht auf den apfelgrünen, bei manchen Sorten auch weiß gemusterten Blättern. Die zweihäusig verteilten Blüten bieten Bienen viel Nektar.

4 Kornelkirsche · Herlitze · *Cornus mas* · 3–8 m

zerrissenes Blatt

Die Heimat dieses Gehölzes reicht von Südost- und Osteuropa bis nach Kleinasien. Es gedeiht in sonnigen Gebüschen und lichten Wäldern. Schon die Römer nutzten es als Kulturpflanze, wodurch es sich in Süd- und Mitteleuropa einbürgern konnte. Das sehr harte Holz eignet sich für Werkzeuge, Radspeichen und Nägel. Die reifen Früchte schmecken herb-sauer bis süß-säuerlich. Baumschulen bieten aromatische Sorten als Obstgehölz an. Außer an dem bogigen Verlauf der Nerven in den gegenständigen Blättern lassen sich *Cornus*-Arten anhand vorsichtig zerrissener Blätter erkennen. Bei den heraushängenden Fäden handelt es sich um Schraubenbänder, mit denen die Wasserleitungsgefäße verstärkt sind. Gelegentlich steht in Gärten auch die Japanische Kornelkirsche *(Cornus officinalis)* **(4a)**, die sich zur Blütezeit von März bis April kaum unterscheiden lässt. Die Chinesische Medizin verwendet ihre Früchte gegen eine zu starke Abgabe von Schweiß und Urin.

1 Taubenbaum

blühend

Blatt herzförmig, Rand grannig gezähnt

Blütenstand mit 2 ungleich großen Hochblättern

Blattunterseite heller

2 Wald-Tupelobaum

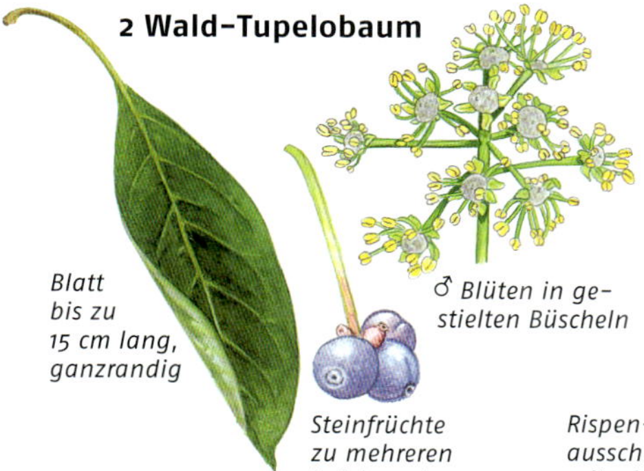

Blatt bis zu 15 cm lang, ganzrandig

Steinfrüchte zu mehreren beieinander

♂ Blüten in gestielten Büscheln

3 Dichte Griseline

Rispenausschnitt mit winzigen Blüten

Blatt dick ledrig, 6–12 cm lang

4 Kornelkirsche

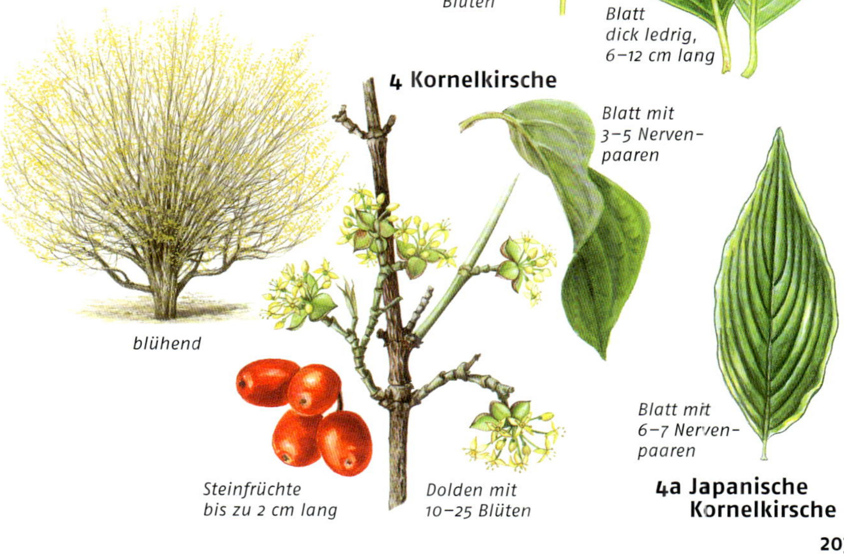

blühend

Blatt mit 3–5 Nervenpaaren

Steinfrüchte bis zu 2 cm lang

Dolden mit 10–25 Blüten

Blatt mit 6–7 Nervenpaaren

4a Japanische Kornelkirsche

1 Pagoden-Hartriegel · Riesen-Hartriegel · *Cornus controversa* · 8–20 m

Sorte 'Variegata'

In Japan, China und Korea wächst dieser Baum in Laub- und Nadelwäldern. Er erträgt Temperaturen bis zu −20 °C. In Europa fallen die meist einzeln gepflanzten, dekorativen Exemplare an der regelmäßigen, in deutlich getrennten Etagen aufgebauten Krone auf. Die Äste stehen waagerecht ab. Auf diesen öffnen sich Mitte Juni die aufrecht orientierten Blütenstände. Die Blätter sind im Gegensatz zu den anderen Hartriegel-Arten wechselständig angeordnet. Bei der Sorte 'Variegata' handelt es sich um eine Züchtung mit schmaleren, weiß berandeten Blättern. Dieser Baum soll etwas an eine hochgetürmte Hochzeitstorte erinnern, weshalb er im Englischen „Wedding Cake Tree" heißt.

2 Blumen-Hartriegel · *Cornus florida* · 10 m

Rinde

Dieser kleine, oft strauchartige Baum aus dem Osten Nordamerikas gehört in den USA zu den beliebtesten Ziergehölzen. Auch in West- und Mitteleuropa steht er häufig in Gärten und Parks. Er erträgt zwar bis zu −25 °C, in Deutschland schädigen jedoch gelegentlich Spätfröste die Blütenstände, die sich lange vor der Blattentfaltung öffnen. Die 4 äußeren Schuppen der Blütenstandsknospen strecken und entfärben sich zu den auffälligen, 3–5 cm langen Hochblättern, die Insekten zu den unscheinbaren Blüten locken. Im Herbst leuchten die Blätter oberseits scharlachrot. Ihre weißflaumig behaarte Unterseite bleibt hell. Indianer verwendeten die Rinde früher gegen Fieber und Malaria. Aus der Wurzelrinde stellten sie rote Farbe her.

3 Japanischer Blumen-Hartriegel · *Cornus kousa* · 7 m

Einzelblüten

Dieses aus Japan und Korea stammende attraktive Gehölz besitzt waagerechte, etwas nach unten neigende Äste, an denen sich von Juni bis Juli eine Fülle von Blüten entwickelt. Wie bei allen Blumen-Hartriegeln übernehmen die Hochblätter die Schauwirkung für den Blütenstand und täuschen damit eine einzige große Blüte vor. Die nur wenige Millimeter großen Blüten sitzen im Zentrum der Hochblätter. Bei dieser Art sind sie am Grund gemeinsam in die Achse des Blütenstands eingesenkt. Diese schwillt nach der Blüte an, so dass die Früchte in einer erdbeerartigen, essbaren Scheinfrucht miteinander verbunden bleiben. Die Blätter färben sich im Oktober oft scharlach- bis weinrot. Sie tragen unterseits braune Haarbüschel in den Nervenwinkeln.

4 Nuttalls Blumen-Hartriegel · *Cornus nuttallii* · 6–20 m

Verfärbung

Dieses Gehölz aus den Nadelwäldern der Westküste Nordamerikas ist etwas weniger frosthart als die beiden anderen Blumen-Hartriegel. Es erträgt jedoch bis zu −15 °C und eignet sich damit bis in mildere Gebiete Mitteleuropas als schönes Ziergehölz, das von April bis Mai vor dem Blattaustrieb blüht. Besonders schön entwickelt es sich in luftfeuchten Lagen. Die kugeligen Fruchtstände bestehen aus 30–40 Steinfrüchten, die an der Spitze jeweils den Rest des Kelchs tragen. Ihr mehliges Fruchtfleisch schmeckt etwas bitter. Im Herbst fällt das Gehölz durch orangenes bis dunkelrotes Laub auf.

1 Pagoden-Hartriegel

Blatt 7–12 cm lang, unterseits bläulich grün

Blütenstand bis zu 18 cm breite, flache Doldenrispe

Steinfrüchte um 6 mm dick, locker beieinander

2 Blumen-Hartriegel

Blatt 6–15 cm lang, mit 5–7 bogigen Nervenpaaren

Blütenstand mit 4 weißen, vorn eingebuchteten Hochblättern

Steinfrüchte um 1 cm lang, dicht beieinander

3 Japanischer Blumen-Hartriegel

Blatt 6–9 cm lang, mit 4–5 bogigen Nervenpaaren

Blütenstand mit 4 weißen, lang zugespitzten Hochblättern

Scheinfrucht um 2 cm groß, gefeldert

4 Nuttalls Blumen-Hartriegel

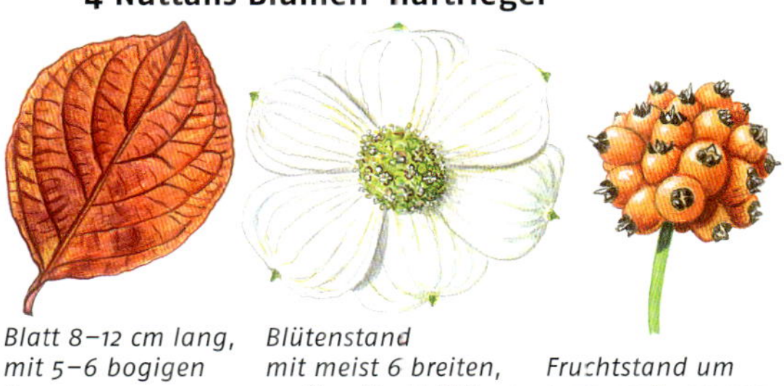

Blatt 8–12 cm lang, mit 5–6 bogigen Nervenpaaren

Blütenstand mit meist 6 breiten, weißen Hochblättern

Fruchtstand um 4 cm groß, orange

GATTUNG ERDBEERBÄUME, *Arbutus*

Die etwa 12 immergrünen Arten sind in Nord- und Mittelamerika sowie im Mittelmeerraum beheimatet. In den Achseln älterer Blätter erscheinen Rispen mit glockenförmigen, 5-zipfeligen Blüten. Typisch sind die etwas an Erdbeeren erinnernden, kugeligen Beeren.

1 Westlicher Erdbeerbaum · *Arbutus unedo* · 12 m

Beere

Das Hauptverbreitungsgebiet des dichten Baumes oder Strauchs liegt im Westen des Mittelmeerraums. Außerdem ist er entlang der Atlantikküste Frankreichs bis nach Irland und am Mittelmeer bis in den Libanon heimisch. Im Süden gehört er zur typischen Macchienvegetation, steht aber auch im Unterholz von Nadelwäldern und in felsigen Gebieten. In Parks und Gärten ist er der am häufigsten kultivierte Erdbeerbaum. Er fällt durch die ungewöhnliche Blütezeit von Oktober bis Dezember auf. Da die bis zu 2 cm dicken Früchte erst nach etwa einem Jahr reif sind, hängen häufig Blütenrispen neben unreifen gelben und reifen roten Früchten. Die Beeren schmecken unreif mehlig. Hierauf geht wohl der Artname *unedo* = „Ich esse nur eine" zurück. Reife Beeren werden saftig und schmecken süßsauer. Portugiesen destillieren aus ihnen den Branntwein „Medronho". Stirbt das Gehölz durch Dürre oder Brand oberirdisch ab, können ruhende Knospen an seiner unterirdischen Stammknolle neu austreiben.

2 Kanarischer Erdbeerbaum · *Arbutus canariensis* · 15 m

Blüte

Der auf den Kanaren endemische Baum oder Strauch wächst lokal in den trockeneren, unteren Bereichen der Lorbeerwälder. Er besitzt eine dem Östlichen Erdbeerbaum ähnliche Rinde. Seine Blätter sind schmaler als die des Westlichen Erdbeerbaums. Die eher aufrechten Rispen mit den grünlich weißen oder rosa überlaufenen Blüten erscheinen von Dezember bis März.

3 Östlicher Erdbeerbaum · *Arbutus andrachne* · 5 m

Rinde

Das Gehölz mit den oft verdrehten oder gewundenen Ästen wächst wild in der Macchie und in immergrünen Wäldern von Griechenland bis zum Orient. Außerhalb seiner Heimat ist es nur selten zu sehen. Die auffällige, glatte Rinde schält sich in größeren Stücken oder Locken ab. Die Blüten erscheinen von Februar bis April in aufrechten Rispen. In Griechenland, wo Westlicher und Östlicher Erdbeerbaum gemeinsam vorkommen, wächst eine natürliche Kreuzung, der Bastard-Erdbeerbaum *(Arbutus* x *andrachnoides)* **(3a)**. Er steht in den Merkmalen zwischen seinen Eltern, bildet aber nur selten Früchte aus. Er besitzt meist nur gesägte Blätter. Junge Zweige fühlen sich etwas klebrig an.

4 Amerikanischer Erdbeerbaum · Madrone · *Arbutus menziesii* · 16 m

Beeren

Die Rinde des gelegentlich in milden Lagen kultivierten Baumes von der nordamerikanischen Pazifikküste ähnelt der vorigen Art. Die ganzrandigen Blätter sind jedoch größer, ledrig-wachsig und unterseits blaugrün bis bläulich weiß. Die Krone wirkt locker. Der Baum bildet meist viele bis zu 1,5 cm große Beeren.

1 Westlicher Erdbeerbaum

Rinde matt, graubraun, rissig

Blüten um 9 mm groß

Blatt bis zu 10 cm lang, glänzend, gesägt

2 Kanarischer Erdbeerbaum

Astrinde glatt, rotbraun

Blatt gesägt, bis zu 16 cm lang

3 Östlicher Erdbeerbaum

Blatt am Jungtrieb gesägt

Blatt älterer Triebe ganzrandig (Unterseite)

Beere bis zu 1,5 cm groß

3a Bastard-Erdbeerbaum

Rinde schuppt sich schwärzlich

4 Amerikanischer Erdbeerbaum

Blüten in aufrechter Rispe

Blatt bis über 15 cm lang

1 Baum-Heide · *Erica arborea* · 15 m

Blätter

Der einzige baumförmige Vertreter der Gattung *Erica* in Europa wächst im Mittelmeerraum häufig in der Macchie, oft zusammen mit Erdbeerbäumen (S. 206). Auf den Kanaren, auf denen die Art besonders hoch wird, charakterisiert sie den Baumheide-Buschwald. Die 3–5 mm langen, nadelartigen Blätter stehen oft in Quirlen zu 3 oder 4. Ihr Rand ist als Anpassung an trockene Standorte nach unten eingerollt. Junge Triebe sind dicht weiß behaart. Alte Stämme können unter der Erdoberfläche eine bis über 40 kg schwere Stammknolle besitzen, die wie beim Westlichen Erdbeerbaum ein Überleben bei Waldbränden ermöglicht. Schnitzer fertigen aus dem rotbraun gemaserten, kieselsäurereichen „Wurzel"-Holz die Pfeifenköpfe der Bruyère-Pfeifen.

2 Baum-Alpenrose · Baum-Rhododendron · *Rhododendron arboreum* · 10 m

Blüte

In seiner Heimat im Himalaya, in China, Thailand und Indien bildet diese Art bis zu 50 m hohe Bäume. Kultivierte Exemplare bleiben kleiner, wachsen jedoch im Gegensatz zu den meisten in Europa gepflanzten Rhododendren baumförmig. Sie fallen besonders zur Blütezeit durch die jeweils an den Enden der Zweige sitzenden karminroten, seltener weißen oder rosa, 3–5 cm langen Blüten auf. Die ledrigen, immergrünen Blätter sind bis zu 20 cm lang und wie bei allen Rhododendron-Arten ganzrandig. Die größte europäische Rhododendron-Art ist die Pontische Alpenrose *(Rhododendron ponticum)* **(2a)**, die gelegentlich bis zu 8 m hoch werden kann, jedoch meist strauchförmig bleibt. Ihre Blüten sind purpurrosa bis violett. Sie wächst wild auf der Iberischen Halbinsel, in Bulgarien, der Türkei und im Kaukasus. In Frankreich und auf den Britischen Inseln ist sie eingebürgert.

3 Sauerbaum · *Oxydendron arboreum* · 25 m

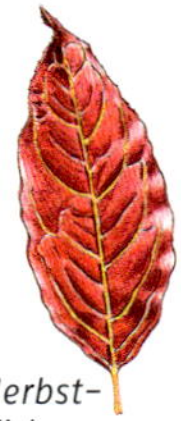
Herbstfärbung

Der dekorative, langsam wachsende Baum aus den östlichen USA ist auch in Mitteleuropa winterhart. Er wächst aber nur in Parks und Gärten mit saurem Boden. Wie alle Heidekrautgewächse kann er dank einer besonderen Mykorrhiza auf sehr mineralstoffarmen Böden gedeihen. Die meist sehr zahlreichen Blüten erscheinen erst im Spätsommer in einseitswendigen Trauben, die zu endständigen, bis zu 25 cm langen Rispen zusammengesetzt sind. Die 10–20 cm langen, ganzrandigen Blätter riechen zerrieben nach Essig und schmecken sauer. An sonnigen Standorten färben sie sich im Herbst lang anhaltend scharlachrot.

4 Madeira-Zimterle · Baum-Scheineller · *Clethra arborea* · 8 m

Blatt

Dieser auf Madeira endemische Baum oder Strauch gehört zur Familie der Scheinellergewächse, die nahe mit den Heidekrautgewächsen verwandt sind. Die duftenden, bis zu 8 mm breiten Blüten ähneln denen von Heidekräutern, haben aber 5 freie Kronblätter. Sie entstehen von August bis Oktober in endständigen, nickenden, bis zu 15 cm langen Trauben. Die immergrünen, rund 10 cm langen Blätter erinnern an Rhododendron-Blätter, sind jedoch gesägt. Die Blattunterseite ist rostbraun behaart. Die Kapselfrüchte sind 3–5 mm breit.

1 Baum-Heide

2 Baum-Alpenrose

2a Pontische Alpenrose

3 Sauerbaum

4 Madeira-Zimterle

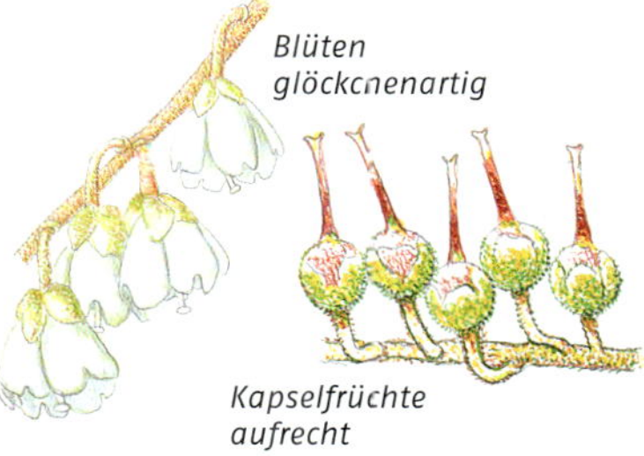

1 Schwarzer Holunder · Holderbusch · *Sambucus nigra* · 5–10 m

Zweig quer

Der breite Strauch oder kleine Baum mit den gegenständigen Blättern wächst fast in ganz Europa mit Ausnahme des hohen Nordens. Er benötigt viel Stickstoff und steht deshalb oft in der Nähe von Bauernhöfen sowie an Schuttplätzen. Auch an Waldrändern ist er zu finden. Im Innern der Zweige fällt das große, helle, weiche Mark auf. Die duftenden Blüten schmecken gut als Sirup. Als Tee aufgebrüht treiben sie Fieberschweiß und lindern Reizhusten. Die Früchte dienen Vögeln als Nahrung. Beim Menschen können frische, unreife Früchte Erbrechen und Durchfall auslösen. Gekocht liefern sie vitaminreichen Saft. Aufgrund von molekulargenetischen Forschungen stellen viele Botaniker Holunder und Schneeball neuerdings mit dem unscheinbaren Moschuskraut *(Adoxa moschatellina)* in die Familie *Adoxaceae* und nennen diese nun Holundergewächse.

2 Wolliger Schneeball · *Viburnum lantana* · 2–4 m

Steinfrüchte

Das wärmebedürftige Gehölz kommt wild von Nordspanien bis zum Kaukasus vor. Seinen Lebensraum bilden sonnige Waldränder, Wälder und trockene Abhänge. Es eignet sich auch als Zierstrauch. Die Blätter stehen gegenständig. Die Früchte färben sich ab August von grün über rot nach glänzend schwarz. Lange sitzen sie in verschiedenen Farben nebeneinander. Sie schmecken den Vögeln nicht besonders und bleiben deshalb oft im Winter eingetrocknet an den Zweigen. Der Artname *lantana* leitet sich von lat. *lentus* = „biegsam" ab. Bauern banden mit den jungen, sehr zähen Zweigen früher Heuballen und Getreidegarben zusammen. Ötzi, die in Südtirol gefundene Gletschermumie, trug Pfeile bei sich, deren Schäfte aus den Ästen dieses Gehölzes bestanden.

3 Gewöhnlicher Schneeball · *Viburnum opulus* · 5 m

Blattstiel

Die Heimat dieses Gehölzes umfasst fast ganz Europa und reicht bis nach Nordasien. Es besiedelt Auenwälder, Waldränder und Gebüsche. Dank seines weitläufigen Wurzelwerks eignet es sich für Uferschutzpflanzungen. Die gegenständigen, 8–10 cm langen Blätter ähneln denen mancher Ahorn-Arten (S. 150), tragen aber Drüsen am Blattstiel. Häufig wirken sie im Sommer wie durchsiebt. Dann fressen an ihnen die grün-gelben, mit schwarzen Warzen versehenen Larven des Schneeball-Blattkäfers *(Pyrrhalta viburni)*. Die Blütenstände setzen sich aus unfruchtbaren Randblüten und winzigen fruchtbaren Zentralblüten zusammen. Beim Gefüllten Schneeball (*Viburnum opulus* 'Roseum') (3a) sind nur sterile Blüten vorhanden. Er bildet keine Früchte aus.

4 Immergrüner Schneeball · Lorbeer-Schneeball · *Viburnum tinus* · 4 m

Blatt

Wild gedeiht die Art in immergrünen Eichen-Wäldern und Gebüschen des Mittelmeergebiets. Sie bevorzugt schattige, oft auch feuchte Standorte. Das Gehölz wächst meist als dichter Strauch. Gärtner erziehen es durch Schnitt jedoch auch zu kleinen Bäumen. In Mitteleuropa können diese nur in Gegenden mit Weinbauklima im Freien überwintern. Die gegenständigen, glänzend dunkelgrünen Blätter werden 3–10 cm lang. Sie fühlen sich ledrig an.

1 Schwarzer Holunder

2 Wolliger Schneeball

3 Gewöhnlicher Schneeball

3a Gefüllter Schneeball

4 Immergrüner Schneeball

GATTUNG ESCHEN, *Fraxinus*

Eschen besitzen gegenständige, unpaarig gefiederte Blätter. Bei den meisten Arten fehlen den kleinen Blüten sowohl Kelch wie auch Krone. Die typischen Früchte sind abgeflachte Nüsse mit einem einseitigen Flügel.

1 Gewöhnliche Esche · *Fraxinus excelsior* · 40 m

⚥ Blüte

Der in fast ganz Europa bis in den Kaukasus heimische Baum bevorzugt tiefgründige, feuchte Böden, steht aber auch auf Felsen. Seine Blüten können zwittrig, männlich oder weiblich sein. Die Früchte bleiben meist über den Winter am Baum hängen. Erst kräftige Winde reißen sie ab. Dann drehen sie sich in der Luft um ihre Längsachse und folgen einer schraubenförmigen Flugbahn. Die Blätter fallen im Herbst grün ab. Ihre 5–12 cm langen Blättchen sind oben dunkelgrün, unten etwas heller, nur längs der Mittelrippe fein behaart. Das schwere, harte, zähe Holz eignet sich für stark beanspruchte Teile wie Radspeichen, Werkzeugstiele, Fruchtpressen, Leitersprossen und Tennisschläger. In der nordischen Mythologie spielt die Weltenesche „Yggdrasil" eine wichtige Rolle. Ihre Krone stützt das Himmelsgewölbe, der Stamm trägt die Erde und unter ihren Wurzeln leben die Schicksalsgöttinnen.

2 Schmalblättrige Esche · *Fraxinus angustifolia* · 25 m

Flügelnuss

Diese Esche wächst in Südost- und Südeuropa sowie in Nordafrika entlang von Flüssen. Sie eignet sich als wärmetoleranter Park- und Straßenbaum. Die oft hängenden Blätter setzen sich aus 5–13 scharf gesägten, fast kahlen Blättchen zusammen, die sich im Herbst bräunlich rot färben. Die Behaarte Esche *(Fraxinus pallisiae)* **(2a)** hat oft ähnlich geformte Blätter, ihre 7–13 Blättchen können jedoch auch breiter sein. Ihren Namen erhielt sie von den dicht abstehend behaarten jungen Trieben und den behaarten Blättern. Sie kommt nur in Flussniederungen Südosteuropas vor.

3 Weiß-Esche · *Fraxinus americana* · 25 m

Herbstfärbung

Im Gegensatz zu den europäischen Eschen zeigt dieser aus den feuchten Laubmischwäldern Ostkanadas und den USA stammende Baum eine auffällige gelbe, orange oder violettpurpurne Herbstfärbung. Er wächst in Europa gelegentlich in Parks und Anlagen und stößt zum Beispiel in Großbritannien und auf dem Balkan auf forstliches Interesse. Seine 20–35 cm langen Blätter setzen sich aus 5–9, meist 7 Blättchen zusammen. Diese sind 5–12 mm lang gestielt. Amerikaner stellen aus dem wertvollen Holz Sportgeräte wie Baseball-Schläger her.

4 Pennsylvanische Esche · Rot-Esche · *Fraxinus pennsylvanica* · 20 m

♂ Blütenstand

Diese ebenfalls aus dem östlichen Nordamerika stammende Esche zeigt eine hellgelbe bis goldgelbe Herbstfärbung. Sie steht in Mittel- und Südosteuropa gelegentlich im Forst sowie in Parks. Ihre aus 5–9 Blättchen zusammengesetzten Blätter haben eine etwas behaarte, aber nicht weißliche Unterseite.

1 Gewöhnliche Esche

Rinde gefurcht

Winterknospen schwarz

Blatt mit 9–13 fast ungestielten Blättchen

Blütenstände an kahlen Zweigen

Flügelnüsse mit basal sitzendem Samen

2 Schmalblättrige Esche

Blatt mit schmal lanzettlichen Blättchen

Winterknospen rotbraun

2a Behaarte Esche

Blatt auf beiden Seiten behaart

3 Weiß-Esche

Winterknospen braun, breiter als hoch

Fruchtflügel umfasst nur die Nuss-Spitze

Blattunterseite weißlich

4 Pennsylvanische Esche

Blatt mit kurz gestielten Blättchen

Fruchtflügel reicht bis zur Mitte der Nuss

1 Blumen-Esche · Manna-Esche · *Fraxinus ornus* · 6–15 m

Blütenrispen

Wild wächst diese Esche im Mittelmeerraum und im östlichen Mitteleuropa. In Frankreich ist sie eingebürgert, in Mitteleuropa als Parkbaum sehr häufig anzutreffen. Die einzige europäische Eschen-Art mit Kronblättern wird im Gegensatz zu den anderen Eschen nicht vom Wind, sondern von Insekten bestäubt. Ihre endständigen Blütenrispen erscheinen mit oder nach dem Laubaustrieb im Mai oder Juni. Die 15–25 cm langen Blätter bestehen aus 5–9 Blättchen, die unterseits längs der Mittelrippe einen charakteristischen braunen Filz tragen. Der Saft, der aus Wunden an Stamm und Zweigen austritt, erhärtet an der Luft zu gelblich weißem, süßlich schmeckendem „Manna". Dieses eignet sich zum Süßen und als Heilmittel gegen Husten und Verstopfung.

2 Virginischer Schneeflockenstrauch · *Chionanthus virginicus* · 10 m

Blüte

Der dekorative kleine Baum oder große Strauch aus den USA steht in Europa nur relativ selten in Gärten und Parks. Er ist frosthart bis zu –25 °C. Zur Blütezeit erinnert er aus der Ferne an die Blumen-Esche, seine gegenständigen Blätter sind jedoch ungeteilt. Da das Gehölz meist reichlich blüht, wirkt es wie beschneit. Die duftenden Blüten sind zweihäusig verteilt. Bei männlichen Exemplaren sind die an den Enden der Zweige sitzenden Blütenstände bis zu 20 cm lang, bei weiblichen kleiner. Sie locken Insekten als Bestäuber an. Die 4 weißen Kronblätter sind bis zu 3 cm lang, aber sehr schmal. Die Früchte dienen Vögeln und Säugetieren als Nahrung. Die derben, glänzend dunkelgrünen Blätter färben sich im Herbst hellgelb.

3 Gewöhnlicher Flieder · Garten-Flieder · *Syringa vulgaris* · 2–6 m

gegenständige Blätter

Der kleine Baum oder mehrstämmige Strauch gehört in ganz Europa zu den bekanntesten und beliebtesten Ziergehölzen. Heimisch ist er auf der Balkanhalbinsel und in Rumänien. Dort besiedelt er buschige Felshänge, lichte Wälder und Waldränder. In weiten Teilen Mitteleuropas und auf der Apennin-Halbinsel konnte er sich einbürgern. Seine derben, 5–12 cm langen Blätter glänzen und fühlen sich glatt an. Die Blütenrispen stehen meist aufrecht bis waagerecht. Die Blüten enthalten am Grund ihrer 0,8–2 cm langen Röhre reichlich Nektar, der langrüsselige Tagfalter und Hautflügler anlockt. Heute gibt es rund 900 Flieder-Sorten, deren Blüten unterschiedlich stark gefüllt sind und in der Farbe von weiß bis dunkelviolett variieren. Für ihren unverkennbaren Duft sind ätherische Öle verantwortlich, die einen wichtigen Grundstoff für die Parfümindustrie liefern. Drechsler schätzen das harte, schön gemusterte Holz. Der nah verwandte Ungarische Flieder *(Syringa josikaea)* (3a) ist in der Ukraine und den Gebirgen Rumäniens beheimatet. An seinen natürlichen Standorten ist er bedroht und steht deshalb auf der weltweiten Roten Liste. Gärtner pflanzen ihn öfters in Gärten und Anlagen. Die Basis seiner unterseits graugrünen Blattspreiten ist immer keilförmig oder abgerundet, nie herzförmig. Die herb duftenden Blüten bilden bis zu 18 cm lange, meist mehr oder weniger aufrechte Rispen. Die Kronröhre der lilapurpurnen Blüten wird 1–1,5 cm lang.

1 Blumen-Esche

Blatt mit bis zu 1,5 cm lang gestielten Blättchen

Blüte mit Kelch und Krone

Winterknospe grau bis graubraun, behaart

Flügelnüsse schmal, 2–4 cm lang

2 Virginischer Schneeflockenstrauch

Blatt 8–20 cm lang

Rispen mit überhängenden Blüten

Steinfrucht 1,5–2 cm lang

3 Gewöhnlicher Flieder

Blüte mit ausgebreiteten Zipfeln

Kapselfrucht 2-klappig

Blatt oft herzförmig

3a Ungarischer Flieder

Blüte mit eher aufrechten Zipfeln

Blatt elliptisch bis länglich

Blütenstand schmal kegelförmig

1 Ölbaum · Olivenbaum · *Olea europaea* · 15 m

einge-trocknete Frucht

Der Charakterbaum des Mittelmeerraums kann bis über 1000 Jahre alt werden. Er besitzt oft einen bizarr knorrigen Stamm, durch den jedes Individuum ein typisches „Gesicht" erhält. Aus der Stammbasis wachsen auch bei alten Bäumen junge Triebe, die Wurzeln treiben. Bauern schneiden sie meist ab und verwenden sie auch zur Vermehrung. Die immergrünen, gegenständigen, ganzrandigen Blätter sind ideal an Trockenheit angepasst. Ihre Schuppenhaare saugen Tau und Nebel auf. Trocken reflektieren sie Sonne und Wärme. Die kleinen Blütenstände sitzen in den Blattachseln. Obwohl die Blüten etwas duften, locken sie keine Insekten an, sondern werden vom Wind bestäubt. In Ägypten befinden sich Ölbäume seit über 4000 Jahren in Kultur. Die Griechen bauten sie schon in Zeiten vor Homer an und brachten sie nach Sizilien und in die Provence. Bei den Spielen in Olympia krönten Kränze aus Ölbaumzweigen die Sieger. In biblischen Zeiten war Oliven-Öl unersetzlich. Es diente als Bratfett, brannte in Lampen, pflegte die Haut und sollte als Medizin helfen. Noch heute empfängt ein Sterbender die letzte Ölung. Die Oliven reifen meist zwischen September und Dezember. Gutes Speise-Öl zeichnet sich dadurch aus, dass es ohne Hitze aus den gemahlenen Früchten gepresst wird. Mit Wärme lässt sich die Ausbeute erhöhen, das so erhaltene Öl besitzt aber einen geringeren Wert.

2 Hohe Picconie · Madeira-Olive · *Picconia excelsa* · 10–18 m

Steinfrucht

Der Baum wächst endemisch in den unteren Regionen der Lorbeerwälder Madeiras und der Kanaren. Er ist einfach zu erkennen, da er dort als einziger immergrüner Baum gegenständige Blätter besitzt. Früher nutzten die Inselbewohner sein Holz. Heute gilt er als gefährdet und ist geschützt. Die um 2 cm großen Früchte erinnern an Oliven, besitzen aber ein trockenes Fleisch. In den Merkmalen kaum unterscheidbar, durch ihr Vorkommen ausschließlich auf den Azoren jedoch eindeutig abgrenzbar, ist die Azoren-Picconie (*Picconia azorica*). Ihr Holz diente früher in großem Umfang für Möbel und als Bauholz. Heute ist sie deshalb auf mancher Azoreninsel fast ausgerottet.

3 Breitblättrige Steinlinde · *Phillyrea latifolia* · 5–10 m

Steinfrucht

Der immergrüne, sparrige Baum oder Strauch wächst in der Macchie und in lichten Wäldern des Mittelmeergebiets, an der Atlantikküste von Frankreich bis Marokko und am Schwarzen Meer. Er ist genügsam und kann mit seinen tiefen Wurzeln auch auf Sandböden oder trockenen Felsen gedeihen. Die gegenständigen Blätter sind sehr variabel. Jugendblätter haben ihre größte Breite meist unterhalb der Mitte, die 1–6 cm langen, oft ganzrandigen Altersblätter dagegen in der Spreitenmitte. Arttypisch sind die 7–11 Paar stumpfwinkelig zur Mittelrippe stehenden Seitennerven. Amseln und Drosseln fressen die 7–10 mm dicken Früchte und scheiden die Steinkerne unverdaut wieder aus. Die Schmalblättrige Steinlinde *(Phillyrea angustifolia)* **(3a)** kommt nur im westlichen und zentralen Mittelmeerraum vor. Sie wird nur bis zu 2,5 m hoch. Ihre 3–8 cm langen Blätter besitzen 4–7 Paar undeutlicher, spitzwinkelig stehender Seitennerven. Die Jugendblätter gleichen den Altersblättern.

1 Ölbaum

2 Hohe Picconie

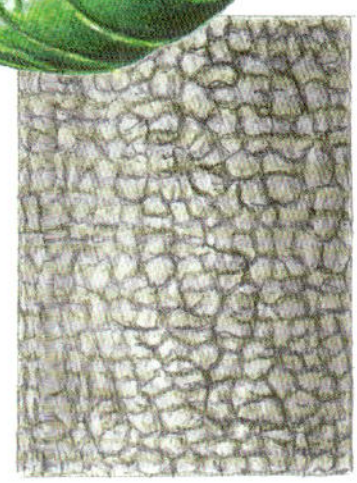

3 Breitblättrige Steinlinde

3a Schmalblättrige Steinlinde

Ölbaumgewächse *(Oleaceae)*: 1
Hundsgiftgewächse *(Apocynaceae)*: 2, 3, 4

1 Glänzender Liguster · *Ligustrum lucidum* · 10 m

Blüte

Während der in Europa heimische Gewöhnliche Liguster *(Ligustrum vulgare)* nur als Strauch wächst, kann diese aus China und Korea stammende immergrüne Art Bäume bilden. In südlichen Städten wie Madrid steht sie als anspruchsloser Park- und Straßenbaum. Sie lässt sich auch zu Kugelbäumen und hohen Hecken formen. Die ledrigen, 8–12 cm langen, gegenständigen Blätter erinnern an die eines Flieders (S. 214), glänzen aber oberseits (lateinisch *lucidus* = glänzend). Die süßlich duftenden Blüten öffnen sich ab August.

2 Rote Frangipani · Tempelbaum · *Plumeria rubra* · 8 m

Blattunterseite

Dieses mittelamerikanische Gehölz gedeiht nur in frostfreien Gebieten Europas im Freien. Es gehört zu den wichtigsten Ziergehölzen der Tropen und Subtropen. In vielen Kulturen symbolisiert es Unsterblichkeit. Deshalb steht es auf den Pazifikinseln auf Friedhöfen, in Ostasien an Tempeln. Die 12–40 cm langen Blätter sitzen gehäuft an den dicken Zweig-Enden. Sie sind unterseits behaart. Die wohlriechenden Blüten wirken wie aus Porzellan und sind so fest, dass sie auch nach dem Abfallen schön bleiben. Hawaiis Blumenmädchen flechten sie in ihre Blütenkränze. Für den Namen gibt es zwei Erklärungen. Man kann den zähen Milchsaft mit puddingartiger Frangipane-Creme vergleichen. Oder er geht auf ein Parfüm zurück, das die italienische Adelsfamilie Frangipani im 12. Jahrhundert herstellte. Dieses stammte zwar nicht von dem damals in Europa unbekannten Tempelbaum, duftet aber ähnlich.

3 Oleander · *Nerium oleander* · 1–4 m

Blätter

Das Milchsaft führende, immergrüne Gehölz wächst wild an Fluss- und Bachufern im Mittelmeerraum. Oft steht es dort auch an Autobahnen. Es gehört zu den häufigsten Zierpflanzen in südlichen Gärten und zu den ältesten Kübelpflanzen in Mitteleuropa. „Oleander" bezieht sich auf den wissenschaftlichen Namen des Ölbaums *(Olea)* (S. 216). Die ledrigen, unterseits hellen Blätter ähneln diesem, sind aber 10–15 cm lang. Die um 5 cm breiten Blüten sind rosa, bei Kulturformen auch rot, weiß oder gestreift. Ihre 5 unsymmetrischen Kronzipfel wirken wie Propellerflügel. Im Altertum galt die Pflanze als Heilmittel gegen Schlangenbisse. Jedoch ist sie selbst durch herzwirksame Glykoside tödlich giftig. Genau dosiert kann sie bei verminderter Herzleistung helfen.

4 Gelber Schellenbaum · Gelber Oleander · *Thevetia peruviana* · 6 m

unreife Frucht

Das immergrüne Gehölz aus dem tropischen Amerika steht in den Tropen und Subtropen, aber auch im frostfreien Südeuropa als Zierpflanze in Gärten. In Südamerika gelten die Steinkerne als Glücksbringer. Die Ureinwohner fertigten daraus Klappern und Schellen für Tänzer. Noch heute bieten Märkte entsprechende Ketten und Rasseln an. Allerdings sollten diese nicht in Kontakt mit Schleimhäuten kommen, denn sie enthalten ähnlich giftige Glykoside wie der Oleander. Besonders aus Indien ist bekannt, dass sich Mörder und Selbstmörder der Samen bedienen. Früher lieferten sie auch Pfeilgift.

1 Glänzender Liguster

2 Rote Frangipani

3 Oleander

4 Gelber Schellenbaum

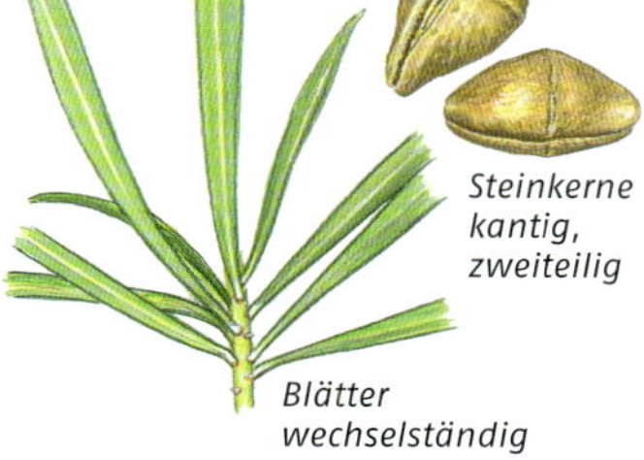

1 Afrikanisches Schöngift · Giftlorbeer · *Acokanthera oblongifolia* · 6 m

Beeren

Der südostafrikanische Strauch oder kleine Baum steht auf den Kanaren und im Mittelmeerraum als Ziergehölz im Freien, in Mitteleuropa als Kübelpflanze. Die duftenden Blüten besitzen eine 1,5–2 cm lange Röhre. Die 2–3 cm langen Früchte erinnern an Oliven (S. 216). Schöngift-Arten haben eine berüchtigte Bekanntheit erlangt. Das aus ihrem Holz und den Wurzeln gewonnene Herzglykosid Ouabain wirkt absolut tödlich. Die Ureinwohner Ostafrikas vergifteten damit Pfeile, mit denen sie Großtiere jagten, Raubtiere von ihren Herden fernhielten und sich gegen Feinde wehrten. Noch heute fliegen die heimtückischen Pfeile in Stammeskämpfen, bei Familienzwisten und auf Raubzügen.

2 Freudige Drüsenpflanze · *Myoporum laetum* · 4–6 m

Steinfrüchte

Der immergrüne Strauch oder kleine Baum stammt von den Küsten Neuseelands. Er toleriert Wind und Salz und eignet sich deshalb für Windschutzhecken in Küstennähe sowie als Straßengehölz. In Europa steht er besonders in der Nähe des Atlantiks von Portugal bis Irland. Stellenweise konnte sich das Gehölz dort auch einbürgern. Die um 1 cm breiten Blüten stehen einzeln oder in kleinen Gruppen in den Blattachseln.

3 Weidenblättriger Hammerstrauch · *Cestrum parqui* · 3–5 m

Beeren

Ursprünglich stammt das immergrüne Gehölz aus Chile. Im Mittelmeerraum und auf den Kanaren ziert es Gärten und konnte sich stellenweise einbürgern. Die in Rispen oder Trauben stehenden Blüten verströmen einen fast betäubenden Duft. Wie viele Nachtschattengewächse enthält auch dieses Gehölz tödlich giftige Alkaloide. In ihrer Heimat verwenden Schamanen die Pflanze für Rituale und Heilbehandlungen gegen Fieber, Tuberkulose und Wunden sowie als Schmerz- und Schlafmittel. Geräuchtes Kraut wirkt psychoaktiv. Als Kübelpflanze schätzen Gärtner in Mitteleuropa Arten mit auffälligeren Blüten wie den Orangefarbenen Hammerstrauch *(Cestrum aurantiacum)* (3a) aus Guatemala.

4 Chinesischer Blauglockenbaum · *Paulownia tomentosa* · 15 m

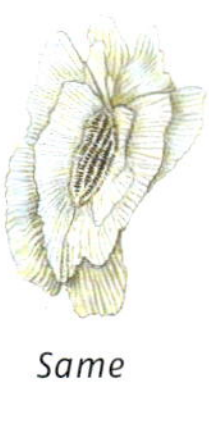

Same

Der Baum mit der ungewöhnlichen Blütenfarbe steht in Südeuropa und in den Weinbaugebieten Mitteleuropas häufig in Parks. Die Blütenknospen bilden sich bereits ab August des Vorjahres. Nach milden Wintern öffnen sie sich zahlreich lange vor den Blättern, in kalten Wintern erfrieren sie. Blühende Bäume ähneln Jacarandabäumen (S. 222), lassen sich aber an dem braunen Filz der Kelche und Blütenstiele erkennen. Außerdem tragen beide Arten zur Blütezeit oft noch ihre typischen Früchte. Bei dieser Art öffnen sie sich ab Januar und entlassen über 3000 leichte Samen. Es lohnt sich, diese um 4 mm langen Gebilde mit der Lupe zu betrachten, denn sie besitzen hübsche Flügelsäume. Die Blätter erinnern an die von Trompetenbäumen (S. 224), stehen aber gegenständig und nie zu dritt. Einige Botaniker ordnen die Art heute in eine eigene Familie Blauglockenbaumgewächse *(Paulowniaceae)* ein. Das Wappen des japanischen Kaiserhauses zeigt stilisiert drei Blätter und Blütenstände des Baumes.

2 Freudige Drüsenpflanze
Blüten mit roten Punkten
Blatt mit durchscheinenden Öldrüsen
1 Afrikanisches Schöngift
Blatt immergrün, dick ledrig, 6–12 cm lang
Blütenstand dolderartig
3 Weidenblättriger Hammerstrauch
Blüten grünlich gelb, mit schmaler Röhre
Blatt lanzettlich, 2–12 cm lang
Blüten orange oder gelb
Beere weiß
Blatt eiförmig bis elliptisch, bis zu 17 cm lang
3a Orangefarbener Hammerstrauch
4 Chinesischer Blauglockenbaum
Blatt mit bis zu 35 cm langer Spreite
Blüten schmal glockig, bis zu 6 cm lang
Kapselfrüchte eiförmig, spitz, etwa 4 cm lang
Frucht 2-klappig

1 Japanischer Losbaum · *Clerodendrum trichotomum* · 3–8 m

Blatt

Das Ziergehölz aus Japan und Ostchina ist in den meisten Gegenden Mitteleuropas winterhart. Die 8–20 cm langen, gegenständigen Blätter stinken durch ätherische Öle schon bei leichter Berührung. Die um 3 cm breiten, duftenden Blüten öffnen sich von August bis September. Die türkisfarbenen bis blauschwarzen Früchte heben sich deutlich vom Kelch ab und wirken dadurch sehr attraktiv für Vögel. Der Name leitet sich von griechisch *kleros* = „Los, Schicksal" ab und soll sich auf teils heilende, teils schädliche Wirkungen beziehen. Die Chinesische Medizin empfiehlt die Pflanze gegen Bluthochdruck.

2 Jacarandabaum · Falscher Palisander · *Jacaranda mimosifolia* · 10–16 m

Same

Zur Blütezeit gehört dieser südamerikanische Baum zu den schönsten Straßenbäumen Südeuropas. Die bis zu 30 cm langen Blütenrispen öffnen sich vor oder mit dem Austrieb der gegenständigen Blätter. Sie ähneln denen des Chinesischen Blauglockenbaums (S. 220). Die Früchte entlassen breit geflügelte Samen, die der Wind davonbläst. Das feste Holz eignet sich für dauerhafte Holzarbeiten. Echtes Palisanderholz stammt von verwandten Arten wie dem Brasilianischen Palisanderbaum *(J. brasiliana)*, die in Europa nicht gedeihen.

3 Afrikanischer Tulpenbaum · *Spathodea campanulata* · 25 m

Blatt

Der Baum aus den Tropen Westafrikas beschattet viele Parks und Straßen in den Tropen und Subtropen. Auch in frostfreien Gebieten Europas, zum Beispiel auf den Kanaren und Madeira, lässt er sich bewundern. Seine meist immergrünen, gegenständigen Blätter besitzen 9–19 Blättchen. Die Blüten erinnern an Tulpen, haben aber eine bauchige Röhre. Die bestäubenden Vögel Afrikas, die im Gegensatz zu den Kolibris Amerikas nicht im Schwirrflug vor den Blüten stehen können, finden im Blütenstand geeignete Sitzplätze. Die Blütenknospen enthalten oft reichlich Wasser. Wenn Kinder sie quetschen, spritzt dieses wie aus einer Wasserpistole heraus. Im Glauben westafrikanischer Völker besitzt der Baum magische Kräfte. Trommeln für wichtige Ereignisse bestehen deshalb aus seinem Holz. Der Gelbe Tulpenbaum *(Markhamia lutea)* (3a) besitzt ähnliche Blätter, aber andersfarbige Blüten. Er stammt ebenfalls aus Afrika, erträgt aber etwas niedrigere Temperaturen.

4 Leberwurstbaum · *Kigelia africana* · 18 m

Blatt

Der westafrikanische Baum ist heute fast in ganz Afrika und auf den Kanaren zu bestaunen. Die immergrünen Blätter stehen gegenständig oder in 3er-Wirteln. Die Blütentrauben hängen an bis zu 6 m langen Stielen. So können auch große Fledermäuse die bis zu 13 cm großen, nektarreichen Blüten anfliegen und bestäuben. Diese öffnen sich abends und riechen unangenehm. Morgens welken sie meist schon. Besonders kurios sind die bis über 5 kg schweren Früchte, die an Leberwürste erinnern. Aus reifen Früchten lässt sich ein bierartiges Getränk brauen. Unreif sind sie giftig. Afrikanische Heilkundige verwenden sie gegen Würmer, Geschwüre und Durchfall.

1 Japanischer Losbaum

Steinfrucht mit fleischigem Kelch

Blüte mit langen Staubblättern

2 Jacarandabaum

Blüte glockig, bis zu 5 cm lang

Blatt doppelt fein gefiedert

Kapselfrucht holzig, bis zu 7 cm breit

3 Afrikanischer Tulpenbaum

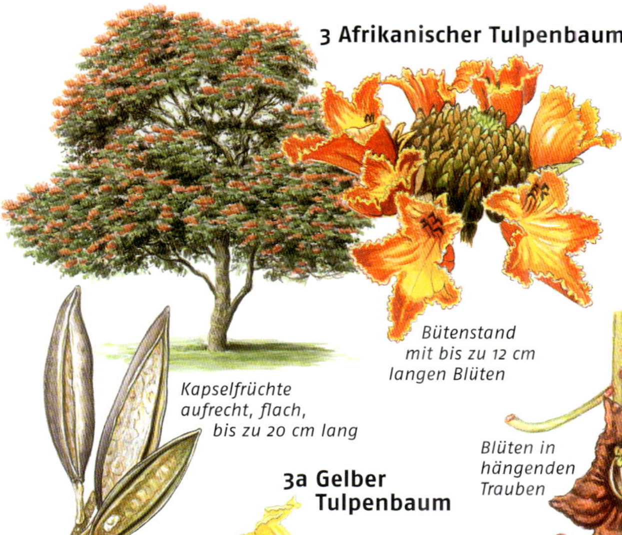

Bütenstand mit bis zu 12 cm langen Blüten

Kapselfrüchte aufrecht, flach, bis zu 20 cm lang

3a Gelber Tulpenbaum

Blüten bis zu 6 cm lang

4 Leberwurstbaum

Blüten in hängenden Trauben

Holzige Beeren, 30–80 cm lang

1 Gewöhnlicher Trompetenbaum · *Catalpa bignonioides* · 15–18 m

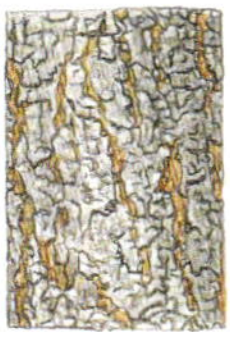

Rinde

Der Baum aus dem Südosten der USA bildet einen kurzen Stamm mit feinrissiger Rinde sowie eine breite Krone. Er entfaltet seine prächtigen Blütenrispen in vielen Parks und Gärten in geschützten Lagen Mitteleuropas. Wie alle Trompetenbäume treibt er auffallend spät aus und wirft schon beim ersten Herbstfrost seine Blätter ab, ohne dass sich diese verfärben. Böse Zungen nennen ihn deshalb „Beamtenbaum" („kommt spät und geht früh"). Die unterseits behaarten, gegenständig oder in 3er-Wirteln angeordneten Blätter riechen zerrieben unangenehm. Im Gegensatz zur folgenden Art haben sie manchmal 1–2 schwache Lappen. Die Blüten öffnen sich von Juni bis Juli. Ihr Muster dient Insekten als „Landebahn" und zeigt ihnen den Weg zum Nektar. Die meist zahlreichen Früchte hängen oft über den Winter am Baum. Sie öffnen sich mit zwei Klappen und entlassen zahlreiche Samen, die der Wind davonbläst.

2 Prächtiger Trompetenbaum · *Catalpa speciosa* · 12–18 m

Rinde

Im Unterschied zur vorigen Art hat dieser Baum eine schlanke Krone und eine sehr tief gefurchte Rinde. Er stammt aus dem Nordosten der USA und kommt deshalb etwas besser mit frühen Herbstfrösten und kalten Wintern zurecht. Seine duftenden Blüten öffnen sich rund 2 Wochen früher, sind aber weniger zahlreich. Die unterseits behaarten Blätter bleiben auch zerrieben ohne auffallenden Geruch. Meist entwickeln sich nur wenige Früchte. Wie bei allen Trompetenbäumen brechen bei Stürmen und Nassschnee häufig Äste ab. Das Holz selbst ist jedoch sehr dauerhaft. Amerikaner verbauten es um 1900 besonders als Eisenbahnschwellen und Zaunpfähle.

3 Kleinblütiger Trompetenbaum · *Catalpa ovata* · 10–15 m

Drüsenfelder der Blattunterseite

In seiner chinesischen Heimat wächst der Baum nur noch selten wild an Bächen und Flüssen. Häufig beschattet er dort und in Japan jedoch Parks, Gärten und Straßen. Da er Schadstoffe erträgt, eignet er sich auch für Industriegebiete. Obwohl er Frost bis unter –30 °C aushält, pflanzen ihn Gärtner in Europa seltener als die vorigen Arten, wohl weil er weniger spektakulär blüht. Chinesen verarbeiten das Holz zu Möbeln sowie als Unterbau für die klassische chinesische Griffbrettzither Qin. Die Traditionelle Chinesische Medizin empfiehlt Zubereitungen aus Früchten und Rinde gegen Nierenentzündung.

4 Gelber Trompetenstrauch · *Tecoma stans* · 8 m

Farbvariante

Die Nationalblume der Bahamas wächst wild von den südlichen USA bis nach Argentinien und Guatemala. Weltweit ziert sie tropische und subtropische Gärten und konnte mancherorts verwildern. In Europa gedeiht das Gehölz mit den immergrünen, gegenständigen Blättern nur in frostfreien Gebieten. Der deutsche Name kann zur Verwechslung mit der vorigen Art führen. Die nektarreichen Blüten erscheinen in endständigen Trauben und locken Bienen sowie in Amerika Kolibris an. Indianer in Nordmexiko verarbeiteten die Äste früher zu Bögen. In Mexiko gilt die Pflanze als traditionelles Mittel gegen Diabetes.

1 Gewöhnlicher Trompetenbaum

Blatt	Blüte	Kapselfrüchte	Same
15–30 cm lang, kurz zugespitzt	3–5 cm lang, weiß, mit 2 gelben Streifen und purpurnen Flecken	15–40 cm lang, 6–8 mm dick	ohne Fransen um 2,5 cm lang, mit zugespitzten Flügeln

2 Prächtiger Trompetenbaum

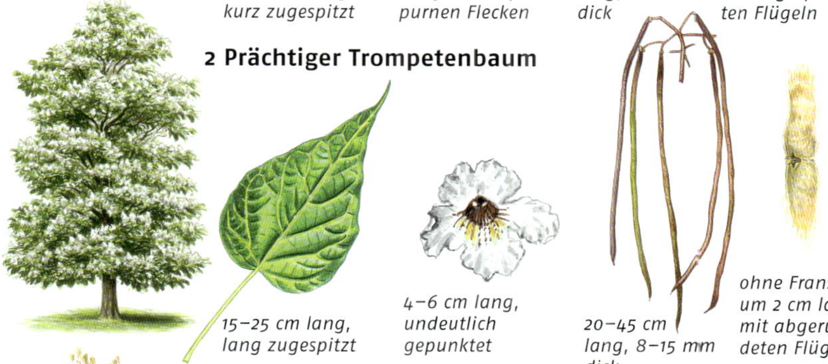

Blatt	Blüte	Kapselfrüchte	Same
15–25 cm lang, lang zugespitzt	4–6 cm lang, undeutlich gepunktet	20–45 cm lang, 8–15 mm dick	ohne Fransen um 2 cm lang, mit abgerundeten Flügeln

3 Kleinblütiger Trompetenbaum

Blatt	Blüte	Kapselfrüchte	Same
10–25 cm lang, meist etwas 3–5-lappig	1,5–2 cm lang, hellgelb mit Punkten und Streifen	20–30 cm lang, 3–5 mm dick	ohne die langen Fransen bis zu 1 cm lang

4 Gelber Trompetenstrauch

Blatt	Blüte	Kapselfrüchte	Same
unpaarig gefiedert mit 3–13 Blättchen	gelb, trompetenförmig, 3–5 cm lang	10–15 cm lang	um 2,5 cm lang, mit 2 weißen, papierartigen Flügeln

1 Echter Drachenbaum · *Dracaena draco* · 2–20 m

Beere

Der charakteristische Endemit der Kanaren und Madeiras wächst nur noch selten wild an steilen Felsen. Viel häufiger ziert er dort und in frostfreien Gebieten Südeuropas Gärten und Parks. Junge Bäume sind einstämmig. Nach 8–11 Jahren erscheint die erste Blütenrispe. Unter ihr verzweigt sich der Stamm in einen Quirl aus mehreren dicken Ästen. Dieser Vorgang wiederholt sich nach jeder weiteren, etwa alle 15 Jahre stattfindenden Blühperiode. Das Alter der Bäume lässt sich nur an der Zahl der Verzweigungen schätzen, denn sie bilden keine Jahresringe aus, die sich zählen ließen. Die Luftwurzeln stützen einzelne Äste oder wachsen eng am Stamm abwärts und verstärken diesen. Aus verletzten Stämmen tritt ein anfangs farbloses, an der Luft blutrotes Harz aus. Dieses „Drachenblut" diente früher als Heilmittel und zum Färben.

2 Südliche Keulenlilie · Südlicher Kolbenbaum · *Cordyline australis* · 3–12 m

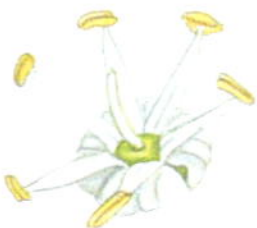
Blüte

Dieser neuseeländische Schopfbaum verleiht Gärten in West- und Südeuropa ein exotisches Aussehen. Nur wenn die Temperaturen unter −10 °C sinken, verliert er seine Blätter oder friert zurück. Im Frühjahr treibt er dann aus den Stämmen oder dem Wurzelstock wieder aus. Die 5–10 cm breiten Blätter sind grün, bei Zuchtformen auch rot oder gestreift. Im Sommer öffnen sich aufrechte, bis zu 1,5 m lange Rispen mit duftenden, um 1 cm großen Blüten. Nach der Blüte kann sich das Gehölz verzweigen. Die Maoris Neuseelands aßen früher den gebackenen Wurzelstock sowie die jungen, gekochten Pflanzen. Die Fasern der Stämme eignen sich für Seile, die Blattfasern für Kleidung und Schuhe.

3 Grüner Rauschopf · *Dasylirion acrotrichum* · 4 m

Ausschnitt Blütenstand

Das auffällige Gewächs aus den trockenen Regionen Mexikos ist die am Mittelmeer am häufigsten kultivierte Art der Gattung. In Mitteleuropa eignet sie sich als Kübelpflanze. Bei trockenem Stand ertragen ältere Exemplare bis zu −12 °C, bei Feuchtigkeit faulen sie jedoch ab. Der Schopfbaum wächst sehr symmetrisch und ist an den pinselartigen Spitzen der bis zu 1,3 cm breiten Blätter gut zu erkennen. Im Alter bildet er einen bis zu 4,5 m hohen Blütenstand, bei dem dichte Ähren in den Achseln von Tragblättern sitzen. Die um 2,5 cm langen Blüten sind zweihäusig verteilt. Nach der Blüte können sich die Pflanzen verzweigen. Der von Südarizona bis Mexiko verbreitete Wheelers Rauschopf *(Dasylirion wheeleri)* (3a) gilt als die winterhärteste Art und soll Temperaturen bis unter −20 °C überstehen. An überdachten, gut entwässerten Plätzen kann er sogar in milden Gegenden Mitteleuropas im Freien überdauern.

4 Mexikanischer Grasbaum · *Dasylirion longissimum* · 4–6 m

Blattspitzen

Der bis zu 2 m breite Schopf dieser ebenfalls aus Mexiko stammenden Art wirkt sehr elegant, da ein großer Teil der nur etwa 6 mm breiten Blätter aufrecht absteht, die äußersten sich aber bogig überneigen, so dass der Eindruck einer Wasserglocke entsteht. Das Gewächs lässt sich im Süden im Freien kultivieren, in Mitteleuropa gedeiht es nur als Kübelpflanze.

1 Echter Drachenbaum

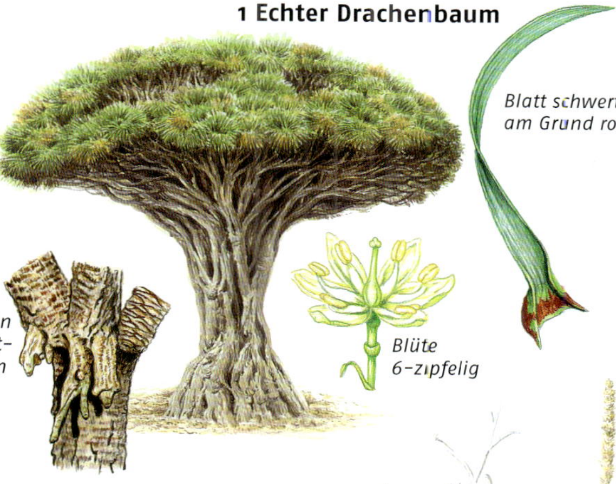

2 Südliche Keulenlilie

3 Grüner Rauschopf

3a Wheelers Rauschopf

4 Mexikanischer Grasbaum

(Nolinaceae): 1
Schraubenbaumgewächse *(Pandanaceae)*: 2
Agavengewächse *(Agavaceae)*: 3, 4

1 Ponyschwanz-Klumpstamm · *Beaucarnea recurvata* · 2–8 m

Blüte

Der lustige Name passt sehr gut zu dem attraktiven Schopfbaum aus Mexiko. Er beschreibt sowohl die Stammbasis als auch den Blattschopf mit den bis zu 2,5 cm breiten, kaskadenartig fallenden Blättern. Am Mittelmeer steht das Gehölz als Blickfang in Gärten, weiter nördlich eignet es sich als Kübel- und Zimmerpflanze. Der im Alter immer breiter werdende Stammfuß dient als Wasserspeicher. Ältere Pflanzen können sich verzweigen und Blüten bilden. Der Blattrand fühlt sich durch winzige Zähnchen rau wie Sandpapier an.

2 Nützlicher Schraubenbaum · *Pandanus utilis* · 20 m

Blattrand

Das Gehölz aus Madagaskar fällt durch Stelzwurzeln sowie schraubig gestellte Blätter auf, die einen roten, bestachelten Blattrand besitzen. Erst ältere Pflanzen, wie sie am Mittelmeer und auf den Kanaren zu finden sind, verästeln sich. In Mitteleuropa bieten Gärtnereien jüngere Exemplare für Wintergärten an. Die Blüten sind zweihäusig verteilt. Aus dem weiblichen Blütenstand entwickelt sich ein um 15 cm breiter Fruchtstand mit vielen Steinfrüchten, der etwas an eine Ananas erinnert. Auf Madagaskar dient er Säugetieren als Nahrung. Uns Menschen schmeckt er auch gekocht nicht besonders gut.

3 Riesen-Palmlilie · *Yucca elephantipes* · *Yucca guatemalensis* · 10 m

Blüte

Das mittelamerikanische Gehölz ist ein imposanter Blickfang in Gärten am Mittelmeer. Aus der mit der Zeit dicken, knolligen Basis wachsen meist mehrere verzweigte Stämme, die schwertförmige, 6–8 cm breite Blätter tragen. Ihr Rand ist undeutlich gezähnt, ihre Spitze sticht kaum. Die hängenden Blüten erscheinen im Sommer in 60–80 cm langen, aufrechten Rispen. Als „Flor de Izote“ ist diese Yucca die Nationalblume von El Salvador. Die Graue Palmlilie *(Yucca aloifolia)* (3a) von der Golfküste der USA und Mexikos bildet nur 2–5 m hohe Stämme. Auch sie steht in südlichen Gärten. Außerdem ist sie die klassische „Yuccapalme“, die lange Zeit in kaum einer Wohnung fehlte. Wegen der gefährlichen Blattspitzen heißt das Gehölz auch „Spanisches Bajonett“.

4 Fadentragende Palmlilie · Palma China · *Yucca filifera* · 3–8 m

Blattrand

Diese aus den Wüsten Zentral- und Ostmexikos stammende Yucca öffnet auch am Mittelmeer ihre 3–6 cm langen Blüten an den typisch hängenden Blütenständen. Ihre Blätter fransen am Rand aus, so dass Fäden daran hängen. Dieses Merkmal zeigt auch die in Mitteleuropa winterharte Fädige Palmlilie *(Yucca filamentosa)*, die aber kaum Stämme bildet. Yucca-Blüten duften nachts und locken Insekten an. Jedoch kann nur die darauf spezialisierte Yucca-Motte *(Tegeticula yuccasella)* die Blüten bestäuben. Das Weibchen erledigt dies auf ungewöhnliche Weise. Zuerst sammelt es Pollen und formt diesen zu einer Kugel. Dann besucht es eine Blüte im weiblichen Stadium, legt dort seine Eier in den Fruchtknoten und stopft den Pollen in die Griffelröhre. Die Raupen fressen von den sich entwickelnden Samen. Es bleiben jedoch genügend übrig, so dass sich die Yucca vermehren kann. In Europa kommt die Motte nicht vor.

1 Ponyschwanz-Klumpstamm
Stamm mit Blattnarben
Blatt oft verdreht
Blütenrispe groß, überragt die Blätter
Fruchtstand hängt an langem Stiel
2 Nützlicher Schraubenbaum
Blätter bis zu 1,5 m lang
Stamm mit spiraligen Blattnarben
Basis der Blätter breit
3 Riesen-Palmlilie
3a Graue Palmlilie
Frucht rot, fleischig
Blattrand fein gesägt
Blattspitze spitz, stechend, dunkel
Stamm mit bleibenden Blattbasen
4 Fadentragende Palmlilie

FAMILIE PALMEN *(Arecaceae)*

Palmen gelten als „Inbegriff des Südens". Sie sind meist unverzweigt. Ihre Blätter können fiedrig (Fiederpalmen) oder fächerartig (Fächerpalmen) sein. Die Blütenstände sind zumindest anfangs von einem Hochblatt (Spatha) umgeben. Das Zentrum junger Palmen wächst in die Breite, bis die endgültige Stammdicke erreicht ist. Erst dann beginnt das Längenwachstum. Die Stämme zeigen deshalb keine Jahresringe.

1 Kanarische Dattelpalme · *Phoenix canariensis* · 8–20 m

Stamm

Diese zweihäusige Palme stammt als Endemit von den Kanaren. Sie konnte sich als Zierbaum im Süden Europas durchsetzen und gehört dort heute zu den häufigsten an Straßen und Plätzen gepflanzten Palmen. In Mitteleuropa gedeiht sie als Kübelpflanze. Ihr immer einstämmiger Wuchs ist kompakter als der der folgenden Art. Die bis über 100 Blätter ihrer Krone sind in der Regel etwas schief gedreht und hängen bogig über. Die Beeren entwickeln nur wenig Fruchtfleisch und sind nicht essbar. Auf La Gomera gewinnen die Bauern Palmsaft aus Einschnitten an der Krone und stellen daraus süßen Palmsirup her. Im Gegensatz zur Honigpalme (S. 232) überlebt die Palme die Ernteprozedur.

2 Echte Dattelpalme · *Phoenix dactylifera* · 10–30 m

Beeren

Die typische Palme der Oasen Nordafrikas und Arabiens gedeiht im Mittelmeerraum, zum Beispiel an der Riviera, als Ziergehölz, bildet dort aber kaum einmal reife Früchte. Da sie sehr frostempfindlich ist und feuchte Luft nicht mag, geben Gärtner eher der vorigen Art den Vorzug. Ihr Stamm ist schlanker als bei dieser. Häufig treten auch mehrere Stämme oder Tochtertriebe an der Basis auf. Die lichtere Krone besitzt meist nur rund 20 lebende Blätter. In den Wüstengebieten dienen die 3–5 cm langen, einsamigen Beeren als Grundnahrungsmittel. Sie besitzen einen hohen Nährwert und schmecken je nach Sorte süß oder mehlig. Kamele können sogar die harten Samen fressen. Das Holz eignet sich als Bauholz, die Blätter als Deckmaterial für Dächer.

3 Kreta-Dattelpalme · *Phoenix theophrasti* · 10 m

Beeren

Die meist mehrstämmige Palme wächst endemisch in sandigen Flusstälern und an Flussmündungen auf Kreta. Ihre Blätter sind auffallend blaugrün. Die um 1,5 cm langen Früchte sind faserig und nicht essbar.

4 Romanzoffianische Kokospalme · *Syagrus romanzoffiana* · 10 m

Steinfrüchte

Die frostempfindliche Palme aus Südamerika steht im Mittelmeerraum an manchen Straßen. Weiter nördlich schätzen Gärtner sie als „Schmuck-Kokospalme" für Wintergärten. Die wenigen, bis zu 5 m langen Fiederblätter tragen am Grund braune Fasern und hängen bogig über. Sie sind viel biegsamer als die der Dattelpalmen. Ihre Blättchen stehen meist in Büscheln zu 2–5. Junge Früchte besitzen ein süßliches Fleisch, bei älteren ist der um 2,5 cm lange Steinkern wie bei einer Kokosnuss von langen Fasern umhüllt.

1 Kanarische Dattelpalme
Blütenstand aufrecht, sehr dicht
Blatt 5–6 m lang, mittlere Fiedern bis zu 50 cm lang
Beere um 2 cm lang
2 Echte Dattelpalme
Beere 3–5 cm lang, mit viel Fruchtfleisch
Blatt 3–6 m lang, mittlere Fiedern 20–40 cm lang
3 Kreta-Dattelpalme
Blattbasis mit gelben Dornen
4 Romanzoffianische Kokospalme
Fruchtstand hängend, vielfrüchtig
Stamm mit vortretenden Binden
Blütenstand mit kahnförmigem Hochblatt

1 Forstersche Kentiapalme · *Howea forsteriana* · 15 m

Stamm

Im deutschen und wissenschaftlichen Namen dieser Palme verbergen sich Hinweise auf ihre Heimat: Sie stammt von den im Südpazifik liegenden Lord-Howe-Inseln, deren Hauptstadt Kentia heißt. Im Mittelmeerraum steht sie öfters in Parks und Gärten, in Mitteleuropa gilt sie als pflegeleichte Zimmer- oder Kübelpflanze. Um 1900 gehörte sie zu den Modegewächsen der „Belle Epoque". Der Stamm trägt unregelmäßige Blattnarben. Die Blättchen an den bis zu 4 m langen Fiederblättern stehen waagerecht oder hängen nach unten.

2 Honigpalme · Mähnenpalme · *Jubaea chilensis* · 15 m

♂ Blüte

Die Palme mit dem wuchtigen, in der Mitte oft verdickten Stamm stammt von der Küste Chiles. Sie erträgt Temperaturen bis zu −15 °C und ist damit die frosthärteste Fiederpalme. In Europa lässt sie sich besonders am Mittelmeer in Südfrankreich, im Tessin und in Norditalien bewundern, schöne Exemplare stehen auch in Südengland und der Bretagne. Die bis zu 5 m langen, dornenlosen Blätter tragen in zwei regelmäßigen Reihen stehende Blättchen. Die rötlichen Blüten erscheinen erst nach etwa 50 Jahren in bis zu 1,5 m langen Blütenständen. Die 4–5 cm großen, gelben Steinfrüchte ähneln kleinen Kokosnüssen. Die Chilenen fällten die Palme früher, um den Zuckersaft aus den Stämmen zu Palmsirup einzukochen. Heute ist die Art dort geschützt.

3 Kubanische Königspalme · *Roystonea regia* · 40 m

Stamm

Diese karibische Palme säumt mit ihren an Marmorsäulen erinnernden Stämmen viele Straßen in den Tropen. In Europa gedeiht sie nur in frostfreien Gebieten. Die Blätter tragen bis zu 1 m lange Blättchen, die in verschiedene Richtungen abstehen. Typisch ist die lange, grüne Blattscheide, die sich in den Stamm fortsetzt. Kubaner decken damit Dächer und wickeln Tabakballen darin ein. Die 0,5–1,5 cm langen Steinfrüchte dienen in der Heimat Vögeln und Fledermäusen als Nahrung. Die zentrale Stammknospe schmeckt wie die einiger anderer Palmen als „Palmherz" in exotischen Speisen. Ihre Ernte bedeutet jedoch den Tod des Baumes. Der Name *Roystonea* ehrt den amerikanischen General Roy Stone, der vor rund 100 Jahren als Ingenieur auf Puerto Rico arbeitete. Die Palme ziert das Wappen von Kuba.

4 Kalifornische Washingtonpalme · *Washingtonia filifera* · 15 m

Stamm

Die nach George Washington, dem ersten Präsidenten der USA, benannte Fächerpalme wächst wild in Südkalifornien, Arizona und Nordmexiko. Im Mittelmeerraum und auf der Iberischen Halbinsel steht sie besonders in Küstennähe häufig in Parks und an Straßen. Ihr Stamm ist oben meist von abgestorbenen Blättern umhüllt, weshalb sie auch „Petticoatpalme" heißt. Die Blattstiele tragen Stacheln. Während die bis zu 2 m breiten Blätter dieser Art graugrün sind, besitzt die Mexikanische Washingtonpalme *(Washingtonia robusta)* **(4a)** glänzend grüne Blätter, an denen nur jung weiße Fasern sitzen. Außerdem wirkt ihr Stamm schlanker. Zwischen beiden Arten gibt es Hybriden.

1 Forstersche Kentiapalme
Stein-früchte 3–4 cm lang
Blütenstand von Hochblatt umschlossen
2 Honigpalme
Stamm durch Blattreste gemustert
3 Kubanische Königspalme
Fruchtstand am Stamm unterhalb der Blätter
4 Kalifornische Washingtonpalme
Steinfrüchte erbsengroß, schwärzlich
Blattrand löst sich faserig ab
4a Mexikanische Washingtonpalme
Blattstiel bestachelt
Blattbasen bilden ein Kreuzmuster

1 Chinesische Hanfpalme · *Trachycarpus fortunei* · 12 m

Blütenstand

Die häufigste Palmen-Art in Gärten und Parks Europas stammt aus den Gebirgswäldern Nordburmas, Chinas sowie dem Himalaya. Deshalb erträgt sie Temperaturen bis zu -25 °C und kommt mit dem gemäßigten Klima der Bretagne und Irlands besser zurecht als mit den trockenen Sommern am Mittelmeer. Auch an geschützten Plätzen in Deutschland, wie in der Kölner Bucht oder auf der Insel Mainau im Bodensee, kann sie im Freien stehen. Die lange haltbaren Früchte erinnern an Weintrauben, enthalten aber nur einen auf der Bauchseite ähnlich wie eine Kaffeebohne gefurchten Steinkern. Floristen verarbeiten sie gelegentlich in Gestecken. Chinesen verwenden das zähe Fasergewebe, das den Stamm mindestens im oberen Teil umhüllt, für Matten und Taue.

2 Europäische Zwergpalme · *Chamaerops humulis* · 6 m

Blatt

Diese Palme wächst wild an trockenen, sonnigen Standorten im westlichen Mittelmeergebiet, zum Beispiel in Südspanien und Italien. Sie bevorzugt felsige und sandige Gebiete in Küstennähe und an Berghängen. Auf Weiden verbeißt das Vieh das Gehölz so sehr, dass es nur noch Büsche bildet. Sonst entwickelt es meist mehrstämmige, kleine Bäume. Der Stamm ist auf ganzer Länge von den braunen Fasern der alten Blattscheiden bedeckt. Früher ernteten die Bauern diese als haltbares „vegetabilisches Rosshaar" und stopften damit Matratzen und Sitzkissen.

3 Blaue Hesperidenpalme · *Brahea armata* · *Erythea armata* · 15 m

Fruchtstand

Die eindrucksvolle Palme aus den Wüstengebieten und Canyons Nordwestmexikos erträgt bis etwa -8 °C. Sie lässt sich in den warmen Gegenden am Mittelmeer ohne Winterschutz in Parks und Gärten kultivieren. In Mitteleuropa eignet sie sich als Kübelpflanze für kühle Wintergärten und ist in größeren Gewächshäusern zu sehen. Das fast kreisrunde, sehr regelmäßig bis fast zur Mitte in 30-40 starre Segmente gespaltene Fächerblatt trägt eine silberblaue, fast metallisch wirkende Wachsschicht, die sich abwischen lässt. Die Rispen mit den zwittrigen Blüten können bis über 5 m lang sein. Der Name *Brahea* ehrt den dänischen Astronomen Tycho Brahe, der im 16. Jahrhundert die Sterne genau beobachtete. Seine Studien ermöglichten dem deutschen Astronomen Johannes Kepler die Entwicklung der Keplerschen Gesetze.

4 Australische Livingstonpalme · *Livistona australis* · 25 m

Blüte

Auch diese Palme aus den feuchten Regenwäldern der Ostküste Australiens ziert Parks und Straßen in Südeuropa. Die Segmente ihrer Fächerblätter haben einen gelb-grünen Mittelnerv und hängen im vorderen Teil herab. Der Name ehrt den schottischen Adligen Patrick Murray of Livingstone, dessen Pflanzensammlung im 17. Jahrhundert den Botanischen Garten in Edinburgh begründete. Ähnlich wie bei der Kubanischen Königspalme kann die zentrale Stammknospe als „Palmherz" gekocht werden. Die Aborigines in Australien decken mit den Blättern ihre Hüttendächer und flechten Körbe daraus.

2 Europäische Zwergpalme

1 Chinesische Hanfpalme

3 Blaue Hesperidenpalme

4 Australische Livingstonpalme

1 Australischer Taschenfarn · Weicher Baumfarn · *Dicksonia antarctica* · 1–7 m

Blattstiel

Das Ziergehölz aus Australien und Tasmanien erträgt Temperaturen bis zu −5 °C. An feuchten Stellen in südlichen Parks entwickelt es sich zu einem auffälligen Blickfang. Auf den ersten Blick wirkt es wie eine Palme (S. 230). Es handelt sich jedoch um eine Sporenpflanze, wie sie in ähnlicher Form vor fast 320 Millionen Jahren (Karbon-Zeitalter) in Wäldern standen. Wie alle Farne bildet der Taschenfarn weder Blüten noch Samen, sondern winzig kleine Sporen. Der Blattrand biegt sich bei dieser Art wie kleine Beutelchen über die Sporenhäufchen. Die abgefallenen Sporen wachsen zu kleinen Vorkeimen aus, an denen sich die Geschlechtsorgane entwickeln. Abgestorbene Blattbasen sowie zahlreiche Wurzeln umhüllen den Stamm und tragen zu dessen Stabilität bei. Auf diesem dichten Geflecht wachsen oft Aufsitzerpflanzen. Orchideenzüchter schätzen die Stämme als Pflanzunterlage. Heute stehen alle Baumfarne unter Schutz und dürfen nur mit Genehmigung gehandelt werden.

2 Japanischer Sagopalmfarn · Japanischer Palmfarm · *Cycas revoluta* · 1–7 m

junge Blattspitze

Auch dieses Gehölz aus Südostasien gehört nicht zu den Palmen. Es ist aber nicht so ursprünglich wie die Baumfarne, sondern bildet Samen aus. Botaniker ordnen es in eine eigene Klasse der Nacktsamer ein. Erste Palmfarne entwickelten sich bereits vor fast 300 Millionen Jahren (Perm-Zeitalter). Die glänzenden Blätter erinnern an die von Fiederpalmen (S. 230), rollen sich aber wie Farnblätter aus. Die zweihäusigen Blüten entstehen im Zentrum des Schopfes. In Europa lässt sich das attraktive Gehölz nur in frostfreien Gebieten auspflanzen. In kühleren Gegenden eignet es sich als Kübelpflanze. Besonders die 3–4 cm langen Samen und die Wurzeln enthalten Cycasin, aus dem sich Blausäure abspalten kann. Trotzdem gehört das Gehölz zu den Nutzpflanzen. Die Stärke aus seinen Samen und Stämmen lässt sich zu einem sakeähnlichen Getränk vergären und liefert Sago. Meist stammt dieses Verdickungsmittel aber von Sagopalmen (*Metroxylon* sp.) oder aus Knollenpflanzen wie Maniok.

3 Ginkgo · Fächertanne · *Ginkgo biloba* · 10–40 m

Same längs

Dieses Gehölz gehört neben den Palmfarnen und Nadelgehölzen als einziger heute noch lebender Vertreter einer dritten Klasse der Nacktsamer an. Die Vorfahren des „lebenden Fossils“ hatten vor rund 180 Millionen Jahren eine große Formenfülle entwickelt und kamen damals auch in Mitteleuropa vor. Chinesen und Japaner kultivieren den Baum seit über 1000 Jahren in Tempelanlagen und essen seine gerösteten Samenkerne als „Ginkgonüsse“. Er kam im 18. Jahrhundert nach Europa und entwickelte sich zu einem beliebten Parkgehölz. Stadtgärtner schätzen ihn wegen seiner Robustheit gegenüber Umwelteinflüssen aller Art. Ein Ginkgo überlebte sogar den Atombombenangriff auf Hiroshima. Wer diese Art pflanzt, sollte ein männliches Exemplar wählen. Die äußere, fleischige Samenschale enthält bei der Reife Buttersäure, wodurch es unter weiblichen Bäumen nach Schweißfüßen stinkt. Der Name Ginkgo leitet sich vom japanischen gin-kyo ab. Dies bedeutet „Silberaprikose“ und bezieht sich auf die Ähnlichkeit der Samen mit Steinfrüchten.

1 Australischer Taschenfarn

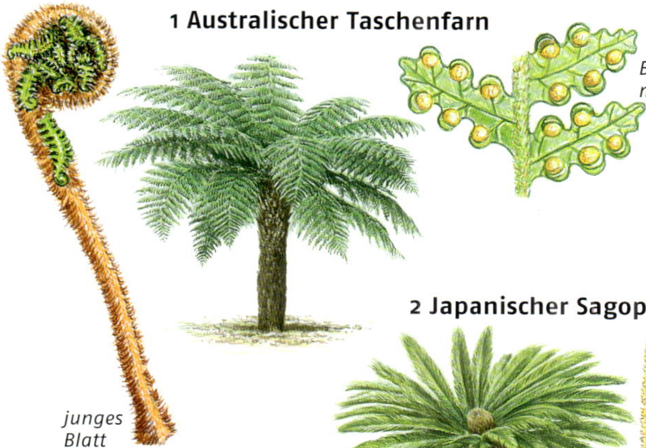

2 Japanischer Sagopalmfarn

3 Ginkgo

1 Chilenische Araukarie · Andentanne · *Araucaria araucana* · 3–30 m

unreifer Zapfen

Der Baum aus den Anden Chiles und Argentiniens gilt als einer der beeindruckendsten Nadelbäume der Südhalbkugel und bildet dort urzeitlich anmutende Wälder. Es handelt sich tatsächlich um eine sehr alte Gattung, die spätestens zur Jurazeit auftrat. Araukarien gab es früher auch in Europa und Nordamerika, ab dem Tertiär-Zeitalter (vor 65 Millionen Jahren) wuchsen sie nur noch auf der Südhalbkugel. Die nach der chilenischen Provinz Arauco benannte Art ist in wintermilden Gebieten Mitteleuropas weitgehend winterhart. In der Jugend reagiert sie empfindlich auf Wintersonne und durchgefrorenen Boden. Junge Bäume wachsen sehr locker, so dass die bizarren, biegsamen Äste besonders auffallen. Die Blüten sind zweihäusig verteilt. Die reif holzigen Zapfen werden 14–20 cm lang und enthalten bis zu 200 Samen. Die Wildvorkommen der Art sind geschützt. Die Penhuenche-Indianer verehren den Baum als heilig. In ihrer traditionellen Kultur spielte das Sammeln, der Handel und die Verarbeitung der nahrhaften Samen eine wichtige Rolle. In Chile und Argentinien ziert der Baum Provinzwappen und Embleme von Nationalparks. In der Wuchsform ähnlich ist der Bunya-Bunya-Baum oder Queensland-Araukarie *(Araucaria bidwillii)* (1a). Er stammt von den tropisch-subtropischen Küstenregionen Südaustraliens und lässt sich nur in sehr milden Gegenden Europas kultivieren. Seine Samen schmecken ähnlich wie Maronen (S. 48) und dienen den Aborigines als Nahrung.

2 Zimmertanne · Norfolktanne · *Araucaria heterophylla* · 5–30 m

Zweig

Dieser Baum stammt von der Norfolkinsel im Pazifik, nördlich von Neuseeland. Er gedeiht nur in weitgehend frostfreien Gebieten Europas im Freien. Mitte des letzten Jahrhunderts stand er als Zimmerpflanze häufig in den nur selten geheizten Wohnzimmern. In den heutigen Wohnungen ist ihm die Luft zu trocken und zu warm. Dafür findet er oft einen Platz in kühlen, hellen, nicht der prallen Sonne ausgesetzten Wintergärten und Treppenhäusern. Die Benadelung junger Bäume wirkt wie aus Plastik und erinnert etwas an Sicheltannen (S. 254). Der Wuchs ist jedoch unverkennbar. Die Bäume bilden sehr regelmäßige Etagen, die aus je vier bis sieben Ästen bestehen. Seitenzweige lassen sich zwar bewurzeln, bilden aber keinen symmetrischen Baum, sondern behalten ihre ursprüngliche Bestimmung bei und wachsen schief wie ein Ast.

3 Neuguinea-Araukarie · *Araucaria cunninghamii* · 20–50 m

Schuppenblätter

Diese Araukarie aus Neuguinea und den Regenwäldern im australischen Queensland wächst unregelmäßiger als die vorigen Arten. Die kleinen Zweige bilden typische Büschel an den Ast-Enden. Die gebogenen, deutlich gekielten Schuppenblätter werden 0,5–2 cm lang. An den Zweigen wechseln sich oft Abschnitte mit längeren Blättern und solche mit kürzeren ab. Junge Bäume tragen abgeflachte, 1–2 cm lange Nadeln. In Europa lässt sich der Baum an ähnlichen Standorten wie die Zimmertanne kultivieren und steht in Parks oft neben dieser. Die Australier pflanzen ihn häufig als Zierbaum und zur Holzgewinnung. Das Holz eignet sich für Möbel, Böden und Bootsbau. Früher ragten die Stämme auch als Masten auf australischen Segelschiffen in die Höhe.

1 Chilenische Araukarie

alt

jung

Blatt breit dreieckig, bis zu 5 cm lang

♂ Blüten zu mehreren

♀ Blütenzapfen aufrecht

Same 2–4 cm lang, keilförmig

1a Bunya-Bunya-Baum

Zapfen fußballgroß, bis zu 5 kg schwer

Blätter um 5 cm lang, locker stehend

2 Zimmertanne

alter Zweig mit kurzen, eingekrümmten Schuppenblättern

junger Zweig mit bis zu 1,5 cm langen Nadeln

3 Neuguinea-Araukarie

Zapfen 8–10 cm lang, mit herausragenden Schuppen

1 Queensland-Kaurifichte · *Agathis robusta* · 30–50 m

Zapfen

Der Baum aus dem australischen Queensland steht in frostfreien Gegenden Europas gelegentlich in Gärten und Parks. Jung wächst er schlank kegelförmig, später bildet er einen mächtigen Stamm, der bis weit hinauf seine Äste verliert. Nachdem die Europäer im 18. Jahrhundert nach Australien kamen, fällten sie dort viele der größten Bäume, um das Holz zu gewinnen. Die spektakulärsten noch lebenden Exemplare erreichen einen Stammumfang von über 12 m und sollen über 2000 Jahre alt sein. Auf der abblätternden Rinde haben parasitische Gewächse keine Chance, sich festzusetzen. In Australien und Neuseeland trug die Gattung zur Entstehung von Braunkohle bei.

2 Wollemie · Wollemikiefer · *Wollemia nobilis* · 30 m

♂ Blüte

Erst im Jahr 1994 entdeckte David Nobles, ein Mitarbeiter im Wollemi-Nationalpark, diesen Baum in einer unzugänglichen Schlucht der Blue Mountains, etwa 200 km westlich von Sydney. Botaniker feiern seinen Fund als eine der wichtigsten botanischen Entdeckungen des 20. Jahrhunderts. Bisher war das Gehölz nur aus Fossilien bekannt. Vor rund 65 Millionen Jahren bildete es auf dem südlichen Urkontinent Gondwana ausgedehnte Wälder. Die Entdeckung, dass es noch nicht ausgestorben ist, gleicht der eines noch lebenden Dinosauriers. Wissenschaftlern gelang es, das Gehölz, von dem es am Wildstandort keine 100 Exemplare mehr gibt, erfolgreich zu vermehren. Seit 2005 erfolgt auch in Europa ein Verkauf zugunsten von Naturschutzprojekten. Bereits jetzt zeigt es sich, dass der Baum sehr anpassungsfähig ist. Er soll Temperaturen von −12 bis +45 °C aushalten. Damit könnte er sich an geeigneten Standorten zu einem faszinierenden Parkbaum entwickeln, ein weiteres lebendes Fossil neben Arten wie Ginkgo, Palmfarn (S. 236) und Urweltmammutbaum (S. 256).

3 Japanische Kopfeibe · *Cephalotaxus harringtonia* · 3–10 m

Same

Das schattentolerante, meist mehrstämmige Gehölz wächst wild in den Bergwäldern Japans. Es ist auch in Mitteleuropa winterhart. Hier pflanzen Gärtner es häufig in der steif aufrecht wachsenden Zuchtform 'Fastigiata'. Die Rinde sowie die lederartigen, biegsamen Nadeln der Kopfeiben erinnern an die von Eiben (S. 242), tragen jedoch auffälligere Wachsstreifen auf der Unterseite. Im Gegensatz zu denen der Nusseiben (S. 242) ist ihre Spitze niemals stechend spitz. Die bis zu 3 cm langen Samen ähneln Pflaumen (S. 86), weshalb die Gattung im Englischen „Plum Yew" (Pflaumeneibe) heißt. Ihre Samenschale ist außen harzig-fleischig, innen hart und holzig. Die Nadeln enthalten giftige Alkaloide wie Cephalotaxine, die sich als Ausgangsstoff für Krebsmedikamente eignen.

4 Chinesische Kopfeibe · *Cephalotaxus fortunei* · 4–10 m

Rinde

Diese Kopfeibe wächst in Zentral- und Ostchina wild im Unterwuchs von Wäldern. Außerdem steht sie häufig als Ziergehölz in der Nähe von Tempeln. Der englische Gärtner Robert Fortune brachte sie Mitte des 19. Jahrhunderts nach Europa und in die USA. Sie ist jedoch seltener in Kultur als die vorige Art.

1 Queensland-Kaurifichte
Same einseitig geflügelt
Blätter gegenständig, 5–12 cm lang
Rinde orange und grau abblätternd
2 Wollemie
Blätter um 4 cm lang, laufen am Zweig etwas herab
Zapfen um 8 cm groß
Rinde mit blasigen Auftreibungen
3 Japanische Kopfeibe
Nadeln 2–4,5 cm lang, gescheitelt am Zweig
Nadeln laufen am Zweig herab
♀ Blütenzäpfchen bis zu 1,5 cm lang gestielt
♂ Blüten zahlreich entlang des Zweigs
4 Chinesische Kopfeibe
Nadeln 5–8 cm lang

1 Gewöhnliche Eibe · Europäische Eibe · *Taxus baccata* · 2–15 m

junger Same

Die Heimat des zweihäusigen Gehölzes reicht nordwärts bis Irland und Norwegen, im Süden bis in die südeuropäischen und nordafrikanischen Gebirge und im Osten bis nach Kleinasien und den Kaukasus. Es steht meist im Unterwuchs von Buchen- oder Laubmischwäldern. Durch Übernutzung und Verbiss des Jungwuchses durch Rotwild gingen die Wildvorkommen stark zurück. Sowohl die Art wie auch Sorten zieren Parks und Gärten oder umgeben sie als Hecke. Ähnlich wie die Rot-Buche (S. 50) reagiert die Eibe empfindlich auf strenge Fröste. Aus beschädigten Stämmen treiben senkrechte Zweige aus und umwachsen den Stamm zu einem Scheinstamm. So fehlen auf dem Querschnitt oft einheitliche Jahresringe, was die Altersbestimmung erschwert. Mächtige Altbäume können bis über 1000 Jahre alt sein. Schon die Steinzeitmenschen stellten aus dem dauerhaften, elastischen Holz Jagdwaffen her. Im Mittelalter lieferte es Armbrüste und Bögen. Der typische Samenmantel wächst aus einem Ringwulst an der Blütenachse. Er schmeckt süß und lockt Vögel an. Außer ihm enthalten alle Pflanzenteile für den Menschen und einige Tiere, zum Beispiel Pferde, tödlich giftige Alkaloide wie Taxin. Die aus Japan, Korea und der Mandschurei stammende Japanische Eibe *(Taxus cuspidata)* **(1a)** steht seltener in den Gärten Europas.

2 Japanische Nusseibe · *Torreya nucifera* · 10–25 m

Samen im Samenmantel

Der aus den Bergmischwäldern Japans und Südkoreas stammende Baum lässt sich in Mitteleuropa an schattigen, geschützten Standorten kultivieren. Die zweizeilig stehenden Nadeln riechen zerrieben unangenehm, weshalb das Gehölz auch „Stinkeibe" heißt. Ähnlich wie bei den Eiben ist um den Samen ein fleischiger Samenmantel ausgebildet. Bei der Nusseibe umschließt dieser den Samen vollständig und verwächst mit ihm. Obwohl es anders entstanden ist, erinnert das Gebilde an eine Steinfrucht oder an den Samen einer Kopfeibe (S. 240). Der englische Gattungsname „Nutmeg" vergleicht es mit einer Muskatnuss. Bei der Reife im 2. Jahr platzt der Samenmantel auf. Japaner schätzen die Kerne als leicht harzig schmeckende „Kayanüsse". Sie pressen auch Kaya-Öl für Speisezwecke. Aus dem gelbbraunen, fein gemaserten, harten Holz stellen sie Go-Spielbretter und Schachfiguren her. Die Nadeln der frostempfindlicheren Kalifornischen Nusseibe *(Torreya californica)* **(2a)** riechen beim Zerreiben würzig und weniger unangenehm. Ihre Samen werden bis zu 4 cm lang.

3 Sandarakbaum · Gliederzypresse · *Tetraclinis articulata* · 6–15 m

Same

Der Baum bildet in Marokko ausgedehnte Bestände und wächst in Nordafrika bis Libyen. In Europa gibt es nur kleine Wildvorkommen in Südostspanien und auf Malta. Dieser Inselstaat erhob das dort stark gefährdete Gehölz zu seinem Nationalbaum. Da es Trockenperioden bis zu 150 Tage übersteht, könnte es für Aufforstungen im Mittelmeerraum zunehmend interessant werden. Die Rinde enthält ein ähnliches Harz wie Mastix (S. 146). Dieses wie Balsam duftende Sandarakharz eignet sich für Räucherwerk, Polituren und Firnis. Die Volksheilkunde in Marokko empfiehlt es als entspannendes Mittel.

1 Gewöhnliche Eibe
♀ Blüte unscheinbar
♂ Blüten in den Blattachseln
Rinde rotbraun, schuppig
Nadeln 2–3,5 cm lang, ledrig
Samen mit rotem Samenmantel
1a Japanische Eibe
Nadeln steif, seitwärts abstehend
Nadeln mit aufgesetzter Stachelspitze
2 Japanische Nusseibe
Nadeln 1,5–3,5 cm lang, stachelspitzig
Nadel unterseits mit 2 gelblichen Streifen
Same bis zu 2,5 cm lang, braun, dünnschalig
Schuppenblätter in 4er-Wirteln an flachen Zweigen
unreifer Zapfen fast würfelförmig
reifer Zapfen mit 4 Schuppen
2a Kalifornische Nusseibe
Nadel 3–7 cm lang
3 Sandarakbaum

GATTUNG ZYPRESSEN, *Cupressus*

Die 4-kantigen oder runden Zweige sind dicht mit Schuppenblättern besetzt. Die verholzenden, kugeligen Zapfen sind 1,5–4 cm dick und reifen meist erst im 2. Jahr. Unter den 6–14 schildförmigen Schuppen enthalten sie 2-flügelige Samen. Die Schuppen trocknen bei der Reife ein, wodurch sich der Zapfen öffnet.

1 Arizona-Zypresse · *Cupressus arizonica* · 10–25 m

reifer Zapfen

In ihrer Heimat von Arizona bis Mexiko spielt diese Art wirtschaftlich keine Rolle, wohl aber in Europa. Sie kommt sowohl mit Dürre und mediterranem Klima wie auch mit kalten Wintern zurecht. In Südeuropa schützt sie viele Standorte vor Erosionen. Besonders in Italien und Südfrankreich ziehen Baumschulen hierfür große Mengen Samen und Jungpflanzen heran. In Mitteleuropa ersetzt vor allem die silbergraue Varietät die Mittelmeer-Zypresse als Ziergehölz. Die männlichen Blüten öffnen sich bereits im Winter und sorgen für eine gelbe Krone. Die 2–3 cm dicken Zapfen sitzen geöffnet noch mehrere Jahre am Baum.

2 Mexikanische Zypresse · Portugiesische Zypresse · *Cupressus lusitanica* · 35 m

unreife Zapfen

Missionare brachten diese Zypresse schon im 17. Jahrhundert von Mexiko nach Portugal (Lusitanien). Dort und in Spanien erlangte sie als Zierbaum eine hohe Beliebtheit. Das Gehölz des mittelamerikanischen Raums wächst gut im milden Klima von Westeuropa und kann dort große Bäume mit ausgebreiteten Ästen bilden. Es gilt als die wichtigste tropische Zypresse und steht zum Beispiel in Afrika auch im Forst. Costaricaner schätzen sie als Weihnachtsbaum.

3 Mittelmeer-Zypresse · Echte Zypresse · *Cupressus sempervirens* · 30 m

Schuppenblätter

Kaum ein Baum symbolisiert den Mittelmeerraum so gut wie die säulenförmige Zypresse. Besonders häufig ziert sie Parks, Plätze und Alleen in der Toskana. Seit Jahrhunderten steht sie als Symbol für die Ewigkeit auf Friedhöfen und an Kirchen. Einst war die Art der wichtigste Waldbaum im östlichen Mittelmeergebiet. Die Völker der Antike holzten sie jedoch in großem Maßstab ab, besonders um Schiffe daraus zu bauen. Gleichzeitig begannen sie, die Bäume zu kultivieren, so dass die Art heute im ganzen Mittelmeerraum eingebürgert ist und nördlich bis an den Gardasee vorkommt. Dank ihrer Dürretoleranz eignet sie sich sehr gut für Aufforstungen im Süden.

4 Monterey-Zypresse · Großfrüchtige Zypresse · *Cupressus macrocarpa* · 25 m

♂ Blüte

Wild wächst diese Zypresse endemisch auf der Halbinsel Monterey in Kalifornien. Ein Rindenpilz *(Seiridium cardinale)* vernichtete dort in den letzten 100 Jahren einen großen Teil der Bestände, so dass der Baum auf der Roten Liste steht. Er braucht mildes Klima und toleriert Wind und salzige Gischt. So schützt er als mehrere Meter hohe grüne Wand verschiedene Bereiche der Atlantikküste in England, Frankreich und Portugal, vereinzelt auch am Mittelmeer. Da er rasch wächst und Rückschnitt erträgt, eignet er sich auch als Energielieferant.

1 Arizona-Zypresse
Schuppenblätter silbergrau bis graugrün
unreifer Zapfen blaugrün
♂ Blüten zahlreich
Rinde rötlich braun, mit ablösenden Streifen
Zapfen 2–3 cm dick
2 Mexikanische Zypresse
3 Mittelmeer-Zypresse
Zapfen 1–1,8 cm dick, Schuppen mit kräftigem Höcker
Schuppenblätter eiförmig, spitz, angedrückt
4 Monterey-Zypresse
Wildform
reifer Zapfen silbriggrau bis braun
Rinde grau, längsfaserig
Zapfen 2,5–3,5 cm dick, reif braun
schlanke Form
Schuppenblätter bis zu 1,5 mm lang

GATTUNG SCHEINZYPRESSEN, *Chamaecyparis*

Diese Gehölze besitzen kreuzgegenständige Schuppenblätter. Da sich die flächenständigen Blätter von den kantenständigen unterscheiden, sind die Zweige meist stark abgeflacht. Die mehr oder weniger kugeligen, kleinen Zapfen bestehen aus 6–8, seltener 4 oder 10–12 schildförmigen Schuppen, zwischen denen sich bei der Reife Spalten öffnen. Die 2-flügeligen Samen reifen meist im 1. Jahr.

1 Nutka-Scheinzypresse · *Chamaecyparis nootkatensis* · 3–30 m

unreifer Zapfen

Der Naturforscher Archibald Menzies sammelte die Art, die seit neuestem in die Gattung *Callitropsis* gestellt wird, erstmals 1793 am Nootka-Sund, einer Meerenge auf Vancouver Island. Sie besiedelt Nadelwälder in den Gebirgen nahe der Pazifikküste von Südalaska bis Nordkalifornien und liefert das als „Yellow Cedar“ oder „Alaska Cedar“ bezeichnete Holz. Dieses ist dauerhaft und hart und besonders für Boote begehrt. In Schränke verarbeitet, hält es Kleidermotten fern. In europäischen Gärten steht meist die Sorte 'Pendula' mit elegant geschwungenen Ästen. Die grünen Schuppenblätter bilden auf der Zweigunterseite keine auffälligen Linien. Aus Kreuzungen mit der Monterey-Zypresse (S. 244) entstand in England die Leyland- oder Bastardzypresse *(Callitropsis* x *leylandii,* x *Cupressocyparis leylandii)* (1a). Dieser Baum besitzt steil ansteigende Äste.

2 Lawsons Scheinzypresse · *Chamaecyparis lawsoniana* · 2–35 m

Same

In seiner Heimat im Süden Oregons und Norden Kaliforniens bedroht ein eingeschleppter Schadpilz *(Phytophtora lateralis)* die natürlichen Bestände. Diese gelten deshalb als stark gefährdet. In Europa trat die Krankheit bisher nicht auf. Besonders in Mitteleuropa steht der Baum sehr häufig als Ziergehölz in Parks und Gärten. Auf Friedhöfen ersetzt er hier oft die nicht ausreichend winterharte Mittelmeer-Zypresse (S. 244). Baumschulen bieten über 200 verschiedene Formen und Varietäten an, die sich in der Wuchsform und den Blättern unterscheiden. Allen gemeinsam sind jedoch die typisch roten männlichen Blüten.

3 Hinoki-Scheinzypresse · Feuer-Scheinzypresse · *Chamaecyparis obtusa* · 15 m

♂ Blüte

Wild wächst dieser Baum in den Gebirgen Japans und Koreas. Japaner nutzen sein leicht nach Zitrone duftendes Holz so stark, dass er beinahe gefährdet ist. Als Ersatz für den Bau von Tempeln und Schreinen importieren sie deshalb das ähnliche Holz der vorigen Art aus Amerika. Im Unterschied zu den anderen Arten besitzt die Hinoki-Scheinzypresse stumpfe Kantenblätter. In Gärten stehen meist Formen mit muschel- bis tütenförmigen Zweigen.

4 Erbsenfrüchtige Scheinzypresse · *Chamaecyparis pisifera* · 0,5–20 m

Zapfen

Auch von dieser japanischen Art pflanzen Gärtner in Europa meist Zierformen an. Mit einer Größe von 6–7 mm besitzt sie die kleinsten Zapfen der Scheinzypressen. Die Zweige fühlen sich durch die abstehenden Blattspitzen beim Rückwärtsstreichen rau an. Die männlichen Blüten sind blassbraun.

1 Nutka-Scheinzypresse

Sorte 'Pendula'

1a Leylandzypresse

2 Lawsons Scheinzypresse

3 Hinoki-Scheinzypresse

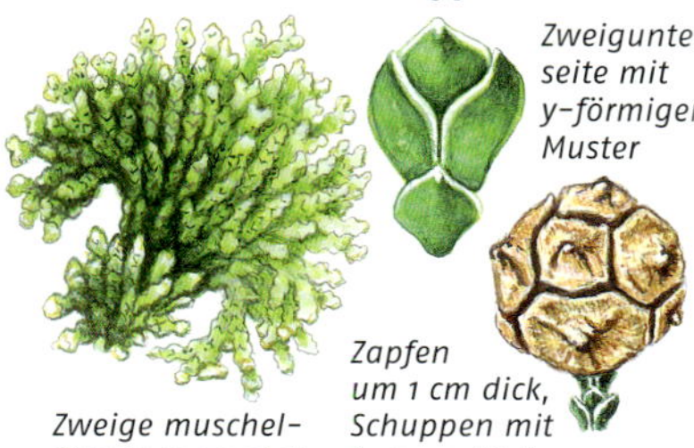

4 Erbsenfrüchtige Scheinzypresse

1 Kalifornische Flusszeder · Rauchzypresse · *Calocedrus decurrens* · 10–30 m

Same

Die Heimat dieses Baums reicht im pazifischen Nordamerika von Kalifornien bis nach Mexiko. In West- und Mitteleuropa entwickelt er sich zu einem eindrucksvollen, säulen- bis schmal kegelförmigen Parkbaum. Das Holz splittert kaum und eignet sich für Bleistifte. Wie einige andere Nadelbäume mit wertvollem, intensiv duftendem Holz trägt auch dieses Gehölz die Bezeichnung „Zeder" im Namen. Es besteht jedoch keine nähere Verwandtschaft zu den Zedern (S. 270). Die in einer Ebene verzweigten Zweige riechen zerrieben nach Terpentin. Die Zapfen bestehen aus 3 Schuppenpaaren, von denen nur das mittlere fruchtbar ist. Unter jeder Schuppe sitzen 2 ungleich geflügelte Samen.

2 Hibalebensbaum · Hiba · *Thujopsis dolabrata* · 5–10 m

Zweigoberseite

Kein anderes Zypressengewächs besitzt ein so auffälliges Muster auf seinen Zweigunterseiten wie dieser japanische Gebirgsbaum. Die Form der randlichen Schuppenblätter an den 4–8 mm breiten, flachen Zweigen erinnert an ein Beil, wovon sich der Artname ableitet (lateinisch *dolabrata* = beilförmig). In Mitteleuropa bleibt das Gehölz oft strauchförmig. Diese Exemplare wuchsen meist aus bewurzelten Seitenzweigen. Aus Samen oder aus einem Gipfeltrieb gezogen, entwickelt sich die Pflanze kegelförmig. Die Japaner verwenden ein aus den Holzschnitzeln destilliertes ätherisches Öl zum Parfümieren von Seifen. Damit imprägnierte Bretter widerstehen Pilzen und Termiten.

3 Morgenländischer Lebensbaum · *Platycladus orientalis* · 5–15 m

unreifer Zapfen

Dieser Strauch oder meist mehrstämmige Baum befindet sich schon seit Jahrhunderten in Ostasien in Kultur. An buddhistischen Tempeln stehen oft viele hundert Jahre alte Bäume. Sie gelten als heilig, da sie ein langes Leben und Vitalität verheißen. In Europa ziert das Gehölz häufig Parks, Gärten und Friedhöfe. Es fällt durch die flachen, senkrecht in einer Ebene stehenden Zweige sowie die blaugrün bewachsten jungen Zapfen auf. Oft ist es noch unter seinem alten Namen *Thuja orientalis* im Handel.

4 Abendländischer Lebensbaum · *Thuja occidentalis* · 5–20 m

Same

Das Gehölz aus dem Nordosten Amerikas eignet sich für Masten, Zaunpfähle und Einbäume. Da es extremer Kälte trotzt, versuchten Förster seinen Anbau auch in Skandinavien, Norddeutschland und Russland. Wichtiger ist es in Europa jedoch als Ziergehölz auf Friedhöfen sowie für Hecken. Im Gegensatz zur vorigen Art stehen die Zweige waagerecht. Zerrieben riechen sie intensiv herb-würzig. Sie enthalten ein giftiges ätherisches Öl. Früher versuchten Schwangere oftmals, mit der Pflanze abzutreiben und starben dabei. Die Schuppenblätter sind auf der Zweigoberseite mattgrün, unterseits blasser, jedoch ohne eine weiße Zeichnung. Im Winter färben sie sich oliv- bis bronzebraun. Beim Riesen-Lebensbaum *(Thuja plicata)* (4a) duften die zerriebenen Zweige etwas nach Ananas. Das Gehölz wächst bei uns als Hecke oder als bis zu 30 m hoher Parkbaum. Seine Zweige bleiben auch im Winter grün.

1 Kalifornische Flusszeder
Schuppenblätter der Kanten und Flächen gleich lang
Zapfen bis zu 2,5 cm lang, scheinbar aus nur 3 Schuppen
Rinde in gekrümmte Platten zerrissen
2 Hibalebensbaum
Zapfen 1–2 cm lang, mit langen, zurückgebogenen Spitzen
Schuppenblätter unterseits mit auffälligen Wachsstreifen
3 Morgenländischer Lebensbaum
Samen ungeflügelt
Zapfen 1–2 cm lang, mit hakigen Fortsätzen
Schuppenblätter beiderseits grün
4 Abendländischer Lebensbaum
unreife Zapfen aufrecht
♀
Schuppenblätter mit auffälliger Öldrüse
Zapfenschuppen ohne Dorn
4a Riesen-Lebensbaum
Zapfenschuppen mit um 1 mm langem Dorn
Zweigoberseite glänzend grün
Zweigunterseite mit typischem Muster

GATTUNG WACHOLDER, *Juniperus*

Von den fast 60 Wacholder-Arten wachsen viele nur strauchig. Die nadel- oder schuppenförmigen Blätter stehen gekreuzt gegenständig oder in Wirteln zu dritt. Der typische Beerenzapfen besteht aus 3–6 fleischigen, verwachsenen Schuppen.

1 Phönizischer Wacholder · *Juniperus phoenicea* · 3–8 m

reifer Beerenzapfen

Dieser strauch- oder baumförmige Pionier besiedelt sandige und felsige, trockene Standorte rund um das Mittelmeer, auf der Iberischen Halbinsel, den Kanaren und Madeira. In den spanischen Gebirgen dient er den Wildziegen als wichtige Nahrung. Große Exemplare sind heute selten. Sie lieferten früher feinfaseriges Holz für Drechsel- und Tischlerarbeiten. Oft vernichten Feuer das leicht brennbare Gehölz, besonders wenn es in den trockenen Macchien steht. Junge Exemplare besitzen nur Nadeln, ältere tragen an den etwa 1 mm dicken Zweigen stumpfe oder leicht zugespitzte Schuppenblätter mit Hautrand. Typisch ist die rotbraune Farbe der bis über 8 mm dicken Beerenzapfen. Der sehr ähnliche, von manchen Botanikern als eigenständig angesehene Kanaren-Wacholder *(Juniperus turbinata* ssp. *canariensis)* **(1a)** ist das Symbol der Insel El Hierro. Dort zerzauste der Wind die alten Exemplare zu bizarren Formen.

2 Spanischer Wacholder · Weihrauch-Wacholder · *Juniperus thurifera* · 12 m

unreifer Beerenzapfen

Der große Strauch oder Baum wächst in den Gebirgen Südostfrankreichs, Korsikas, Spaniens und Nordafrika. Jüngere Bäume fallen durch einen säulenförmigen Wuchs auf, ältere besitzen eine rundliche Krone mit abstehenden Ästen. Die 4-kantigen, um 1 mm dicken, graugrünen Zweige duften zerrieben würzigharzig. Die aufrecht stehenden Früchte werden etwa 8 mm dick. Der ähnliche Stinkende Baum-Wacholder *(Juniperus foetidissima)* **(2a)** kommt in den Gebirgen von Albanien bis Syrien und der Halbinsel Krim vor. Seine wirr angeordneten Zweige stinken zerrieben nach Kot. Die Früchte werden 7–12 mm dick.

3 Griechischer Wacholder · Kleinasiatischer Wacholder · *Juniperus excelsa* · 16 m

Schuppenblätter

Das Verbreitungsgebiet dieser Art erstreckt sich von Südosteuropa über Kleinasien bis in den Kaukasus. In den Gebirgen bildet das meist baumförmige Gehölz Wälder. Seine Zweige werden nur 0,6–0,8 mm dick. Aus den großen Drüsen der Schuppenblätter tritt oft Harz aus, das als weißliche Krümel haften bleibt.

4 Chinesischer Wacholder · *Juniperus chinensis* · 1–18 m

Zweig

Die vielgestaltigen Sorten zieren als hohe Bäume oder niedere Sträucher europäische Parks und Gärten. Gartenbesitzer in Obstbaugebieten sollten jedoch auf sie verzichten. Die Art gehört neben dem Sadebaum (S. 252) zu den wichtigsten Gehölzen, die dem Birnen-Gitterrost (S. 96) als Hauptwirt dienen. Die Blätter sind alle schuppenförmig oder es treten Schuppenblätter und Nadeln an einer Pflanze auf. Die Zweige riechen beim Zerreiben aromatisch.

1 Phönizischer Wacholder

Schuppenblätter 1 mm lang, mit länglicher Drüse

Nadeln 5–14 mm lang

1a Kanaren-Wacholder

Schuppenblätter mit stechender Spitze

2 Spanischer Wacholder

Beerenzapfen reif fast schwarz, blau bereift

junge Zweige zweizeilig angeordnet

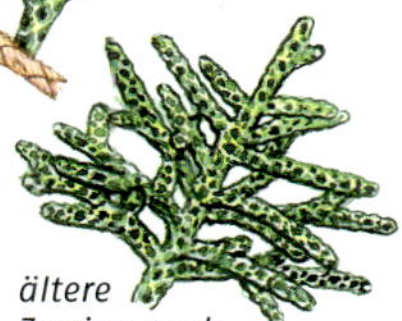

ältere Zweige auch unregelmäßig

Schuppenblätter unterseits gekielt

2a Stinkender Baum-Wacholder

Zweige allseits abstehend

3 Griechischer Wacholder

Beerenzapfen um 1 cm dick, purpurbraun

Schuppenblätter spitzlich, ohne Hautrand

4 Chinesischer Wacholder

Rinde abfasernd

Beerenzapfen 6–8 mm dick

Schuppenblätter überwiegend stumpf

Gallertige Lager des Birnen-Gitterrosts

1 Virginischer Wacholder · Rotzeder · *Juniperus virginiana* · 18 m

♂ *Blüten*

Die Wildform bildet im östlichen Nordamerika kegelförmige Bäume. Ihr Holz eignet sich besonders gut für Bleistifte, da es beim Spitzen nicht bricht. In Schränken verarbeitet vertreibt es Motten. Das aus ihm destillierte ätherische Öl parfümiert kosmetische Produkte. In europäischen Gärten stehen zahlreiche baumförmige bis strauchige Sorten. Meist trägt das Gehölz Schuppenblätter. Wenn Nadeln vorhanden sind, sitzen diese gegenständig, höchstens an gut entwickelten Zweigen in 3er-Quirlen. Die kleinen Beerenzapfen stehen auf aufrechten oder nickenden Stielen. An diesem Merkmal unterscheidet sich das Gehölz von den ebenfalls in Gärten verbreiteten Sorten des Sadebaums oder Stink-Wacholders *(Juniperus sabina)* **(1a)**. Wild wächst dieser in den Gebirgen Mittel- und Südeuropas, im Kaukasus und Sibirien. Er bildet Sträucher, seltener kleine Bäume mit schiefem Stamm. Zerriebene Zweige riechen unangenehm. Sie enthalten wie die ganze Pflanze giftige ätherische Öle. Im Mittelalter diente das Gehölz missbräuchlich als Abtreibungsmittel.

2 Gewöhnlicher Wacholder · Heide-Wacholder · *Juniperus communis* · 2–10 m

Beerenzapfen

Dieser Wacholder ist das am weitesten verbreitete Nadelgehölz der Erde. Er wächst in mehreren Unterarten als Strauch oder seltener Baum in einem Gürtel, der sich in der gemäßigten und subarktischen Klimazone von Europa durch Asien bis Japan und über Nordamerika sowie Südgrönland erstreckt. Als tief wurzelndes Pioniergehölz braucht er viel Licht, toleriert aber trockene und nährstoffarme Böden. So prägt er ganze Landschaftsstriche wie etwa die Lüneburger Heide. Die Beerenzapfen reifen im 2. oder 3. Jahr. Sie enthalten rund 30 Prozent Zucker sowie aromatische ätherische Öle und würzen Sauerkraut und Wild sowie Spirituosen wie Gin, Genever und Steinhäger. Zu große Mengen davon können jedoch die Nieren reizen.

3 Stech-Wacholder · Rotbeeriger Wacholder · *Juniperus oxycedrus* · 8 m

reifer Beerenzapfen

Rund um das Mittelmeergebiet und bis zum Kaukasus gedeiht dieses Gehölz in Macchien und Wäldern von der Meereshöhe bis hinauf in die Gebirge. Es existieren Unterarten, von denen Botaniker einige auch als eigene Arten ansehen. Allen gemeinsam sind die schon an den Zweigspitzen abstehenden Nadeln. Da sie stark stechen, halten sie manchen Fressfeind ab. Die Beerenzapfen werden 6–15 mm dick. Sie locken – wie die der meisten Wacholder – Vögel an, die sie fressen und die unverdauten Samen ausscheiden. Der verwandte Zedern-Wacholder *(Juniperus cedrus)* **(3a)** kann auf den westlichen Kanareninseln bis zu 15 m hohe Bäume bilden. Raubbau zur Holzgewinnung sowie Beweidung durch Ziegen drängten das Gehölz in Felsspalten der Gebirge zurück. Heute steht es unter Schutz und breitet sich wieder aus. Der Kurzblättrige Wacholder *(Juniperus brevifolia)* **(3b)** wächst endemisch auf den Azoren und ist dort der einzige heimische Nadelbaum. Auch seine Vorkommen litten stark unter dem Holzeinschlag. Der Pflaumenfrüchtige oder Syrische Wacholder *(Juniperus drupacea)* **(3c)** gedeiht als bis zu 15 m hoher Baum von Südgriechenland bis Nordsyrien. Seine starren Nadeln sind 15–25 mm lang.

1 Virginischer Wacholder
♀ Blüten endständig
Nadeln 5–9 mm lang
Schuppenblätter mit abstehender Spitze
Beerenzapfen nur 4–6 mm dick
gleichzeitig unterschiedlich reife Früchte
1a Sadebaum
Schuppenblätter angedrückt, zugespitzt
Beerenzapfen an hakig zurückbogenem Stiel
2 Gewöhnlicher Wacholder
♂ Blüten in den Achseln der Nadeln
Nadeln 10–15 mm lang, oberseits mit weißem Band
3 Stech-Wacholder
Nadeln 12–19 mm lang, oberseits mit 2 weißen Bändern
3b Kurzblättriger Wacholder
3a Zedern-Wacholder
Nadeln vorwärts gerichtet
Beerenzapfen 8–10 mm lang
Nadeln 3–10 mm lang, eingekrümmt
3c Pflaumenfrüchtiger Wacholder
Beerenzapfen 1,5–2,5 cm groß
Nadelwirtel, Nadeln etwas herablaufend, oberseits mit 2 weißen Bändern

1 Japanische Schirmtanne · *Sciadopitys verticillata* · 10 m

Nadelausschnitt

Schirmtannengewächse hatten ihre Hauptblütezeit im Kreide-Zeitalter. Auch in Mitteleuropa wuchsen Vertreter, wie zum Beispiel Funde aus der Lausitzer Braunkohle belegen. Wahrscheinlich waren sie auch an der Entstehung von baltischem Bernstein beteiligt. Heute existiert nur noch diese eine Art als lebendes Fossil in den mittleren Gebirgslagen Japans. Dort kann der Baum bis zu 30 m hoch werden, wächst aber sehr langsam und ist in seinen natürlichen Vorkommen gefährdet. Er steht deshalb auf der internationalen Roten Liste. In West- und Mitteleuropa entwickelt er sich zu einem attraktiven Zierbaum, benötigt jedoch kalkfreien Boden und reagiert empfindlich auf Staunässe. Die Anordnung der Nadeln erinnert an die Streben eines Regenschirms. Im Querschnitt ist zu erkennen, dass es sich um Doppelnadeln handelt, die durch Verwachsung entstanden sein sollen. Daneben tragen die Zweige noch bis zu 5 mm lange, anliegende Schuppenblätter. Botaniker ordneten den Baum früher in die Sumpfzypressengewächse ein, seine ungewöhnlichen Nadeln und andere Merkmale führten jedoch dazu, ihn in eine eigene Familie zu stellen.

2 Japanische Sicheltanne · Sugi · *Cryptomeria japonica* · 35 m

Zweig

Die Heimat dieses Baumes liegt in den luftfeuchten Bergmischwäldern Chinas und Japans. Beide Länder kultivieren ihn schon seit Jahrhunderten, um das duftende, harzfreie Holz für Brücken, Möbel, Sake-Fässer und Wannen zu gewinnen. In Japan ist er Nationalbaum und gleichzeitig der wichtigste Forstbaum. Dort steht er häufig an Standorten, an denen früher die Japanische Schirmtanne (oben) wuchs. Da die Sugi den Japanern als heilig gilt, zieren oft mächtige, bis über 500 Jahre alte Bäume ihre Tempelanlagen. In West- und Mitteleuropa gedeiht der schmal kegelförmige Baum öfters in Parks und Gärten. Er lässt sich auch zu Hecken schneiden. Bei Frost färben sich die 6–20 mm langen Nadeln rötlich. Die männlichen Blüten öffnen sich ab Februar meist so zahlreich, dass die Baumkrone gelb wirkt. In Japan gehört ihr Pollen zu den häufigsten Auslösern von Heuschnupfen. Die Zapfen sitzen meist noch zwei bis drei Jahre leer am Baum. Nach neuesten molekulargenetischen Untersuchungen ordnen Wissenschaftler die Sumpfzypressengewächse dieser und der folgenden Seite nicht mehr in diese separate Familie ein, sondern stellen sie zu den Zypressengewächsen (S. 244).

3 Chinesische Spießtanne · *Cunninghamia lanceolata* · 20 m

Nadelunterseite

Dieser Baum wächst in Südchina und Vietnam in subtropischen Wäldern. Außerhalb des natürlichen Verbreitungsgebiets bauen die Chinesen ihn schon seit Jahrhunderten an, um das sehr leichte Holz als Bauholz für Brücken, Schiffe und Möbel zu gewinnen. Sie bevorzugen es auch für Särge, eine Tradition, die sich über 2000 Jahre zurückverfolgen lässt. In Europa ziert das Gehölz Parks besonders in wintermilden Lagen Westeuropas. Es ist frostempfindlich, kann aber selbst dann wieder austreiben, wenn es bis zum Boden abgefroren ist. Die frischgrünen, oberseits glänzenden Nadeln sind 3–7 cm lang. Sie fühlen sich ledrig an und besitzen eine scharf stechende Spitze.

1 Japanische Schirmtanne

2 Japanische Sicheltanne

3 Chinesische Spießtanne

1 Küstenmammutbaum · Küstensequoie · *Sequoia sempervirens* · 30–70 m

Langtrieb

Ein Teil der verbliebenen Wälder, die dieser Baum an der Küste Kaliforniens und Oregons bildet, stehen heute unter Schutz. Die bis zu 1500 Jahre alt und 120 m hoch werdenden Giganten gehören zu den weltweit gefährdeten Arten. Amerikaner schlugen viele der majestätischen Wälder, um das ergiebige, in der Qualität hervorragende, „Redwood" genannte Holz der bis über 6 m dicken Stämme zu gewinnen. Es ist sehr dauerhaft und widersteht Feuchtigkeit. Auf den Britischen Inseln, der Krim und in Portugal fanden Versuchsanbauten statt. Eine wichtigere Rolle spielt die Art besonders in Süd- und Westeuropa als schöner, sehr schattenverträglicher Parkbaum mit pyramidenförmiger Krone. Aus abgesägten Stümpfen können ganze Kreise neuer Bäume austreiben.

2 Mammutbaum · Wellingtonie · *Sequoiadendron giganteum* · 80 m

Same

Dieser Baum, der wild nur in einem sehr kleinen Gebiet der kalifornischen Sierra Nevada wächst, erreicht noch gigantischere Ausmaße als die vorige Art. Aus einem 4 mg leichten, 4 mm großen Samen wächst ein Riese mit einem Gewicht von bis zu 1200 Tonnen und einem Stammdurchmesser von bis zu 12 m, der bis über 3000 Jahre alt werden kann. Wie die vorige Art gelten die mächtigen Bäume den Amerikanern als Sinnbild für Stärke und Langlebigkeit. Seit Mitte des 19. Jahrhunderts steht er als attraktiver Parkbaum vielerorts auch in Europa. Junge Bäume wachsen streng kegelförmig, ältere besitzen offenere, oben gerundete Kronen mit mächtigen Ästen. Der wissenschaftliche Name des Baumes geht auf den Indianer Sequoyah zurück, der das Alphabet der Cherokee entwickelte und so bei seinem Volk die Schrift einführte.

3 Sumpfzypresse · *Taxodium distichum* · 20–35 m

♀ *Blütenstand*

In den Sümpfen und Flussniederungen im Südosten Nordamerikas kommt dieser Baum gut mit dem überschwemmten Boden zurecht. Er bildet an kleine Termitenhügel erinnernde „Atemknies", die aus dem Boden ragen. Wissenschaftler deuten diese entweder als Wurzeln, die für die Sauerstoffversorgung der untergetauchten Teile sorgen oder als Stützen, die der Standfestigkeit im weichen Sumpfboden dienen. In Europa gedeiht das interessante Gehölz als attraktiver, weitgehend winterharter Parkbaum mit ziegelroter bis goldbrauner Herbstfärbung an und in Teichen, aber auch auf trockeneren Böden. Die männlichen Blütenknospen erscheinen bereits im Herbst.

4 Urweltmammutbaum · *Metasequoia glyptostroboides* · 20–35 m

unreifer Zapfen

In der Kreidezeit war diese Gattung über große Teile der Nordhalbkugel verbreitet. Sie galt als ausgestorben. So war es eine ähnliche Sensation wie die kürzliche Entdeckung der Wollemie (S. 240), als 1941 in einer unzugänglichen Bergregion Chinas lebende Bäume auftauchten und Gärtner sie ab 1947 auch in Europa aus Samen ziehen konnten. Wie bei der vorigen Art fallen auch bei diesem Baum nach der gelben bis kupferroten Nadelfärbung im Herbst die 6–15 cm langen Kurztriebe mitsamt den Nadeln ab.

Rinde | Nadeln | ♂ Blüten | Zapfen

1 Küstenmammutbaum

sehr dick, mit tiefen Furchen

zum Grund der Seitenzweige kürzer

einzeln endständig an Seitenzweigen

um 2 cm lang, Schuppen weit spreizend

2 Mammutbaum

zimtbraun, sehr dick, schwammig weich

pfriemlich, angedrückt

endständig an dünnen Zweigen

4–8 cm lang, Schuppen flach gefurcht

3 Sumpfzypresse

meist grau, mit flachen Rissen und Fasern

wechselständig, ebenso Kurztriebe

in bis zu 20 cm langen, rispenartigen Blütenständen

bis zu 3 cm lang, Schuppen mit Dorn

4 Urweltmammutbaum

längsrissig, Stamm mit tiefen Gruben

gegenständig, ebenso Kurztriebe

in 8–10 cm langen Blütenständen

bis zu 2,5 cm lang, Schuppen gefurcht

GATTUNG KIEFERN, *Pinus*

Die mehr als 90 Kiefern-Arten haben kleine Kurztriebe mit je einem Bündel von zwei, drei oder fünf Nadeln. Im Alter fallen sie gemeinsam ab. An den Langtrieben sitzen nur trockenhäutige Schuppen. Die Zapfen reifen im 2. oder 3. Jahr.

1 Wald-Kiefer · Föhre · *Pinus sylvestris* · 15–40 m

Zapfen

Das Verbreitungsgebiet erstreckt sich von den Gebirgen Spaniens und Italiens durch Mittel- und Nordeuropa bis nach Ostasien und ist damit das größte aller Kiefern. Auf nährstoffarmen Sand- oder Moorböden bildet das bis zu -40 °C frostharte Gehölz lichte Wälder, auf fruchtbareren Böden steht es eher in Mischwäldern. Unzählige Kiefernforste liefern Holz für den Bau und Möbel. Typischerweise leuchtet die Rinde zumindest in der Krone und an den Ästen fuchsrot. Der Name „Kiefer" leitet sich von „Kien foren" ab. Harzreiche, brennende Kienspäne stellten früher oft die einzige Beleuchtung dar.

2 Berg-Kiefer · Latsche · Krummholz-Kiefer · *Pinus mugo* ssp. *mugo* · 1–3,5 m

♀ *Blütenzapfen*

Diese Kiefer wächst meist als krummer Strauch in den Gebirgen Mitteleuropas in Höhen zwischen 1000 und 2700 m. In den Alpen bildet sie oberhalb der Waldgrenze den „Krummholzgürtel", der die Hänge vor Erosionen schützt. Das Gehölz ist auch für Gärten beliebt. Schnee drückt die elastischen Äste zu Boden, bei Tauwetter federn sie wieder zurück. An lange schneebedeckten Nordhängen der Alpen schädigt oft ein Pilz, der Schwarze Schneeschimmel *(Herpotrichia nigra)*, die Pflanze. Deshalb wächst dort meist die Grün-Erle (S. 42). Das aus Nadeln destillierte Latschenkiefern-Öl hilft gegen Rheuma und Husten.

3 Haken-Kiefer · Berg-Spirke · *Pinus mugo* ssp. *uncinata* · 10–25 m

Nadelbündel

In den Alpen und Pyrenäen wächst der meist einstämmige Baum bis auf rund 2200 m. Er steigt damit höher als die Wald-Kiefer und kommt bis an die Waldgrenze vor. Eine weitere Unterart von *Pinus mugo* ist die Moor-Kiefer oder Moor-Spirke *(Pinus mugo* ssp. *rotundata)* **(3a)**. Im Alpenvorland, Bayerischen Wald, Schwarzwald, Vogesen, Fichtel- und Erzgebirge gedeiht sie auf staunassen Torfböden, meist in Höhen von 800 bis 1200 m. Sie bildet oft mehrere dünne Stämme. Manche Botaniker sehen sie als Kreuzung aus Berg- und Haken-Kiefer.

4 Banks Kiefer · *Pinus banksiana* · 16 m

alter Zapfen

Diese Kiefer wächst vom arktischen Kanada bis in den Nordosten der USA. Da sie sich unregelmäßig verästelt, besitzt sie kaum Zierwert und steht nur selten in Gärten. Sie erträgt Trockenheit und extreme Kälte und ist auch gut an Feuer angepasst. Ihre Zapfen bleiben viele Jahre geschlossen. Erst Hitze öffnet die harzig verklebten Schuppen und setzt die Samen frei. So fallen zwar die Bäume oft Waldbränden zum Opfer, ihre Sämlinge, die an der Sonne rasch wachsen, ersetzen sie jedoch bald. Außer dieser Art besitzt nur noch die Kalabrische Kiefer (S. 262) am Zweig nach vorne weisende Zapfen.

1 Wald-Kiefer
Nadeln 4–7 cm lang, blaugrün bis graugrün
♀
♂
Rinde orange-braun, schuppig
Zapfen 5–8 cm lang
Zapfen 3–5 cm lang, symmetrisch
♂
2 Berg-Kiefer
Nadeln 3–8 cm lang, derb, etwas gekrümmt
Schwarzer Schneeschimmel
3 Haken-Kiefer
Zapfen 4–7 cm lang, mit schnabel- bis hakenförmigen Schuppen
3a Moor-Kiefer
Zapfen bis zu 6 cm lang, Haken höchstens schwach
Rinde schwärzlich
Zapfen 3–6 cm lang, vorwärts gerichtet
Nadeln 3–4 cm lang, gedreht, stark spreizend
Rinde grau, flach gefurcht
4 Banks Kiefer

1 Schwarz-Kiefer · *Pinus nigra* · 20–30 m

♀ *Blüten*

Diese Kiefer wächst besonders in den Bergen des nördlichen Mittelmeerraums und ist dort ein wichtiger Waldbaum. Gegen Ende der letzten Eiszeit war sie noch weiter verbreitet. Heute besiedelt sie voneinander teils weit entfernte Areale, so dass sich Merkmalsunterschiede entwickeln konnten. Allen Schwarz-Kiefern gemeinsam sind die jung hellbraunen Zapfen sowie die typisch schwarze Färbung der verdeckten Teile der Zapfenschuppen. Botaniker unterscheiden meist vier Unterarten, die sich außer in der Verbreitung besonders im Wuchs und in den Standortansprüchen unterscheiden. Stehen sie nicht in ihrer Heimat, ist es oft schwierig, sie eindeutig zu bestimmen. Die Gewöhnliche oder Österreichische Schwarz-Kiefer *(Pinus nigra* ssp. *nigra, Pinus nigra* var. *austriaca)* **(1a)** wächst vom Südosten Österreichs bis auf den Balkan und nach Mittelitalien. Der Baum ist im Gegensatz zu den anderen Unterarten vollkommen frosthart. In Mitteleuropa schätzen Gärtner ihn für Parks, Förster für Anpflanzungen in trocken-warmen Lagen. Er wächst kegel- bis eiförmig. Sein Stamm kann lang sein, ist aber selten ganz gerade. Oft ist er schon in Bodennähe gegabelt oder es treten mehrstämmige Exemplare auf. Die Korsische oder Kalabrische Schwarz-Kiefer *(Pinus nigra* ssp. *laricio, Pinus nigra* var. *corsicana)* **(1b)** ist auf Korsika, in Süditalien und Sizilien beheimatet. Sie erträgt salzige Winde und eignet sich in Belgien, den Niederlanden und Südengland zum Aufforsten von küstennahen Dünen. Sie bildet schmal kegel- bis säulenförmige Bäume mit meist geradem, ungeteiltem Stamm und vielen kleinen, fast waagerechten Ästen. Die Krim-Kiefer oder Taurische Schwarz-Kiefer *(Pinus nigra* ssp. *pallasiana; Pinus nigra* var. *caramanica)* **(1c)** gedeiht auf dem Südostbalkan, den Südkarpaten, der Krim und auf Zypern. Sie steht nur selten in Parks. Ihre ein- oder mehrstämmige Krone ist breit eiförmig und flacht sich oben fast schirmförmig ab. Die Zapfen können bis zu 12 cm lang werden. Das Areal der Pyrenäen-Schwarz-Kiefer *(Pinus nigra* ssp. *salzmannii, Pinus nigra* var. *cebennensis)* **(1d)** reicht von Südwestfrankreich über die Pyrenäen und Spanien bis nach Nordwestmarokko. Der recht langsam wachsende Baum bildet eine lockere, schmal pyramiden- bis walzenförmige Krone mit meist abwärts gerichteten Ästen.

2 Panzer-Kiefer · Schlangenhaut-Kiefer · *Pinus heldreichii* · 20–30 m

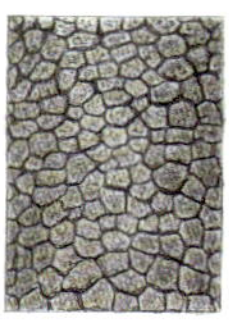

Stammrinde

Außer in den Gebirgen der Balkan-Halbinsel wächst diese Kiefer noch in einem isolierten Vorkommen in Kalabrien in Süditalien. Der Baum ist äußerst anpassungsfähig und erträgt sowohl trockene Sommer wie auch extreme Hochlagen bis an die Baumgrenze. Er gedeiht auf felsigen Hängen und schützt viele Standorte vor Erosion. In Mitteleuropa steht er, oft auch unter dem Namen *Pinus leucodermis*, recht häufig in Parks und Gärten. Sein Erscheinungsbild erinnert stark an das einer Gewöhnlichen Schwarz-Kiefer (oben). Der Vorteil dieser Art ist jedoch, dass sie langsamer wächst und weniger Platz braucht. Von der Schwarz-Kiefer lässt sie sich sowohl an den Zapfenschuppen als auch an der Rinde sehr gut unterscheiden. Durch die unregelmäßig abstehenden Schuppen an den Ästen erinnert sie an eine Schlangenhaut. Bei größeren Bäumen reißt sie in großen, grauen Stücken auf, die den Stamm ähnlich wie einen Schildkrötenpanzer oder Harnisch aussehen lassen.

1a Gewöhnliche Schwarz-Kiefer
Nadeln 8–15 cm lang, starr, dunkelgrün
Zapfenschuppe unterseits schwarzbraun
♂ Blüten zahlreich
Rinde schwarzbraun, tief gefurcht
Zapfen 5–8 cm lang, eiförmig
1b Korsische Schwarz-Kiefer
Nadeln 10–18 cm lang, graugrün, oft gedreht
Zapfen 6–8 cm lang
1c Krim-Kiefer
1d Pyrenäen-Schwarz-Kiefer
2 Panzer-Kiefer
unreifer Zapfen schwarzblau
Nadeln 6–10 cm lang, mit langer Scheide
Zweigrinde schuppig gefeldert
Zapfenschuppe unterseits hellbraun
Zapfen 7–8 cm lang

1 Pinie · Schirm-Kiefer · *Pinus pinea* · 15–30 m

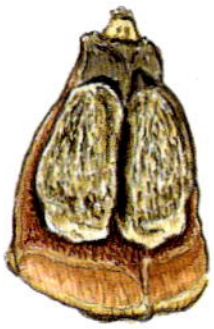

Samen auf Samen-schuppe

Jung wächst die Pinie kugelig, später bildet sie einen Schirm, der den Boden beschattet und die Wurzeln vor Hitze und Austrocknung schützt. Sie kommt im europäischen Mittelmeergebiet und bis in den Libanon vor. Die großen, im Gegensatz zu den meisten Kiefern flügellosen Samen besitzen eine dicke Schale. Ihre Kerne enthalten neben Fett und etwas Kohlenhydraten rund 34 Prozent Eiweiß und damit mehr als die meisten Nüsse. Schon in der Antike exportierten Griechen die Samen. Bei den Römischen Truppen gehörten sie zur Marschverpflegung und in den Ruinen von Pompeji fanden Archäologen Reste der Samen. Winzer schrubbten früher mit den Zapfen ihre Fässer aus.

2 Strand-Kiefer · Stern-Kiefer · *Pinus pinaster* · 20–40 m

offener Zapfen

Diese Kiefer aus dem mittleren und westlichen Mittelmeergebiet, der Iberischen Halbinsel sowie der Atlantikküste Frankreichs wächst auch auf Sandböden und ist frosthärter als die Pinie. Große Forste stehen an den Küsten Portugals und Südwestfrankreichs sowie in Spanien. Neben Holz war bis vor wenigen Jahrzehnten, als Importe aus Asien und Amerika zunahmen, das Harz ein wichtiges Handelsprodukt. Noch heute zapfen Sammler die Stämme an. Erzeuger destillieren Terpentin-Öl, zurück bleibt Kolophonium. Terpentin-Öl kommt in der Malerei und Apotheke zum Einsatz und dient als Rohstoff für Vitamin E, Duftstoffe und andere Substanzen. Die Papierindustrie benötigt Kolophonium für Papierleim, der Geiger zum Bestreichen seiner Bögen. Im Gegensatz zur Pinie bildet der Baum nie eine flache Krone. Seine bis zu 22 cm langen Zapfen tragen kurze Dornen und sind geschlossen viel schlanker. Die Samen sind geflügelt.

3 Aleppo-Kiefer · See-Kiefer · *Pinus halepensis* · 10–20 m

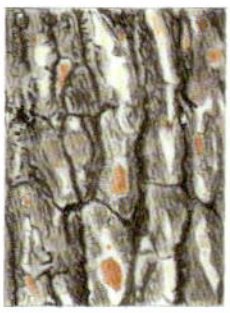

Rinde

Der meist krummstämmige Baum prägt weite Teile der Mittelmeerküste. Oft steht er dort auch als Holzlieferant im Forst. Er erträgt kein Salz im Boden, kann aber auf Kalkfelsen bis an die Küste wachsen. Früher spielte er ähnlich wie die vorige Art eine wichtige Rolle als Harzlieferant. Noch heute sorgt er für den Geschmack des Retsina-Weins. Dieser Wein, dem bei der Gärung etwas Harz zugesetzt wird, macht bis zu 40 Prozent allen griechischen Weins aus. Die Tradition geht bis in die Antike zurück, als Weinhändler ihre Amphoren mit Harz abdichteten. Sie stellten fest, dass dies gleichzeitig den Wein haltbar machte. Manche Botaniker sehen die Kalabrische Kiefer *(Pinus brutia, Pinus halepensis* var. *brutia)* (3a) als Unterart der Aleppo-Kiefer an. Sie wächst von Kalabrien über das östliche Mittelmeergebiet bis ans Schwarze Meer.

4 Amerikanische Rot-Kiefer · Harzige Kiefer · *Pinus resinosa* · 20 m

gebogene Nadeln

Gelegentlich steht dieser im Wuchs an eine Gelb-Kiefer (S. 266) erinnernde Baum aus dem östlichen Nordamerika in Parks und Sammlungen. Typisch sind die Nadeln, die sich genau decken, wenn sie gemeinsam gebogen werden. Zerrieben duften sie stark nach Zitrone. Die Rinde ähnelt jener der Wald-Kiefer (S. 258).

1 Pinie
Zapfen bis zu 14 cm lang, sehr breit
Nadeln 10–20 cm lang, leicht gedreht
2 Strand-Kiefer
Nadeln 10–25 cm lang, graugrün
Rinde mit tiefen Rissen und quadratischen Platten
Nadeln steif abstehend, stechend
Zapfen zu 2–8 sternförmig stehend
Nadeln 6–15 cm lang, hellgrün
Zapfen 7–12 cm lang
Zapfen gestielt, rückwärts oder waagerecht gerichtet
3 Aleppo-Kiefer
3a Kalabrische Kiefer
Zapfen vorwärts gerichet
Zapfen 4–5 cm lang, eiförmig
4 Amerikanische Rot-Kiefer
Nadeln 10–17 cm lang, sehr dünn

1 Gewöhnliche Dreh-Kiefer · *Pinus contorta* var. *contorta* · 20–25 m

♂ *Blüten*

Die Heimat dieses anspruchslosen, sehr frostharten Pionierbaums erstreckt sich entlang eines etwa 200 km breiten Küstenstreifens von Alaska bis Nordkalifornien. In Europa ersetzt er besonders in Großbritannien, Irland und Skandinavien vielfach die Wald-Kiefer (S. 258) und die Gewöhnliche Fichte (S. 274) als Holzlieferant. In Mitteleuropa eignet er sich für rekultivierte Flächen wie Müllhalden. Der Name bezieht sich auf die Zweige und austreibenden Knospen, die oft um die eigene Achse gedreht sind. Die ebenfalls angebaute Rocky-Mountain-Dreh-Kiefer *(Pinus contorta* var. *latifolia)* **(1a)** lässt sich an den 6–10 cm langen Nadeln und der Zapfenanordnung unterscheiden.

2 Bunges Kiefer · Tempel-Kiefer · *Pinus bungeana* · 14 m

Rinde

An ihren chinesischen Wildstandorten gilt diese Kiefer als gefährdet. Chinesen pflanzen sie jedoch schon seit Jahrhunderten an Tempel und Grabstätten. In Europa lässt sie sich in Weinbaugebieten kultivieren und bildet oft mehrstämmige Bäume mit auffälliger, für eine Kiefer untypischer Rinde. An älteren Stämmen blättert diese ähnlich wie bei einer Platane (S. 36) in unregelmäßigen, großen Schuppen ab und wirkt dadurch sehr schön buntscheckig. Später wird sie fast weiß. Die Nadeln riechen zerrieben nach Terpentin.

3 Pech-Kiefer · *Pinus rigida* · 20 m

Nadeln

Bis in die Neuzeit spielte das Harz verschiedener Kiefern und das daraus hergestellte Pech zum Abdichten von Holzplanken im Schiffsbau eine wichtige Rolle. Im östlichen Nordamerika gehörte diese sehr harzreiche Kiefer zu den Hauptlieferanten für Harz. Auch in Mitteleuropa fanden forstliche Anbauversuche statt. Heute steht der Baum mit den 7–8 cm langen Nadeln hier fast nur noch in Sammlungen. Wie die folgende Art zeigt diese Kiefer eine für die Gattung ungewöhnliche Fähigkeit: An alten Stämmen schlagen besonders nach Brand oder Verletzung wieder junge, benadelte Triebe aus. Sogar abgeholzte Stämme können Stockausschlag bilden.

4 Kanarische Kiefer · *Pinus canariensis* · 25 m

Zweigspitze

Diese auf den Kanaren endemische Kiefer spielt eine wichtige ökologische Rolle. Sie bildet hauptsächlich an Nordhängen zwischen 800 und 1800 m Höhe ausgedehnte Bestände. Diese stehen in der Nebelwaldzone, einem Bereich der Inseln, der im Einfluss des feuchten Nordost-Passates liegt. Die 20–30 cm langen, schlaffen, rauen Kiefernnadeln „kämmen" Wassertröpfchen aus dem Nebel und sorgen so für zusätzlichen Niederschlag. Da der Baum auch wertvolles Holz liefert, das sich an kanarischen Balkonen, Decken und Möbeln bewundern lässt, gingen die Bestände über Jahrhunderte hinweg stark zurück. Auf vielen ursprünglich von Kiefern bewachsenen Hängen stehen heute Eukalyptus-Forste (S. 132), die zwar rasch wachsen, den Boden jedoch austrocknen. Seit einigen Jahrzehnten nehmen Aufforstungen mit der Kiefer wieder zu. Auch im Mittelmeerraum steht sie gelegentlich als Forstbaum an steinigen Hängen.

1a Rocky-Mountain-Dreh-Kiefer
Zapfen waagerecht abstehend
1 Gewöhnliche Dreh-Kiefer
♀ Blütenstand mit Zipfeln
Nadeln 4–5 cm lang, in sich gedreht
Zapfen um 5 cm lang, rückwärts gerichtet
2 Bunges Kiefer
Nadeln 7–9 cm lang, sehr steif
Nadelbündel sehr locker stehend
Zapfen 5–6 cm lang, dornig
4 Kanarische Kiefer
Zapfen 10–20 cm lang, unsymmetrisch
Stamm oft mit neuen Trieben
Nadeln mit gesägtem Rand
3 Pech-Kiefer
Stamm mit jungen Trieben
Zapfen 7–10 cm lang, mit kurzen Dornen

1 Gelb-Kiefer · *Pinus ponderosa* · 15–50 m

♀ *Blütenstände*

Die häufigste nordamerikanische Kiefer spielt von Kanada bis Mexiko eine wichtige Rolle als Lieferant eines harten, etwas gelblichen Holzes. Mit ihrer dicken Rinde und dem hohen Wuchs übersteht sie kleine Waldbrände besser als viele andere Gehölze. So wirken ihre Wälder oft parkähnlich. Der Baum ist auch in Mitteleuropa winterhart und ziert Parks. Im amerikanischen Bürgerkrieg destillierten die Streitkräfte in Kalifornien Terpentin-Öl aus dem Harz. Verwechslungen mit der dort ebenfalls vorkommenden, sehr ähnlichen Jeffreys Kiefer (*Pinus jeffreyi*) **(1a)** verliefen dabei oft tödlich, denn deren Destillat besteht zu über 90 Prozent aus explosivem Heptan. In den 1920er-Jahren verwendete die Industrie das hochreine Heptan dieser Kiefer für Tests mit Kraftstoffen. Als Referenz für einen Stoff mit schlechten Klopfeigenschaften trug es dazu bei, die „Oktanzahl" des Benzins zu entwickeln.

2 Höcker-Kiefer · *Pinus attenuata* · 20 m

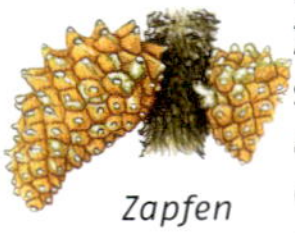

Zapfen

Diese Kiefer stammt aus den Küstengebirgen Oregons und Kaliforniens. Ihre Zapfen sitzen oft bis über 20 Jahre ungeöffnet am Baum. Manchmal umwallt sie in diesem Zeitraum die Rinde der Äste. Erst bei starker Hitze platzen sie auf. Nach Waldbränden fallen die Samen so auf einen freien, durch Asche gedüngten Keimplatz. Auch Förster nutzen den Baum zur schnellen Begrünung nach Waldbränden. In Europa steht er selten in Sammlungen, jedoch liefen Anbauversuche zum Beispiel in Deutschland. Auch bei der verwandten Monterey-Kiefer *(Pinus radiata)* **(2a)** von den Küsten Kaliforniens bleiben die Zapfen jahrelang geschlossen. Oft sitzen sie sogar noch an über 20 cm dicken Ästen. Diese Art erlangte in Süd- und Westeuropa eine gewisse Bedeutung als schnellwachsender Zier- und Forstbaum. In Mitteleuropa ist es ihr zu kalt.

3 Mädchen-Kiefer · *Pinus parviflora* · 3–10 m

Zapfen

Wild wächst der dichte Baum in japanischen Gebirgen. Japaner pflanzen ihn gerne in ihre Gärten und ziehen ihn als Bonsai. Auch in Europa ist der Baum, von dem es mehrere Sorten gibt, sehr beliebt. Bereits zehnjährige Bäume können Zapfen bilden, die oft zu 3–4 beieinander stehen und 6–7 Jahre an den Ästen sitzen bleiben. Die Nadeln sind stärker verdreht als bei den anderen 5-nadeligen Arten. Ihre Innenfläche ist meist auffällig blauweiß gefärbt.

4 Grannen-Kiefer · *Pinus aristata* · 12 m

Nadelscheide

Der langsamwüchsige Baum kommt wild nur in einem kleinen Gebiet im Südwesten der USA vor. Gelegentlich steht er in Parks und Gärten. An der Basis der Nadelbündel sitzen typische rosettenartige Scheiden. Erst 1971 trennten Botaniker die Langlebige Kiefer *(Pinus longaeva)* als eigene Art ab. Dieser bizarre Baum wächst in Ostkalifornien, Nevada und Utah in unwirtlichen Hochlagen zwischen 2200 und 3700 m. Ihm fehlen die Harzflocken auf den Nadeln. Wissenschaftler schätzen einige Exemplare dieser stark gefährdeten Art auf ein Alter von fast 5000 Jahren. Damit sind sie weltweit die ältesten bekannten Bäume.

1 Gelb-Kiefer

Nadeln 12–25 cm lang, steif, glänzend

♂ Blüten bis zu 3,5 cm lang

Zapfen 8–11 cm lang, eiförmig

Rinde längsrissig

1a Jeffreys Kiefer

Nadeln 10–25 cm lang, graugrün, matt

Zapfen 8–25 cm lang, mit zurückgekrümmten Dornen

2 Höcker-Kiefer

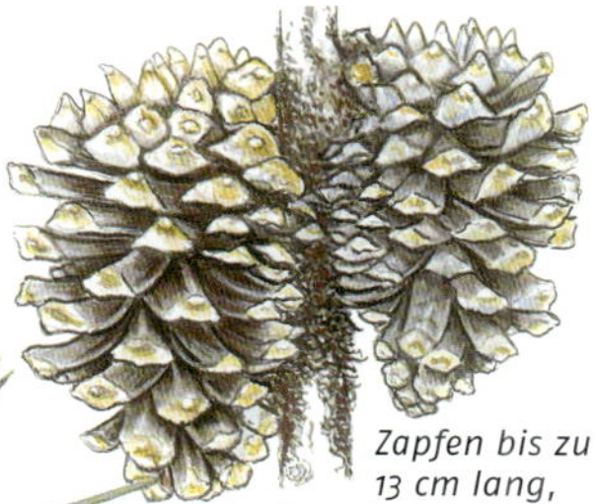

Zapfen bis zu 13 cm lang, abwärts dem Zweig angedrückt

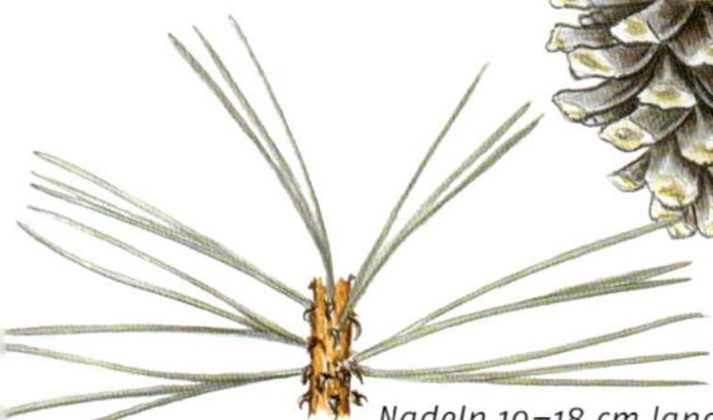

Nadeln 10–18 cm lang, graugrün

2a Monterey-Kiefer

Zapfen bis zu 12 cm lang, gedrungen

3 Mädchen-Kiefer

Nadeln 3–7 cm lang, bogig bis gedreht

Zapfen 4–8 cm lang, öffnet sich weit

Nadeln pinselartig an den Zweigen gehäuft

Nadeln 2–5 cm lang, mit weißlichem Harz

Zapfen 6–10 cm lang, mit langen Dornen

4 Grannen-Kiefer

1 Zirbel-Kiefer · Arve · *Pinus cembra* · 10–25 m

Samen

Die europäische Unterart (ssp. *cembra*) wächst in den Hochlagen der Alpen und Karpaten bis zur Waldgrenze, die sibirische Unterart (ssp. *sibirica*) von Sibirien über den Ural bis in das russische Nordosteuropa und Nordchina. In Europa ziert der kegelförmige bis schlank zylindrische Baum viele Gärten. Er kommt mit einer Vegetationszeit von 3 Monaten und extrem niedrigen Temperaturen zurecht. Dabei wächst er langsam und kann bis über 700 Jahre alt werden. Sein dunkel rotbraunes Holz schmückt viele Tiroler Bauernstuben. Die Zapfen fallen geschlossen ab, wenn nicht vorher Tannenhäher oder Spechte auf sie eingehackt haben. Nagetiere bearbeiten sie dann am Boden, um an die nahrhaften Kerne der ungeflügelten Samen zu gelangen. Feinkostläden führen Kerne aus Sibirien manchmal als schmackhafte „Zirbel-" oder „Zedernüsse" im Sortiment.

2 Mazedonische Kiefer · Rumelische Strobe · *Pinus peuce* · 25 m

Same

Diese Kiefer wächst in den Gebirgen des nördlichen Balkan. In den Hochlagen ersetzt sie dort die Zirbel-Kiefer (oben). Sie gedeiht auch an nassen, sauren, für Kiefern eher untypischen Standorten. In Mitteleuropa steht der Baum gelegentlich in Parks und Gärten. Gärtner pflanzen ihn hier manchmal an Stelle der Weymouths-Kiefer (unten), da er weniger anfällig gegen den Blasenrost ist. Im Unterschied zu dieser spreizen die Schuppen der Zapfen nicht auswärts. Die steifen Nadeln zeigen pinselartig nach vorne.

3 Weymouths-Kiefer · Strobe · *Pinus strobus* · 20–60 m

Blasen-rost

Im östlichen Nordamerika bildete diese Art einst riesige Bestände. Vor der Erschließung des „Wilden Westens" schlugen die Amerikaner jedoch unzählige der geradstämmigen Bäume für Häuser und Schiffe. Trotzdem zählt diese Kiefer dort noch heute zu den wichtigen Forstbäumen. Anfang des 18. Jahrhunderts sorgte Lord Weymouth dafür, dass Förster den Baum in England kultivierten. Auch in Mitteleuropa im 19. Jahrhundert angelegte Forste versprachen gute Erfolge. Um 1880 breitete sich jedoch ein aus Asien stammender Pilz, der Stroben-Blasenrost *(Cronartium ribicola)*, epidemieartig aus und tötete viele Bäume. Ein Teil der Pilzentwicklung findet auf Johannisbeeren (*Ribes* sp.) statt. Förster verzichten heute meist auf großflächigen Anbau des Baumes und pflanzen nur kleine Gruppen. Die Nadeln zeigen vorwärts und hängen oft etwas über, jedoch nie so stark wie bei der folgenden Art.

4 Tränen-Kiefer · *Pinus wallichiana* · 15–30 m

offener Zapfen

Die Heimat dieses Baumes liegt im Himalaya und reicht bis in Höhen von 4000 m. In Nepal dient sein Harz an Stelle von Gips zur Ruhigstellung von Knochenbrüchen. Junge Exemplare wachsen kegelförmig und wirken mit den hängenden Nadeln in den Gärten und Parks West- und Mitteleuropas sehr elegant. Mit zunehmendem Alter brechen jedoch oft Zweige ab und die Krone wird unregelmäßig. Die 2–5 cm lang gestielten Zapfen krümmen sich bananenartig.

1 Zirbel-Kiefer
Nadeln in dichten Bündeln, 5–10 cm lang
Zapfen tonnenförmig, 5–8 cm lang
junger Zweig filzig behaart
abgefallener Zapfen von Tieren ausgefressen
2 Mazedonische Kiefer
junger Zweig kahl, grünlich
Nadeln 7–10 cm lang, steif
Zapfen 8–13 cm lang, kaum gebogen
3 Weymouths-Kiefer
Nadeln 4–15 cm lang, biegsam
Zapfen etwas gebogen
Zapfen 9–20 cm lang, Schuppen nach außen gebogen
Nadeln 13–20 cm lang, schlaff
4 Tränen-Kiefer
Zapfen 15–27 cm lang, meist harzig
Nadeln meist bogig gekrümmt

GATTUNG ZEDERN, *Cedrus*

Es gibt nur vier Zedern-Arten, die manche Botaniker sogar nur als Unterarten einer einzigen Art einstufen. Die Nadeln stehen an einjährigen Zweigen spiralig, an älteren in Büscheln auf Kurztrieben. Ungewöhnlich ist die Blütezeit von September bis November, zu der die aufrechten, männlichen Blüten wie Zapfen wirken. Die Zapfen reifen im 2. oder 3. Jahr und zerfallen auf dem Baum.

1 Himalaya-Zeder · *Cedrus deodara* · 20-50 m

♂ Blüte

Der Baum aus dem Westhimalaya ist empfindlicher als die folgenden Arten und in Mitteleuropa nicht überall winterhart. Seine kegelförmige Krone mit dem fast immer geneigten Gipfeltrieb und den hängenden Astspitzen ist unverwechselbar. Die Nadeln sind länger und weicher als die der anderen Zedern und können an Langtrieben bis zu 5 cm lang werden. Auch die männlichen Blüten sind mit bis zu 8 cm besonders groß. Reife Zapfen sind 5-7 cm lang.

2 Atlas-Zeder · *Cedrus atlantica* · 10-40 m

♂ Blüte

Im Atlas-Gebirge Nordafrikas tritt diese Zeder wild in einer grün und einer blaugrün benadelten Form auf. Für Parks gibt es die besonders blaugraue Sorte 'Glauca'. Der dekorative Baum erträgt heiße, trockene Sommer sowie Stadtklima besser als andere Nadelbäume und entwickelt sich auch in Mitteleuropa prächtig. Die bis zu 5 cm langen männlichen Blüten erscheinen schon bei jüngeren Bäumen in großer Zahl und entlassen riesige Pollenmengen. Aus dem Holz lässt sich leicht flüchtiges, aromatisch duftendes Zedern-Öl extrahieren. Dieses eignet sich für Parfüm und die Aromatherapie.

3 Libanon-Zeder · *Cedrus libani* · 20-35 m

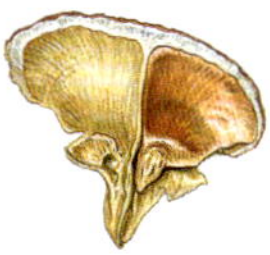

Zapfen-schuppe

In Süd- und Westeuropa wachsen mächtige Exemplare dieser kleinasiatischen Art, in Mitteleuropa steht sie seltener. Ältere Bäume fallen mit ihrem markanten, breit etagenartigen Wuchs auf. Die Nadeln sind dunkelgrün, viel seltener bläulich grün. Der Baum blüht meist erst ab einem Alter von etwa 30 Jahren. Die Zapfen werden 6,5-10 cm lang. Diese Zeder lieferte das wertvollste Holz der Antike. Ägypter, Griechen und Phönizier verbauten es in Tempel, Paläste und Schiffe. Lange Zeit gehörte sie zu den am stärksten genutzten Baumarten, so dass ihre natürlichen Vorkommen stark schrumpften.

4 Zypern-Zeder · *Cedrus brevifolia* · *Cedrus libani* ssp. *brevifolia* · 25 m

zerfallener Zapfen

Wild wächst diese Zeder nur in den Bergwäldern bei Pathos auf Zypern. Große Bäume erinnern dort in der Form oft an die Libanon-Zeder. In Parks lässt sie sich nur selten bewundern. Häufiger steht sie als Zwergkonifere in Kübeln oder kleinen Gärten. Bonsaizüchter formen sie gerne zu bizarren Minibäumchen. Die Nadeln können frisch- oder blaugrün sein, sind aber immer viel kürzer als die der anderen Zedern. Selbst an den Langtrieben erreichen sie nie mehr als 2,5 cm.

Nadelbüschel | Nadeln am Kurztrieb | Zapfen

1 Himalaya-Zeder

mit 25–30 Nadeln

3–3,5 cm lang, lebhaft grün

an der Spitze gewölbt

2 Atlas-Zeder

mit 30–45 Nadeln

um 2 cm lang, steif zugespitzt

mit eingesenkter Spitze

3 Libanon-Zeder

mit 10–20 Nadeln

2–3 cm lang, steif zugespitzt

vorne zugespitzt bis gestutzt

4 Zypern-Zeder

mit bis zu 30 Nadeln

0,7–1,5 cm lang

an der Spitze mit Höcker

GATTUNG LÄRCHEN, *Larix*

Lärchennadeln färben sich im Herbst leuchtend gelb und fallen ab. An jungen Zweigen stehen sie spiralig, an älteren in Büscheln auf Kurztrieben. Die Zapfen haben lederartige Schuppen. Sie reifen im ersten Jahr, bleiben aber meist noch mehrere Jahre am Zweig sitzen und fallen erst mit diesem ab.

1 Europäische Lärche · *Larix decidua* · 25–35 m

Rinde

Die Heimat dieser Lärche liegt in den Alpen, Sudeten und Karpaten. In den Zentral- und Ostalpen bildet sie die Waldgrenze. Förster kultivieren sie auch außerhalb ihres Areals. Allerdings benötigt sie viel Licht und wächst deshalb in Wäldern der Tieflagen meist schlechter als in der Höhe. In Städten leidet sie unter den Abgasen. Gärtner schätzen den Baum jedoch wegen des zartgrünen Austriebs und der Herbstfärbung der bis zu 3 cm langen Nadeln. Das langlebige Holz widersteht Pilzen, Chemikalien und Wasser. In den Alpen sind viele Häuser daraus gebaut. Auch für Boote, Zäune, Fässer und Fenster ist es beliebt. Aus angebohrten Stämmen fließt honigartiges Harz. Schon die Römer benutzten dieses etwas nach Zitrone duftende „Venezianische Terpentin" gegen Rheuma und Gicht sowie als Zugsalbe. Kunstmaler rühren es als Malmittel in ihre Farben.

2 Japanische Lärche · *Larix kaempferi* · 25–30 m

♂ Blüten

In Zentraljapan wächst der Baum mit den bläulich grünen, bis zu 3,5 cm langen Nadeln an den feuchten Hängen vulkanischer Gebirge. Er benötigt mehr Wasser und Luftfeuchtigkeit als die vorige Art, kommt aber besser mit Luftschadstoffen klar. So bewährt er sich in Europa besonders in Tieflagen und küstennahen Gebieten. Die Äste stehen waagerecht und hängen nicht über. Oft sind einige davon sehr kräftig, wodurch eine breit kegelförmige Krone entsteht. Das Holz besitzt dieselben Eigenschaften wie das der Europäischen Lärche. Als Bastard aus den beiden Arten entstand um 1897 die Schottische Hybrid-Lärche *(Larix* x *eurolepis)* **(2a)**. Dieser Baum besitzt größere Zapfen. Seine Nadeln schimmern wie die der Japanischen Lärche bläulich.

3 Sibirische Lärche · *Larix sibirica* · 30 m

♀ Blütenstand

In ihrer Heimat von Nordrussland bis Westsibirien und die Mongolei ist diese Lärche extrem gut an strenge Winter angepasst. Sie gedeiht noch bei Vegetationszeiten unter 3 Monaten und bildet in einigen Gebieten Sibiriens die polare Waldgrenze. Auf Island bewährte sie sich so gut, dass die Inselbewohner sie heute ebenso häufig wie die dort heimische Moor-Birke (S. 38) pflanzen. In Mitteleuropa erscheinen die Neutriebe schon in den ersten warmen Tagen und erfrieren bei späten Frösten. Die bis zu 5 cm langen Nadeln sind oben dunkel-, unten hellgrün. Die Samen in den 1,5–5 cm langen Zapfen sind fast doppelt so groß wie bei der Europäischen Lärche. Die Dahurische Lärche *(Larix gmelinii, Larix dahurica)* **(3a)** besitzt meist kleinere Zapfen. Ihr Verbreitungsgebiet schließt sich östlich an und reicht bis zum Pazifik. In Mittel- und Ostsibirien bildet sie auf Dauerfrostböden die polare Waldgrenze.

1 Europäische Lärche

2 Japanische Lärche

2a Schottische Hybrid-Lärche

3 Sibirische Lärche

3a Dahurische Lärche

1 Amerikanische Lärche · Tamarack · *Larix laricina* · 20 m

Junger Zapfen

Das große Areal dieser sehr schlanken Lärche reicht von Alaska bis zum Atlantik und südlich bis Pennsylvanien. Sie bildet große Wälder, gedeiht als Pionierbaum auf ziemlich feuchten Böden und erreicht die polare Baumgrenze. In Mittel- und Nordeuropa eignet sie sich als Zierbaum an Gewässern. Da die waagerecht abstehenden Äste meist gekrümmte Zweige tragen, wirkt der Baum im Winter noch lebloser als andere Lärchen. Die Zapfen sind kleiner und bestehen aus weniger Schuppen als bei den anderen Arten. Sie erinnern eher an die einer Hemlocktanne (S. 286). Das dauerhafte Holz eignet sich für Eisenbahnschwellen und Pflöcke. Indianer drehten früher die zähen Wurzelfasern zu Bindfäden und Stricken.

2 Goldlärche · *Pseudolarix amabilis* · 12–18 m

Kurztriebe

Dieser Baum unterscheidet sich von den Lärchen der Gattung *Larix* durch längere Kurztriebe mit deutlich abgegrenzten Jahresringen, breitere Nadeln und bei der Reife abfallende Zapfenschuppen. Früher vermuteten Botaniker eine enge Verwandtschaft zu den Lärchen, zumal er wie diese die Nadeln im Winter abwirft. Dies bestätigte sich jedoch nicht. Vom Kreide- bis zum Tertiär-Zeitalter wuchsen in Eurasien und Nordamerika mehrere Arten der Gattung. Heute existiert nur noch dieser Vertreter, dessen natürliche Vorkommen in Südostchina besonders durch Rodung gefährdet sind. In Europa steht das attraktive Gehölz nur selten in Parks und Sammlungen.

GATTUNG FICHTEN, *Picea*

Bei allen rund 35 Fichten-Arten besitzen die Nadeln ein Stielchen, das die Farbe der Zweigrinde aufweist. Dieses steht vom Zweig ab und bleibt nach dem Nadelfall zurück, so dass der Zweig raspelartig rau ist. Die Zapfen stehen nur jung aufrecht, später hängen sie und fallen als Ganzes ab. Bei der Reife sind ihre Deckschuppen nicht sichtbar. Die Samen tragen einen häutigen Flügel.

3 Gewöhnliche Fichte · Rot-Fichte · *Picea abies* · 25–50 m

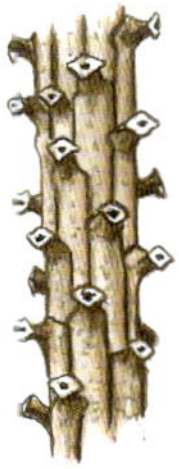

Nadelstielchen

Das natürliche Verbreitungsgebiet dieses häufigen Waldbaums umfasst die süd- und mitteleuropäischen Gebirge sowie Nordeuropa und Russland. Er bevorzugt feuchte Böden in kühlen Gebieten und wächst daher im Süden nur in der Höhe. Die vielen Monokulturen, die außerhalb der natürlichen Verbreitungsgebiete stehen, sind anfällig für Borkenkäfer, Rotfäule und andere Waldschäden. Als extremer Flachwurzler fällt der Baum bei Stürmen oft mitsamt dem „Wurzelteller" um. Das Holz dient als Bauholz und Ausgangsstoff für die Papier- und Zellstoffindustrie. Lange Zeit lieferte diese Fichte den klassischen Weihnachtsbaum, der jedoch oft schon vor Silvester seine 4-kantigen, an der Zweigunterseite gescheitelten Nadeln fallen ließ. Das Gehölz lässt sich auch als Hecke schneiden. Die Sibirische Fichte *(Picea obovata)* **(3a)** wächst von Nordskandinavien bis Ostsibirien. In Finnland und Norwegen kreuzte sie sich auch mit der Gewöhnlichen Fichte zur Finnischen Fichte *(Picea* x *fennica)*.

1 Amerikanische Lärche

2 Goldlärche

3 Gewöhnliche Fichte

3a Sibirische Fichte

1 Stech-Fichte · Blau-Fichte · *Picea pungens* · 10–30 m

♂ *Blüten*

Diese schöne Fichte stammt aus den Rocky Mountains im Westen der USA. Utah und Colorado haben sie zu ihrem „State Tree" (Landesbaum) ernannt. Sie zeichnet sich durch eine Frosthärte bis zu -40 °C aus und erträgt auch trockene, sonnige Standorte. Von Mitteleuropa bis Russland gehört sie zu den häufigsten Nadelgehölzen in Parks und Gärten. Besonders beliebt sind Sorten, bei denen die Nadeln blaugrün bis silbrig schimmern. Die steifen, spitzen Nadeln stehen rings um den Zweig fast rechtwinkelig ab. Die dünnschuppigen Zapfen entwickeln sich hauptsächlich im oberen Bereich der Krone. Ab August fallen die Samen heraus und drehen sich schraubig im Wind. Die leeren Zapfen schmücken den Baum oft noch 2 bis 3 Jahre.

2 Engelmann-Fichte · *Picea engelmannii* · 30 m

Rinde

Im den Gebirgen des nordamerikanischen Westens wächst diese Fichte bis an die Waldgrenze und trotzt langen, schneereichen Wintern. Forstliche Anbauversuche in Europa verliefen jedoch enttäuschend, da die Bäume sehr langsam wuchsen und kein gutes Holz lieferten. Auch in Gärten steht selten die reine Art, wohl aber eine Form mit blaugrünen Nadeln. Von der viel häufigeren Stech-Fichte (oben) unterscheidet sie sich durch nicht stechende Nadeln, die am Zweig nach vorne weisen. Zerrieben duften sie etwas unangenehm. Die sehr dünne Rinde besitzt papierartige, braunorange Schuppen. Bei den in der Heimat des Baumes häufigen Waldbränden bieten sie keinerlei Schutz.

3 Schimmel-Fichte · Kanadische Fichte · *Picea glauca* · 15–20 m

Winterknospe

Diese Fichte besiedelt einen breiten Gürtel in den nördlichen USA, Kanada und Alaska. An Fluss- und Seeufern wächst sie oft neben der Schwarz-Fichte (S. 278). In Kanada gehört sie zu den wichtigsten Forstbäumen und liefert Holz für die Papierindustrie. In Europa steht der schmale Baum nur selten in Sammlungen, obwohl er mit Frost, Hitze und Trockenheit gut zurechtkommt und bereits früh Zapfen trägt. Die graugrünen, im Querschnitt runden, 1,2–1,3 cm langen Nadeln riechen zerrieben etwas nach Schwarzen Johannisbeeren. Die Winterknospen sind harzlos. Im Jahr 1904 entdeckten zwei Naturkundler in Kanada eine natürliche Mutation, die Zuckerhut-Fichte (*Picea glauca* 'Conica') **(3a)**. Diese sterile Zwergform wächst als 3–4 m hoher Kegel. Manche Exemplare schlagen in ihre Ursprungsform zurück und bilden normale Zweige aus.

4 Kaukasus-Fichte · Sapindus-Fichte · *Picea orientalis* · 30–40 m

Harztropfen

Die Fichte mit den kürzesten Nadeln stammt aus dem Kaukasus und dem Nordosten Kleinasiens. Sie steht häufig in Gärten und Parks. In Deutschland, Dänemark und Schottland testeten sie Förster auch als Nutzbaum. Sie erlangte jedoch keine größere Bedeutung. Die streng vorwärts gerichteten Nadeln stehen sehr dicht und hüllen den Zweig ein. Das sehr harzreiche Holz diente früher wie die Kienspäne der Kiefern (S. 258) zur Beleuchtung. Oft quillt das Harz sogar in Form von Tropfen aus den Zweigen, den so genannten „Sapindustränen".

1 Stech-Fichte

2 Engelmann-Fichte

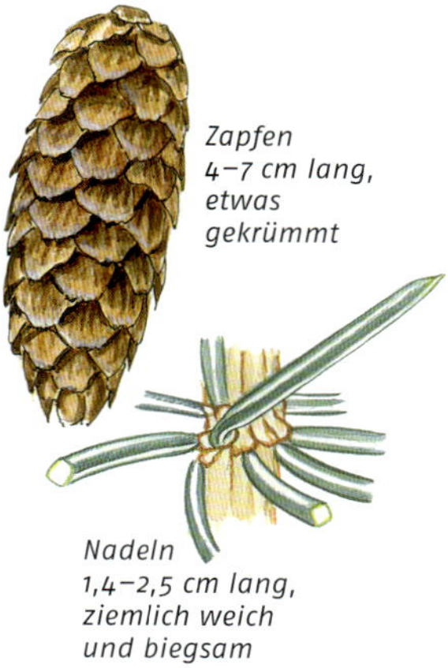

3 Schimmel-Fichte

3a Zuckerhut-Fichte

4 Kaukasus-Fichte

1 Serbische Fichte · Omorika-Fichte · *Picea omorika* · 15–35 m

♀ *Blütenstand*

Im Tertiär-Zeitalter und in den letzten Zwischeneiszeiten kamen Vorfahren dieser Fichte in weiten Teilen Europas vor. Heute wächst sie wild nur noch im Tara-Gebirge im Grenzgebiet zwischen Serbien und Bosnien-Herzegowina. Bereits kurz nach ihrer Entdeckung im Jahr 1875 eroberte sie Parks und Gärten Mitteleuropas und zählt hier heute zu den häufigsten Nadelgehölzen. Sie gilt als die industrieverträglichste Fichte. An ihrer schlanken Krone hängen die unteren Äste schräg herunter und richten sich, ähnlich wie Skischanzen, vorne wieder etwas auf. Die flachen, ziemlich biegsamen Nadeln weisen auf der Zweigoberseite nach vorne. Die Zapfen entwickeln sich nur im oberen Teil der Krone. Sie reifen ab Oktober, können aber noch ein weiteres Jahr am Baum hängen.

2 Schwarz-Fichte · *Picea mariana* · *Picea nigra* · 15–20 m

Zapfen

Diese schlanke, dunkelrindige Fichte bildet im nördlichen Nordamerika oft gemeinsam mit der Schimmel-Fichte (S. 276), der Amerikanischen Lärche (S. 274) und der Balsam-Pappel (S. 182) die polare Waldgrenze. In Skandinavien erweist sie sich im Forst als ähnlich wüchsig wie die Gewöhnliche Fichte (S. 274). In Parks und Gärten steht sie nur selten. Die Zapfen reifen schon nach etwa 3 Monaten. Ein Teil von ihnen öffnet sich erst durch die Hitze von Waldbränden. Nahe der polaren Waldgrenze, an der die Vegetationszeit sehr kurz ist, sichert der Baum seine Vermehrung noch auf eine andere Weise: Dort bewurzeln sich Zweige, die auf dem Boden liegen und von Moos überwachsen oder lange von Schnee bedeckt sind. Dann richten sie sich auf und wachsen zu Jungbäumen heran. Die nur 6–12 mm langen Nadeln duften zerrieben aromatisch.

3 Siskiyou-Fichte · Mähnen-Fichte · *Picea breweriana* · 8–20 m

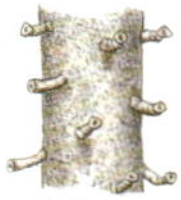

Nadelstielchen

Der Baum aus dem Siskiyou-Gebirge im Südwesten der USA fällt besonders durch die Anordnung der Zweige auf. Die bis zu 2,5 m langen, schlanken Seitenzweige hängen meist mähnen- oder vorhangartig von den horizontalen oder geschwungenen, biegsamen Ästen. So entsteht ein attraktiver Wuchs, den Gärtner sehr schätzen. Die Nadelstielchen sind bei dieser Art besonders lang.

4 Sitka-Fichte · *Picea sitchensis* · 15–50 m

Zapfenschuppe

An der Pazifikküste von Alaska bis Kalifornien besiedelt diese Fichte Gebiete mit mildem Klima, viel Luftfeuchtigkeit und auch salzhaltigen Nebeln. Entsprechend eignet sie sich für Aufforstungen in ozeanisch geprägten Gebieten West- und Mitteleuropas, besonders in Großbritannien, Irland, Frankreich, Dänemark sowie in Niedersachsen und Schleswig-Holstein. Die nur 1 mm breiten Nadeln sind abgeflacht, unterseits zwischen den beiden hellen Streifen jedoch gekielt. An den Zapfen liegen die Schuppen nur locker an. Sie sind dünn und haben einen unregelmäßig gezähnten Rand. Seinen Namen erhielt das Gehölz nach der Stadt Sitka in Alaska. Das Holz dient als Bauholz und für Zellstoff. In den Weltkriegen spielte es eine wichtige Rolle im Flugzeugbau. So bestand Lindberghs „Spirit of St. Louis" zu großen Teilen aus dem leichten Sitka-Holz.

1 Serbische Fichte

2 Schwarz-Fichte

3 Siskiyou-Fichte

4 Sitka-Fichte

GATTUNG TANNEN, *Abies*

Tannennadeln sitzen mit einer verbreiterten, runden Basis am Zweig und hinterlassen nach dem Abfallen kreisrunde Blattnarben. Der Zweig fühlt sich nach dem Abfallen der Nadeln deshalb glatt an. Die Zapfen stehen aufrecht. Sie zerfallen bei der Reife, nur die Mittelachse bleibt zum Teil noch mehrere Jahre auf dem Zweig.

1 Weiß-Tanne · *Abies alba* · 30–50 m

♀ Blütenstand

Die Heimat dieser Tanne liegt in den mitteleuropäischen Bergwäldern, den Karpaten sowie den Gebirgen Süd- und Südosteuropas. In Belgien, Dänemark und Südschweden steht sie im Forst. Sie bildet eine Pfahlwurzel, mit der sie Stürmen viel besser trotzt als die Gewöhnliche Fichte (S. 274). Im Alter reduziert der Gipfeltrieb sein Wachstum, so dass sich die Krone abflacht. Entsteht dieses „Storchennest" bereits bei jüngeren Bäumen, gilt es als Symptom des Tannensterbens. In den letzten 200 Jahren gehen die Tannenvorkommen stark zurück. Da der Baum sehr empfindlich gegen Luftverschmutzung ist, war er eine der ersten Arten, an der die Folgen des „Waldsterbens" aufgefallen sind. Das harzfreie Holz eignet sich als Bauholz, lässt sich gut spalten und ist für Schindeln beliebt. Für Tannenhonig sammeln Bienen die zuckerhaltigen Ausscheidungen von Läusen, die auf Tannen und Fichten saugen.

2 Griechische Tanne · *Abies cephalonica* · 20–35 m

Nadeln

In den Gebirgen des Peloponnes und Zentralgriechenlands ist diese Tanne ein wichtiger Waldbaum. In der Antike lieferte sie Holz für den Schiffsbau. Der Baum kommt gut mit trockenen Sommern zurecht. So bewährt er sich bei Aufforstungen im slowenischen und dalmatischen Karst. In Westeuropa sowie milden Gebieten Mitteleuropas liefert er im Forst ähnliche Erträge wie die Weiß-Tanne. Häufig steht er dort auch in Parks. Im übrigen Mitteleuropa leidet er unter Spätfrost. Er bildet oft eine unregelmäßige Krone. Die 15–30 mm langen Nadeln sind auffallend starr und stechend. Ihre Basis ist gedreht. Die König-Boris- oder Bulgarische Tanne *(Abies borisii-regis)* **(2a)** steht in den Merkmalen zwischen der Weiß-Tanne und der Griechischen Tanne. Sie wächst von Zentralgriechenland bis Bulgarien, Mazedonien und Albanien. Ihr Name ehrt den bulgarischen König Boris III.

3 Balsam-Tanne · *Abies balsamea* · 15–25 m

Nadeln

Im Nordosten Nordamerikas wächst diese Tanne bis an die subarktische Waldgrenze. Amerikaner nutzen sie als Weihnachtsbaum, Bauholz und für Papier. Das relativ weiche Holz weist keine besondere Qualität auf, weshalb sich ein Anbau in Europa nicht lohnt. Jedoch pflanzen Gärtner den Baum wegen seines harmonischen Wuchses gelegentlich in Parks. Die 2,5–4 cm langen, abgerundeten oder leicht 2-spitzigen Nadeln duften beim Zerreiben stark aromatisch. Sie sind höchstens 1,5 mm breit und damit schmäler als die der Weiß-Tanne. Der aus den Harzblasen gewonnene „Kanadabalsam" diente früher als Kittsubstanz in der Optik und als Einbettungsmittel in der Mikroskopie.

1 Weiß-Tanne

2 Griechische Tanne

2a König-Boris-Tanne

3 Balsam-Tanne

1 Spanische Tanne · Igel-Tanne · *Abies pinsapo* · 20–30 m

Nadel

Wild gibt es diese Tanne nur noch in kleinen Gebieten Südspaniens und Nordwestmarokkos. Sie besiedelt dort relativ regenreiche Gebirgshänge, ist aber durch Waldbrände und Verbiss durch Weidevieh bedroht. Deshalb steht sie als gefährdete Art auf der internationalen Roten Liste. Ihr Schutz hilft gleichzeitig, den Lebensraum der spanischen Wildziege zu erhalten. Im Mittelmeerraum wächst der Baum gelegentlich im Forst, in Westeuropa und milden Gegenden Mitteleuropas als attraktiver Zierbaum in Gärten und Parks. Die 0,8–2 cm langen, starren Nadeln sitzen auf nicht gedrehter Basis sehr typisch rund um die Zweige. Die nah verwandte Numidische oder Algier-Tanne *(Abies numidica)* **(1a)** hat 2–2,5 cm lange Nadeln. Sie wächst wild nur noch in einem Nationalpark in Nordostalgerien. Für den Forst eignet sie sich zum Beispiel auf der Krimhalbinsel. In Sammlungen ist sie selten.

2 Nordmanns-Tanne · *Abies nordmanniana* · 30–50 m

♂ Blüten

Dieser Baum aus dem Kaukasus und den Bergregionen Anatoliens bewährte sich in forstlichen Versuchen zum Beispiel in Frankreich, Ungarn und Lettland. Heute steht er besonders in Weihnachtsbaumplantagen. Dank seines regelmäßigen Wuchses sowie der Haltbarkeit der Nadeln ist er als „Tannenbaum" für das Freudenfest beliebt. Die glänzenden Nadeln haben eine gedrehte Basis und duften fruchtig. Sie stehen auf der Zweigoberseite sehr dicht. Die Troja-Tanne *(Abies equi-trojani)* **(2a)** steht in den Merkmalen zwischen Nordmanns- und Griechischer Tanne (S. 280). Sie besiedelt ein kleines Gebirge in der Nähe von Troja in Nordwestanatolien und ist gelegentlich in Parks und Gärten zu finden.

3 Sibirische Tanne · *Abies sibirica* · 30 m

Zapfen

Die Heimat dieser Tanne erstreckt sich von Russland über die Taiga Sibiriens bis in die Mongolei. In Skandinavien bürgerte sie sich ein. Mit dem Klima Mitteleuropas dagegen hat der Baum Probleme. Er treibt hier so zeitig aus, dass später Frost die Jungtriebe schädigt. Die anfangs bläulichen, später braunen Zapfen werden 5–8 cm lang. Die 1,5–3,5 cm langen Nadeln erinnern etwas an die einer Douglasie (S. 286), duften aber eher wie Zedernholz. Sie bedecken die Zweigoberseite ziemlich dicht, unterseits stehen sie waagerecht ab.

4 Cilicische Tanne · *Abies cilicica* · 25 m

Nadelspitze

Diese Tanne besiedelt Hochlagen meeresnaher Gebirge Südanatoliens, Syriens und des Libanons. Sie erträgt warme, trockene Sommer besser als die anderen Tannen des Mittelmeerraums. Trotzdem spielt sie kaum eine Rolle im Forst. In Mitteleuropa steht sie selten als Zierbaum, obwohl sie auch recht winterhart ist. Die 25–40 mm langen Nadeln an den hellbraunen, anfangs kurz behaarten Trieben haben oberseits eine helle Spitze. Die Nadeln der Bornmüllers Tanne *(Abies bornmuelleriana)* **(4a)** sind ähnlich, sitzen aber an kahlen, rotbraunen Trieben. Diese Art wächst wild im Pontus-Gebirge in der Nordwesttürkei. In einigen Gebieten Europas versuchen Förster ihren Anbau.

Nadeln mit gedrehter Basis
1a Numidische Tanne
Zapfen 15–20 cm lang, spitz zulaufend, harzig
1 Spanische Tanne
Zweig wirkt flaschenbürstenartig
Zapfen 10–15 cm lang, Deckschuppen verborgen
2 Nordmanns-Tanne
Winterknospen breit kegelförmig, harzfrei
Zapfen bis zu 18 cm lang, Deckschuppen zugespitzt
Nadel bis zu 3 cm lang, derb lederartig
2a Troja-Tanne
Zapfen bis zu 13 cm lang
3 Sibirische Tanne
Nadeln kaum eingeschnürt, nicht gedreht
Rinde mit vielen Harzbeulen
Zapfen 20–30 cm lang, Deckschuppen verborgen
Nadeln mit stark gedrehter Basis
4 Cilicische Tanne
Nadeln oberseits vorne weiß
4a Bornmüllers Tanne

1 Korea-Tanne · *Abies koreana* · 10–15 m

♂ *Blüten*

Diese langsamwüchsige Tanne mit den stockwerkartig angeordneten Ästen steht wild nur in Gebirgswäldern Südkoreas. In Europa schmückt sie viele Vorgärten. Die männlichen Blüten entwickeln sich gehäuft zwischen den Nadeln. Schon junge Bäume tragen Zapfen, die anfangs rotviolett gefärbt sind. Damit gehört diese Art wie die japanische Veitchs Tanne (*Abies veitchii)* **(1a)** zu den wenigen Tannen, bei denen sich die Zapfen nicht nur von einer Leiter aus bewundern lassen. Bei der Veitchs Tanne sind diese jung purpurblau.

2 Nikko-Tanne · *Abies homolepis* · 20–40 m

Nadel

In Japan gedeiht diese Tanne in den Gebirgswäldern der Inseln Honshu und Shikoku. In Europa bewährt sie sich als Zierbaum mit pyramidenförmiger Krone selbst im Stadtklima. Ihre steifen, 1–3 cm langen Nadeln stehen sehr dicht und sind auf der Zweigoberseite etwas gescheitelt. Die tief gefurchten Zweige sind ungewöhnlich für eine Tanne und deshalb sehr typisch. Sie erinnern eher an eine Fichte (S. 274), zeigen jedoch an nadellosen Stellen keine Stielchen.

3 Colorado-Tanne · *Abies concolor* · 20–30 m

Zweigspitze

Im Westen Nordamerikas besiedelt diese Tanne die Nord- und Osthänge der Gebirge. Kalifornier kultivieren sie als Weihnachtsbaum. Sie erträgt sowohl Trockenheit wie auch Frost. Da sie außerdem mit den langen, graugrünen Nadeln sehr attraktiv wirkt, gilt sie in Europa als die beste Tanne für Städte. Der Name *concolor* weist darauf hin, dass beide Seiten der bogigen Nadeln gleich gefärbt sind. Zerrieben riechen sie nach Zitrone. Auf der jungen Rinde sitzen Harzblasen, die wie bei der Balsam-Tanne (S. 280) „Kanadabalsam" liefern.

4 Riesen-Tanne · Küsten-Tanne · *Abies grandis* · 30–50 m

Winterknospe

An der Pazifikküste Nordamerikas wird diese Tanne bis zu 100 m hoch. Sie ist damit die höchste Tannen-Art. In Mitteleuropa steht sie in Parks und zählt in küstennahen Gebieten zu den wichtigsten fremdländischen Forstgehölzen. Sie wächst bis über 1 m pro Jahr und bildet so viel Holz für die Papierindustrie. Die Nadeln stehen gescheitelt und erinnern dadurch an einen Kamm. Zerrieben riechen sie nach Mandarinen. Die Winterknospen sind stark harzig.

5 Edel-Tanne · *Abies procera* · 15–25 m

Nadelunterseite

Diese Tanne besiedelt höhere Lagen der Gebirge an der Pazifikküste Nordamerikas. In Europa stehen Kulturen vor allem an der Westküste Norwegens sowie in Dänemark, Großbritannien, Frankreich und Deutschland. Der Anbau lohnt sich für haltbares Schmuckreisig und Christbäume. Da der Baum nur sehr locker mit fast waagerechten Zweigen besetzt ist, wirkt er manchmal wie zerrupft und ist nur bedingt eine Zierde in Gärten. Er bildet jedoch die größten Zapfen und erreicht mit über 700 Jahren das höchste Alter aller Tannen. Die 2,5–3,5 cm langen Nadeln knicken bogenförmig zur Zweigoberseite ab.

1a Veitchs Tanne
Zapfen mit wenig herausragenden Deckschuppen
1 Korea-Tanne
Nadel stumpf, 1–2 cm lang
Zapfen 5–7 cm lang, Deckschuppen wenig herausragend
Nadel 3–6 cm lang, bogig
3 Colorado-Tanne
Zapfen 12–15 cm lang, Deckschuppen verborgen
2 Nikko-Tanne
Zapfen 7–10 cm lang, Deckschuppen verborgen
Winterknospen stark harzig
Zweig hell, kahl, tief gefurcht
5 Edel-Tanne
Zweig sehr dicht benadelt
♂ Blüten rot
Zapfen bis zu 25 cm lang, Deckschuppen lang
4 Riesen-Tanne
Zapfen 7–8 cm lang, Deckschuppen verborgen
Nadel biegsam, 2,5–6 cm lang

1 Gewöhnliche Douglasie · *Pseudotsuga menziesii* var. *menziesii* · 25–60 m

♂ *Blüten*

Dieser auch Grüne oder Küsten-Douglasie genannte Baum stammt aus dem pazifischen Küstengebiet im Nordwesten Nordamerikas. Er wächst rasch, liefert hartes, dauerhaftes Holz und entwickelte sich in Europa zu einem sehr wichtigen Forstbaum. Besonders häufig steht er in Frankreich, Deutschland und Großbritannien. Hier kann sein Holzertrag doppelt so hoch sein wie bei der Gewöhnlichen Fichte (S. 274). Dank der dicken Rinde überlebt der Baum Waldbrände sehr gut. Zerriebene Nadeln duften intensiv nach Orange oder Zitrone. Ihr ätherisches Öl gilt in der Aromatherapie als einer der edelsten Nadeldüfte. Der Name des Baums ehrt die schottischen Naturforscher Archibald Menzies, der ihn 1792 entdeckte, und David Douglas, der ihn 1827 nach Europa brachte. Die Heimat der Blauen oder auch Gebirgs-Douglasie *(Pseudotsuga menziesii* var. *glauca)* **(1a)** reicht von den Rocky Mountains bis Zentralmexiko. Gärtner schätzen diese Varietät mit den blaugrünen Nadeln besonders für Parks.

2 Kanadische Hemlocktanne · *Tsuga canadensis* · 10–30 m

Zapfen

Dieser schattentolerante Baum aus dem östlichen Kanada und den USA steht in Mitteleuropa oft in Gärten und Parks. Er wächst häufig mehrstämmig und bildet eine breite, unregelmäßige Krone, an der oft ein Gipfeltrieb fehlt. Der Name leitet sich vom Schierling *(Conium)* ab, der auf Englisch „Hemlock" heißt. Die flachen, am Rand rauen Nadeln sollen zerrieben ähnlich wie dieses Kraut riechen. Die Zapfen sind mit einer Länge von bis zu 1,5 cm kleiner als bei der folgenden Art. In seiner Heimat dient das leichte, weiche Holz als Bau- und Konstruktionsholz sowie als Rohstoff für die Papierindustrie.

3 Westamerikanische Hemlocktanne · *Tsuga heterophylla* · 50 m

Zapfen

In den Wäldern nahe dem Pazifik von Nordkalifornien bis Alaska gehört dieser Baum zu den wichtigsten Holzlieferanten für Papier und Bau. Im milden, feuchten Klima kann er dort bis zu 70 m hoch werden. Auch im Forst Westeuropas entwickelt sich der schnell wachsende Baum sehr gut. In Mitteleuropa erweist er sich als weniger frosthart als die vorige Art. Er wächst jedoch eleganter als diese. Sein Hauptstamm bleibt gerade, ist regelmäßig beastet und gabelt sich nur selten. Der Gipfeltrieb neigt sich stets deutlich über.

4 Berghemlock · Berg-Hemlocktanne · *Hesperopeuce mertensiana* · 20 m

♂ *Blüte*

Dieser Baum wächst von Kalifornien bis nach Südalaska an die arktische Waldgrenze. Damit besiedelt er die schneereichsten Waldstandorte Nordamerikas und muss mit kurzen Vegetationszeiten zurechtkommen. In Europa steht er oft noch unter dem Namen *Tsuga mertensiana* in Sammlungen und wenigen Parks. Anfangs wächst er meist buschig, später schnell. Ältere Bäume besitzen daher oft eine dichte Basis und eine sehr schlanke Spitze. Die Nadeln stehen rings um den Zweig. Der Baum trägt neben normalen Zweigen stets auch extrem kurze, die an die Nadelbüschel einer Zeder (S. 270) erinnern. Die recht großen Zapfen ähneln etwas denen von Fichten (S. 274).

1 Gewöhnliche Douglasie

Nadeln weich, 2–4 cm lang

♀ Blütenstand wirkt struppig

Rinde bis zu 10 cm dick, schuppig

♀ Blütenstand auch rot

Zapfen 5–10 cm lang, mit anliegenden Deckschuppen

1a Blaue Douglasie

Zapfen mit stark spreizenden Deckschuppen

2 Kanadische Hemlocktanne

♀ Blütenstand grün, um 6 mm lang

Nadeln 5–16 mm lang, an der Basis am breitesten

Zweigoberseite mit 1 Reihe gedrehter Nadeln

3 Westamerikanische Hemlocktanne

♀ Blütenstand violettpurpur

Zweigoberseite mit gescheitelten, nicht gedrehten Nadeln

Nadeln 6–20 mm lang, überall gleich breit

4 Berghemlock

♀ Blütenstand um 2 cm groß

Zapfen bis zu 7 cm lang

Nadel gleichmäßig grün, auf einer Seite gewölbt

Glossar

Endemit Pflanze, deren natürliches Vorkommen auf ein eng begrenztes Gebiet beschränkt ist. So gibt es viele Endemiten auf Inseln, da das Wasser ihre Ausbreitung verhindert. Auf den Kanaren zählen über 30 Prozent der heimischen Arten zu den Endemiten.

Hybride Ein Individuum, das durch natürliche oder vom Menschen künstlich durchgeführte Kreuzung zwischen Eltern zweier Arten oder Unterarten entstanden ist. Der wissenschaftliche Name einer Hybride enthält ein „x", wie bei *Alnus* x *spaethii*.

Kreuzung Geschlechtliche Fortpflanzung zwischen zwei Arten, Unterarten oder Sorten. Natürliche Kreuzungen können dort auftreten, wo sich die Verbreitungsgebiete zweier Arten überschneiden (z. B. Norwegische Mehlbeere, *Sorbus* x *meinichii*). Bei künstlichen Kreuzungen versuchen die Züchter, bestimmte Merkmale gezielt zu erreichen (z. B. Holländische Ulme).

Mykorrhiza Wurzelsymbiose zwischen höheren Pflanzen und Pilzen. Bei fast allen Waldbäumen stehen die feinen Wurzeln mit Pilzen in Kontakt. Der Baum erhält über diese Verbindung Nährsalze und Wasser, der Pilz profitiert von den Kohlenhydraten, die der Baum über die Photosynthese erzeugt.

Neubürger (Neophyt) Pflanze, die sich bei uns nach der Entdeckung Amerikas (1492) angesiedelt hat, unabhängig davon, aus welchem Erdteil sie ursprünglich stammt.

Rinde In diesem Buch gilt der Begriff dem allgemeinen Sprachgebrauch entsprechend für die Außenschicht der Stämme und Äste. Eine Unterscheidung in eine lebende Rinde (Bast) und eine aus totem Gewebe bestehende, oft stark strukturierte Borke wird nicht vorgenommen.

Sorte Durch Züchtung entstandene Gruppe von Pflanzen, die sich in bestimmten Merkmalen von der Art unterscheiden. Der vom Züchter vergebene Sortenname erscheint hinter dem Artnamen in einfachen Anführungszeichen, z. B. *Viburnum opulus* 'Roseum'.

Sukzession In einem Gebiet durch Veränderung der Lebensbedingungen aufeinander folgende Lebensgemeinschaften. Als Erstbesiedler auftretende Pionierarten wie etwa Hänge-Birken werden dabei von anderen Arten abgelöst, bis schließlich ein Endstadium, z. B. ein Rot-Buchenwald, erreicht ist.

Symbiose Lebensgemeinschaft verschiedener Arten, die für alle Partner von Vorteil ist.

Unterart Natürlich entstandene Gruppe von Pflanzen, die sich in bestimmten Merkmalen deutlich von der Art unterscheiden. Im wissenschaftlichen Namen wird die Unterart mit „ssp." (Subspezies) der Art (Spezies: sp.) angehängt, z. B. *Acer tataricum* ssp. *ginnala*.

Varietät Natürlich entstandene Gruppe von Pflanzen, die sich in bestimmten Merkmalen geringfügig von der Art unterscheiden. Im wissenschaftlichen Namen wird die Varietät mit der Abkürzung „var." der Art angehängt, z. B. *Nyssa sylvatica* var. *biflora*.

winterhart Der Baum übersteht Winterfröste.

Wurzelbrut Austriebe aus flach unter der Erde wachsenden Wurzeln, durch die sich verschiedene Baumarten ungeschlechtlich vermehren können. Zu den Bäumen, die Wurzelbrut bilden, gehören die Grau-Erle und der Drüsige Götterbaum.

Zum Weiterlesen

Naturführer aus dem Kosmos-Verlag:

Mark Bachofer & Joachim Mayer: *Der neue Kosmos-Baumführer 2006*
Das ideale Buch für den Baumfreund, der mehr über die wichtigsten Bäume in Mitteleuropa erfahren will. Hier ist jede Baumart auf einer Doppelseite umfassend beschrieben: Sie finden zahlreiche Detail-Illustrationen, ein Foto, das den ganzen Baum zeigt, sowie eine Aufnahme der Rinde. Die Beschreibung der Merkmale wird durch Angaben zum Vorkommen und Wissenswertes ergänzt. Informationen zu ähnlichen Arten runden die Porträts ab.

Joachim Mayer & Heinz-Werner Schwegler: *Welcher Baum ist das? 2008*
Wer viel in mitteleuropäischen Gärten und Landschaften unterwegs ist und sich neben den Bäumen auch für Sträucher und holzige Kletterpflanzen interessiert, sollte dieses Buch unbedingt dabei haben. Es stellt über 600 Gehölze vor, darunter sehr viele eingeführte Gartenarten und Zuchtformen. Meist teilen sich 3 bis 5 Arten eine Doppelseite. Auf der linken Seite finden Sie Angaben zu Kennzeichen, Vorkommen und Wissenswertes, rechts vermitteln zahlreiche aussagekräftige Fotos einen lebendigen Eindruck der Arten.

Margot Spohn & Roland Spohn: *Welcher Baum ist das? 2007*
Dies ist der „kleinere Spohn", der nicht nur weniger wiegt als das vorliegende Buch, sondern auch einen Plastikeinband besitzt. Diese Vorteile werden Sie bestimmt schätzen, wenn Sie das Buch mit hinaus nehmen. Für den Baumführer aus der Reihe „Die neuen Kosmos-Naturführer" haben wir über 350 Bäume und Sträucher aus ganz Europa ausgewählt. Sie finden zu diesen Wild- und Gartenarten Fotos und Zeichnungen sowie viel Wissenswertes, Interessantes und damit Einprägsames. Das optimale Bestimmungsbuch für all jene, die mit den Basis-Informationen zufrieden sind.

Margot Spohn, Dietmar Aichele, Marianne Golte-Bechtle & Roland Spohn: *Was blüht denn da? – Das Original 2008*
Der Klassiker unter den Naturführern stellt über 870 wild wachsende Pflanzenarten aus Mitteleuropa vor. Für alle Naturfreunde, die sich mit der Vielfalt der Blumenwelt beschäftigen möchten! Dank der Einteilung nach Blütenfarbe und Form lassen sich die Blumen einfach bestimmen. Sträucher und Bäume sind in einem separaten Teil zusammengefasst. Wem der Aufbau und Inhalt des vorliegenden Buches gefällt, wird auch an diesem Buch seine Freude haben.

Peter Schönfelder: *Kosmos-Atlas Mittelmeer- und Kanarenflora 2011*
Wer die Natur im Süden Europas liebt, sollte auf diesen Atlas nicht verzichten. Unserer Meinung nach ergänzt er das vorliegende Buch auf hervorragende Weise: Er beschreibt über 1600 Blumen und wild wachsende Gehölze. Die brillanten Fotos zeigen die Pflanzen am natürlichen Standort und wecken nebenbei das Fernweh.

iKosmos *Bäume und Sträucher – der digitale Bestimmungsführer für Smartphones:*
320 Arten und 2000 Abbildungen
Download unter www.ikosmos.org

Weitere Literatur

Andreas Bärtels: *Enzyklopädie der Gartengehölze*, Ulmer Verlag 2001
Andreas Roloff & Andreas Bärtels: *Flora der Gehölze*, Ulmer Verlag 2008
Peter A. Schmidt & Ulrich Hecker: *Taschenlexikon der Gehölze*, Quelle & Meyer 2009
Peter Schütt, Horst Weisgerber, Hans J. Schuck et al.: *Enzyklopädie der Laubbäume*, Nikol Verlag 2006

Q

R

Die Autoren

Das Biologen-Ehepaar Margot und Dr. Roland Spohn hat für den Kosmos-Verlag schon bei mehreren Büchern, darunter die neuen Ausgaben von *Was blüht denn da? – Das Original* und *Was blüht denn da? – Der Fotoband*, als bewährtes Team zusammengearbeitet. Speziell für den *Baumführer Europa* haben sie auf Reisen zahlreiche Bäume an natürlichen Standorten aufgesucht, um Material für die Beschreibungen und für neue Illustrationen zu sammeln.

Margot Spohn erstellte die Texte, bei deren Ausarbeitung ihr Mann sie unterstützte. **Roland Spohn** entwarf Skizzen für Illustrationen, aus denen sie gemeinsam jene auswählten, die er zu über 1700 Aquarellen ausarbeitete. Gemeinsam versorgten sie den Naturillustrator **Paschalis Dougalis** mit Informationen, nach denen er über 350 aussagekräftige Lebensbilder der Bäume zeichnete: So entstand ein einzigartiges und in sich vollkommen stimmiges Gesamtporträt der Baumvielfalt Europas. Der renommierte und vielfach ausgezeichnete Illustrator hat sich unter anderem mit dem Kosmos-Titel Barthel/Dougalis, *Was fliegt denn da?*, einen Namen gemacht. Mit viel Liebe zum Detail und Fachwissen zu mediterranen Bäumen arbeitete er über zwei Jahre an den Lebensbildern.

Impressum

Mit **7 Fotos**: 1 von Tilfoto, Engen (S. 302 oben), 1 Fotos von P. Dougalis (S. 302 unten), die restlichen von Roland Spohn; mit **2553 Farb-Illustrationen**: 351 von P. Dougalis/Kosmos (alle Wuchsformen der Bäume außer Zuckerhut-Fichte S. 277 und Mandelbäumchen S. 85), 1 von M. Faggioli-Herold/Kosmos, 432 von M. Golte-Bechtle/Kosmos, 44 von S. Haag/Kosmos, 11 von R. Hofmann/Kosmos, 12 von G. Kohnle/Kosmos, 1702 von R. Spohn/Kosmos; mit **143 Schema-Zeichnungen** und **2 Karten** von W. Lang/Kosmos

Umschlaggestaltung von estudio calamar unter Verwendung von 4 Illustrationen: 2 von P. Dougalis (Vorderseite mit Olive, *Olea europaea*; Rückseite mit Wuchsform der Scharlach-Eiche, *Quercus coccinea*), 1 von R. Spohn (Rückseite mit Frucht der Scharlach-Eiche), 1 von M. Golte-Bechtle (Rückseite mit Blatt der Scharlach-Eiche)

Unser gesamtes lieferbares Programm und viele weitere Informationen zu unseren Büchern, Spielen und Experimentierkästen, DVDs, Autoren und Aktivitäten finden Sie unter **www.kosmos.de**

Gedruckt auf chlorfrei gebleichtem Papier

MIX
Papier aus verantwortungsvollen Quellen
FSC® C023164

ISBN 978-3-440-11741-5
Projektleitung: Dr. Stefan Raps
Lektorat: Oliver Wichmann, Dr. Stefan Raps
Produktion: Markus Schärtlein
Printed in Italy / Imprimé en Italie

Fruchttypen

Einzelfrüchte gehen aus einer einzelnen Blüte hervor. Die Früchte öffnen sich und geben ihre Samen frei oder bleiben geschlossen und werden mit den Samen verbreitet.

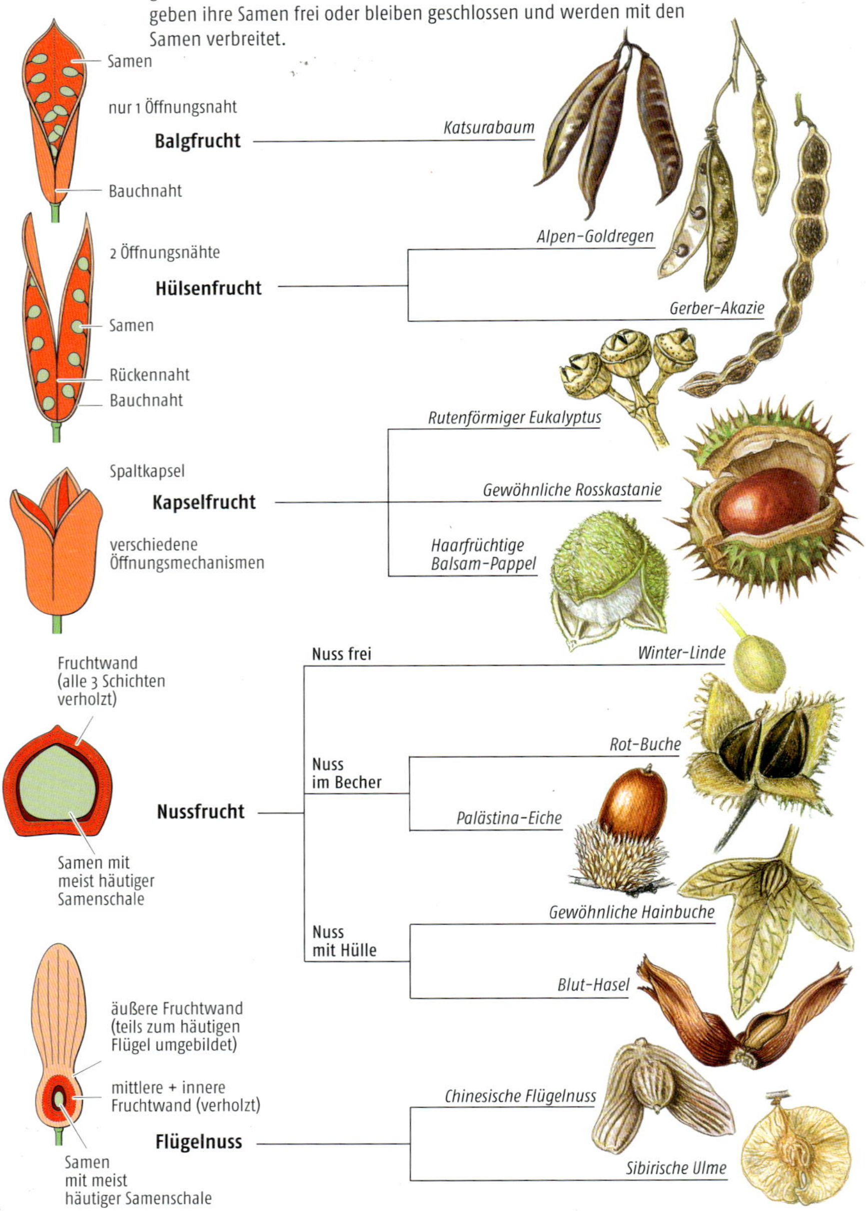